Synthesis of Quinoline and Quinoxaline Derivatives

喹啉及喹喔啉类衍生物的合成

李阳 著

化学工业出版社
·北京·

内容简介

氮杂环化合物是开发新型治疗剂极具潜力的化合物，特别是喹啉及喹喔啉骨架更是许多具有广泛药理活性的天然产物及合成产物的重要组成部分。基于此类化合物显著的生物活性，为了更好地发挥它们潜在的药用价值，有机化学家和药物学家围绕喹啉和喹喔啉环的结构多样化和官能团化已经开展了大量的合成工作。本书以自制的2-卤甲基喹啉或喹喔啉，包括2-溴甲基喹啉-3,4-二羧酸二乙酯、2-氯甲基-4-溴甲基喹啉-3-羧酸乙酯和3-溴甲基喹喔啉-2-甲酸乙酯作为反应底物与水杨醛、酚、芳杂醛和芳胺等进行反应，构建了各种新型结构的喹啉及喹喔啉类衍生物。

《喹啉及喹喔啉类衍生物的合成》既具有较高的理论参考价值，又有较为广泛的应用价值，可供高等院校或科研部门相关专业的科研人员和研究生的学术研究参考。在撰写过程中，立足于科学性，为各位读者提供翔实的数据和科学依据，也可供参考和借鉴。

图书在版编目（CIP）数据

喹啉及喹喔啉类衍生物的合成/李阳著．—北京：化学工业出版社，2022.9

ISBN 978-7-122-41682-7

Ⅰ.①喹… Ⅱ.①李… Ⅲ.①喹啉-衍生物-生物合成 Ⅳ.①O626.32

中国版本图书馆CIP数据核字（2022）第102429号

责任编辑：李 玹 姜 磊　　装帧设计：韩 飞

责任校对：杜杏然

出版发行：化学工业出版社（北京市东城区青年湖南街13号 邮政编码100011）

印 装：北京科印技术咨询服务有限公司数码印刷分部

787mm×1092mm 1/16 印张$11\frac{1}{4}$ 字数248千字 2022年10月北京第1版第1次印刷

购书咨询：010-64518888　　售后服务：010-64518899

网 址：http://www.cip.com.cn

凡购买本书，如有缺损质量问题，本社销售中心负责调换。

定 价：88.00元

前言

喹啉和喹喔啉类化合物广泛存在于多种天然产物和药物活性分子中，是非常重要的一类含氮杂环化合物，具有广泛的生物活性和药用潜能，如抗疟疾、抗肿瘤、抗结核、抗HIV、抗血栓和抗菌等，常作为生物活性分子和药物分子的母核结构，在医药、农药和生命科学等领域都占有极其重要的应用。由于其独特优良的生物和药物特性，开发简单高效的方法合成此类化合物一直吸引着有机合成工作者，围绕喹啉和喹喔啉环的结构多样化和官能团化已经开展了大量的研究工作。

卤甲基喹啉或喹喔啉化合物是一类高效的官能化的喹啉和喹喔啉类衍生物，可以参与多种有机反应，常用于有机合成中的官能团转化，可与各种不同的亲核试剂发生亲核取代反应，从而构建新的化学键如：C—C 键、C—N 键、C—O 键以及 C—S 键等。因此该类化合物频繁用作重要的中间体构建复杂的喹啉和喹喔啉类药物分子和功能材料分子，在医药、农药和化学材料等多个领域展现出卓越的应用价值。随着对 2-卤甲基喹啉或喹喔啉化合物的研究不断深入，其研究范围也不断得到拓展，越来越多结构新颖的喹啉和喹喔啉类化合物被合成出来。

本书是作者基于近几年从事 2-卤甲基喹啉或喹喔啉化合物的新反应、新试剂、新方法和新理论方面科研工作的全面系统的总结。目前，国内外关于喹啉和喹喔啉类衍生物合成方面的专著较少，该著作既具有较高的理论参考价值，又有较为广泛的应用价值，可供高等院校或科研部门相关专业的科研人员和研究生的学术研究参考。在撰写过程中，立足于科学性，为各位读者提供翔实的数据和科学依据，已期达到相互参考和借鉴的目的。

本书共分为 13 章，前 8 章为喹啉类衍生物的合成，其中第 1 章主要介绍了中间体 2-溴甲基喹啉-3,4-二羧酸二乙酯的制备；第 2 章阐述了该喹啉中间体与不同取代水杨醛的“一锅法”合成 2-(2-苯并呋喃基)喹啉-3,4-二羧酸；第 3 章描述了该喹啉中间体与不同取代苯酚、萘酚和 8-羟基喹啉的“一锅法”的合成 2-芳氧甲基喹啉-3,4-二羧酸；第 4 章介绍了该喹啉中间体与苯并[d]噁(咪)唑-2-硫醇的 Williamson 反应；第 5 章阐述了利用 2-氯甲基喹啉-3-羧酸乙酯为原料设计合成(*Z*)-3-芳甲叉基-1*H*-吡喃并[3,4-*b*]喹啉-4(3*H*)-酮类化合物；第 6 章描述了 2,4-双卤甲基喹啉-3-甲酸乙酯中间体的制备及其与酚的 Williamson 反应；第 7 章介绍了利用该双卤甲基喹啉中间体合成 2,4-二-(2-苯并呋喃基)喹啉-3-羧酸类化合物的方法；第 8 章描述了该双卤甲基喹啉中间体经 Arbuzov 反应和 Horner-Wadsworth-Emmons 反应，“两步一锅法”合成 2,4-二(芳基乙烯基)喹啉-3-甲酸乙酯。

后 5 章是喹喔啉类衍生物的合成，其中第 9 章主要介绍了中间体 3-溴甲基喹喔啉-2-

甲酸乙酯的制备；第10章描述了该喹喔啉中间体与不同取代苯酚的“一锅法”的合成3-芳氧甲基喹喔啉-2-甲酸；第11章阐述了该喹喔啉中间体与不同取代水杨醛的“一锅法”合成3-(2-苯并呋喃基)喹喔啉-2-甲酸类化合物；第12章介绍了利用该3-溴甲基喹喔啉中间体，“一锅法”合成3-芳基(杂芳基)乙烯基喹喔啉-2-羧酸类化合物的方法；第13章描述了2-溴甲基喹喔啉中间体与甲胺或芳胺的反应来合成吡咯并[3,4-*b*]喹喔啉-1-酮类化合物。

本书所述的实验工作主要由课题组硕士研究生汪洋、徐琦琦、李志远、董时雨、唐冰月、赫云鹤、奚倩、赵岫等完成，2017～2021届本科毕业生也参与了部分研究工作，在此感谢他们。本书在撰写过程中参考的相关文献，已在每章后列出，如有疏漏，敬请海涵，在此对相关学者表示衷心感谢。本书的研究工作分别得到了国家自然科学基金项目（21476028、21402011、21878023）、辽宁省特聘教授支持计划资助项目、辽宁省科技厅博士科研启动基金（2019-BS-004）和辽宁省教育厅“青年育苗”计划项目（LQ2019006）的资助，在此致以衷心的感谢。

鉴于作者经验和水平有限，书中难免存在疏漏和不妥之处，敬请各位专家、学者和读者批评指正。

李　阳
2022年5月于锦州

目录

第 1 章

2-溴甲基喹啉-3,4-二羧酸二乙酯衍生物的合成

1.1 引言

近年来，喹啉作为自然界特别是生物碱中功能最广泛、最重要的氮杂环化合物，受到了研究者的广泛关注。喹啉骨架被用作“中间体”，与功能化分子结合在一起，广泛应用于农药、医药和过渡金属催化剂中的配体。现如今化学家们对喹啉类衍生物的合成研究越来越多，其中 2-溴甲基喹啉类化合物具有良好的生物活性，被用于抗氧化剂和精神病治疗、免疫调节等药物中。为了开发新型 2-溴甲基喹啉类化合物，本章使用改进的 Pfitzinger 反应，合成一系列 2-甲基喹啉-3,4-二羧酸二乙酯化合物，再与 NBS 发生自由基溴化反应，希望能够将其作为中间体合成具有潜在生物活性的喹啉类衍生物。

本章以靛红及各种取代靛红（**1a-1g**）作为起始化合物，无水乙醇作为溶剂、三甲基氯硅烷（TMSCl）作为催化剂，分别与乙酰乙酸乙酯进行 Pfitzinger 反应，合成一系列 2-甲基喹啉-3,4-二羧酸二乙酯类化合物（**2a-2g**），然后将其溶解在 CCl_4 中，加入 BPO，分批量加入 NBS，回流条件下使用 200 W 钨丝灯（后文也写为白炽灯）光照引发，反应制得了一系列 2-溴甲基取代的衍生物（**3a-3g**）。合成路线如图 1-1 所示。

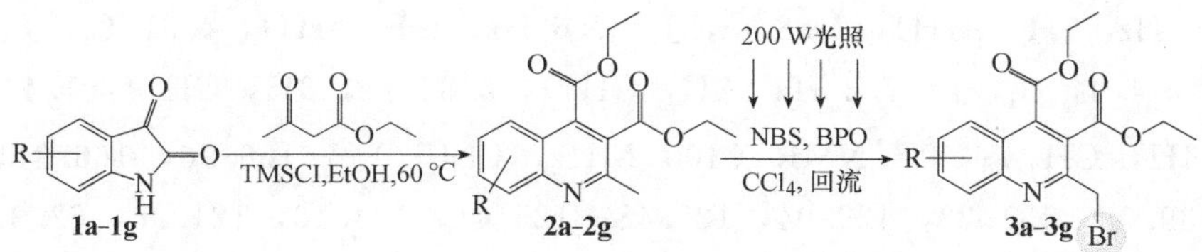

图 1-1　合成目标化合物 **3a-3g** 的合成路线

Figure 1-1　The synthetic route for the targeted compounds **3a-3g**

1.2 实验部分

1.2.1 试剂与仪器

靛红、取代靛红（**1a-1g**）	上海安耐吉化学有限公司
三甲基氯硅烷	化学纯，上海试剂一厂
乙酰乙酸乙酯	化学纯，天津市光复精细化工研究所
石油醚	分析纯，天津永晟精细化工有限公司
乙酸乙酯	分析纯，天津市永大化学试剂有限公司
无水乙醇	分析纯，天津永晟精细化工有限公司
无水硫酸钠	分析纯，天津永晟精细化工有限公司
无水碳酸钠	分析纯，天津市大茂化学试剂厂
DF-101S 集热式恒温加热磁力搅拌器	郑州长城科工贸有限公司
SHB-ⅢS 循环水式多用真空泵	郑州长城科工贸有限公司
旋转蒸发仪 RE-2000	上海亚荣生化仪器厂
WP-2003-1 三用紫外分析仪	温州奥利生物医学仪器厂
WRS-1B 数字熔点仪	温度计未校正，上海精密科学仪器有限公司
核磁共振仪	美国 Anilent 公司，Agilent1100

1.2.2 2-甲基喹啉-3,4-二羧酸二乙酯衍生物的合成

将靛红以及带各种取代基的靛红（**1a-1g**）（5.0 mmol）溶解于 15 mL 无水乙醇中，然后分别加入乙酰乙酸乙酯（0.911 g，7.0 mmol）、再缓慢滴加三甲基氯硅烷（1.089 g，10 mmol），将油浴锅加热到 60 ℃反应，通过 TLC 监测反应进程，待反应完全后，冷却至室温，倒入冰水中，用饱和碳酸钠溶液调节 pH 值至 8～9，室温下搅拌 1 h 后，用 30 mL 乙酸乙酯萃取两次，再用饱和食盐水和无水硫酸钠分别萃取两次，通过柱色谱（$V_{石油醚}:V_{乙酸乙酯}=10:1$）分离得到化合物 **2a-2g** 纯品。

2-甲基喹啉-3,4-二羧酸二乙酯（**2a**）：黄色油状液体，产率 78.5%；^{1}H NMR（400 MHz，$CDCl_3$）δ 8.05（d，J=8.4 Hz，1H，ArH），8.00（d，J=8.4 Hz，1H，ArH），7.78（t，J=7.6 Hz，1H，ArH），7.58（t，J=7.6 Hz，1H，ArH），4.51（q，J=7.2 Hz，2H，CH_2），4.44（q，J=7.2 Hz，2H，CH_2），2.84（s，3H，CH_3），1.44（q，J=7.2 Hz，6H，CH_3）；^{13}C NMR（100 MHz，$CDCl_3$）δ 166.96，166.31，155.91，148.14，139.02，131.23，129.04，127.48，125.41，124.10，121.96，62.32，62.06，24.61，14.09，14.05。

6-氟-2-甲基喹啉-3,4-二羧酸二乙酯（**2b**）：黄色油状液体，产率 85.2%；^{1}H NMR（400 MHz，$CDCl_3$）δ 8.07（dd，J=5.2 Hz，4.0 Hz，1H，ArH），7.74（dd，J=2.8 Hz，

8.8 Hz，1H，ArH)，7.57～7.52 (m，1H，ArH)，4.52 (q，J=7.2 Hz，2H，CH_2)，4.46 (q，J=7.2 Hz，2H，CH_2)，2.82 (s，3H，CH_3)，1.45 (q，J=7.2 Hz，6H，CH_3)；^{13}C NMR (100 MHz，$CDCl_3$) δ 166.93，165.74，162.17，159.69，154.98，145.32，137.55，131.62，131.53，125.57，122.84，122.74，121.53，121.27，109.27，109.03，62.50，62.16，24.20，14.04，14.02。

2,6-二甲基喹啉-3,4-二羧酸二乙酯 (**2c**)：黄色粉末状固体，产率 93.0%；m.p.78.1～79.5 ℃；^{1}H NMR (400 MHz，$CDCl_3$) δ 7.96 (d，J=8.4 Hz，1H，ArH)，7.75 (s，1H，ArH)，7.63 (dd，J=8.8 Hz，1.8 Hz，1H，ArH)，4.54 (q，J=7.2 Hz，2H，CH_2)，4.46 (q，J=7.2 Hz，2H，CH_2)，2.84 (s，1H，CH_3)，2.54 (s，1H，CH_3)，1.46 (q，J=7.2 Hz，6H，CH_3)；^{13}C NMR (100 MHz，$CDCl_3$) δ 167.11，166.47，154.84，146.86，138.41，137.58，133.59，128.70，124.09，123.93，121.96，62.24，62.00，24.52，21.86，14.09，14.07。

6-碘-2-甲基喹啉-3,4-二羧酸二乙酯 (**2d**)：深粉色粉末状固体，产率 61.7%；m.p.90.1～91.4 ℃；^{1}H NMR (400 MHz，$CDCl_3$) δ 8.43 (d，J=1.6 Hz，1H，ArH)，8.03 (dd，J=8.8 Hz，1.8 Hz，1H，ArH)，7.78 (d，J=8.8 Hz，1H，ArH)，4.54 (q，J=7.2 Hz，2H，CH_2)，4.47 (q，J=7.2 Hz，2H，CH_2)，2.82 (s，3H，CH_3)，1.46 (q，J=7.6 Hz，6H，CH_3)；^{13}C NMR (100 MHz，$CDCl_3$) δ 166.70，165.64，156.46，147.03，139.91，137.21，134.22，125.14，123.62，93.45，62.58，62.23，24.52，14.06，14.05。

6-溴-2-甲基喹啉-3,4-二羧酸二乙酯 (**2e**)：粉色粉末状固体，产率 88.2%；m.p.89.1～89.6 ℃；IR (KBr，cm^{-1}) ν 2980，1697，1574，1245，1070，1027，845，670；^{1}H NMR (400 MHz，$CDCl_3$) δ 8.23 (d，J=2.0 Hz，1H，ArH)，7.94 (d，J=8.8 Hz，1H，ArH)，7.86 (dd，J=8.8 Hz，2.0 Hz，1H，ArH)，4.54 (q，J=7.2 Hz，2H，CH_2)，4.47 (q，J=7.2 Hz，2H，CH_2)，2.82 (s，3H，CH_3)，1.46 (q，J=7.2 Hz，6H，CH_3)；^{13}C NMR (100 MHz，$CDCl_3$) δ 166.74，165.63，156.28，146.69，137.39，134.66，130.68，127.67，125.40，123.14，121.75，62.60，62.24，24.45，14.05。

6-(叔丁基)-2-甲基喹啉-3,4-二羧酸二乙酯 (**2f**)：黄色油状液体，产率 91.7%；^{1}H NMR (400 MHz，$CDCl_3$) δ 8.00 (d，J=8.8 Hz，1H，ArH)，7.91 (d，J=2.4 Hz，1H，ArH)，7.89 (dd，J=8.8 Hz，2.0 Hz，1H，ArH)，4.56 (q，J=7.2 Hz，2H，CH_2)，4.46 (q，J=7.2 Hz，2H，CH_2)，2.85 (s，3H，CH_3)，1.56～1.47 (m，6H，CH_3)，1.41 (s，9H，*tert*-Butyl)；^{13}C NMR (100 MHz，$CDCl_3$) δ 167.12，166.64，155.15，150.32，146.84，139.02，130.34，128.52，123.92，121.62，120.17，62.15，61.97，35.16，31.01，24.52，14.22，14.04。

6-氯-2-甲基喹啉-3,4-二羧酸二乙酯 (**2g**)：黄色粉末状固体，产率 76.3%；m.p.81.7～81.9 ℃；^{1}H NMR (400 MHz，$CDCl_3$) δ 8.17 (s，1H，ArH)，8.12 (d，J=8.8 Hz，1H，ArH)，7.84 (d，J=9.2 Hz，1H，ArH)，4.66 (q，J=7.2 Hz，2H，CH_2)，

4.59（q，J=7.2 Hz，2H，CH_2），2.95（s，3H，CH_3），1.58（q，J=7.6 Hz，6H，CH_3）；^{13}C NMR（100 MHz，$CDCl_3$）δ 166.76，165.63，156.10，146.50，137.42，133.52，132.06.130.62，125.45，124.35，122.65，62.57，62.21，24.40，14.04。

1.2.3 2-溴甲基喹啉-3,4-二羧酸二乙酯衍生物（3a-3g）的合成

将2-甲基喹啉-3,4-二羧酸二乙酯（**2a-2g**）（3.0 mmol）溶于24 mL四氯化碳中，用200 W钨丝灯光照，油浴锅升温至80 ℃时，分批次加入（3.6 mmol，0.641 g）NBS，加入（0.3 mmol，0.073 g）过氧化苯甲酰（BPO），通过TLC监测反应进程，待刚出现二溴代产物（副产物）后停止反应，旋蒸出四氯化碳，将所得的粗产品经柱色谱（$V_{石油醚}$：$V_{乙酸乙酯}$=25：1）分离得到单溴代产物**3a-3g**。

2-溴甲基喹啉-3,4-二羧酸二乙酯（**3a**）：黄色油状液体，产率52.6 %；^1H NMR（400 MHz，$CDCl_3$）δ 8.14（d，J=8.8 Hz，1H，ArH），8.02（d，J=8.4 Hz，1H，ArH），7.87（dt，J=7.8 Hz，1.2 Hz，1H，ArH），7.69～7.65（m，1H，ArH），5.04（s，2H，CH_2），4.56～4.46（m，4H，CH_2），1.48（dt，J=6.8 Hz，0.8 Hz，6H，CH_3）；^{13}C NMR（100 MHz，$CDCl_3$）δ 166.02，165.91，154.38，147.78，141.16，131.79，129.72，128.80，125.48，123.00，122.89，62.59，62.50，32.81，14.11，13.97。

2-溴甲基-6-氟喹啉-3,4-二羧酸二乙酯（**3b**）：黄色粉末固体，产率47.9%；m.p.54.6～57.3 ℃；^1H NMR（400 MHz，$CDCl_3$）δ 8.15（dd，J=5.4 Hz，4.0 Hz，1H，ArH），7.71（dd，J=2.8 Hz，8.8 Hz，1H，ArH），7.64～7.59（m，1H，ArH），5.00（s，2H，CH_2），4.55（q，J=7.0 Hz，2H，CH_2），4.50（q，J=7.2 Hz，2H，CH_2），1.48（t，J = 7.2 Hz，6H，CH_3）；^{13}C NMR（100 MHz，$CDCl_3$）δ 165.81，165.52，162.99，160.49，153.61，132.41，132.32，122.26，122.00，109.41，109.16，62.72，62.71，32.43，14.07，13.96。

6-溴甲基-2-甲基喹啉-3,4-二羧酸二乙酯（**3c**）：黄色油状液体，产率59.9%；^1H NMR（400 MHz，$CDCl_3$）δ 8.06（d，J=8.8 Hz，1H，ArH），8.03（d，J=1.6 Hz，1H，ArH），7.83（dd，J=8.8 Hz，2.0 Hz，1H，ArH），4.65（s，2H，CH_2），4.55（q，J = 7.0 Hz，2H，CH_2），4.47（q，J = 7.2 Hz，2H，CH_2），2.85（s，3H，CH_3），1.47（q，J=7.6 Hz，6H，CH_3）；^{13}C NMR（100 MHz，$CDCl_3$）δ 166.87，165.94，156.49，147.81，138.47，136.98，132.20，129.90，125.17，124.95，121.78，62.48，62.14，32.90，24.54，14.07，14.06。

2-溴甲基-6-碘喹啉-3,4-二羧酸二乙酯（**3d**）：黄色粉末状固体，产率30.3%；m.p.99.1～100.3 ℃；^1H NMR（400 MHz，$CDCl_3$）δ 8.53～8.32（m，1H，ArH），8.21～8.09（m，1H，ArH），8.04～7.94（m，1H，ArH），5.11（s，2H，CH_2），4.68～4.57（m，4H，CH_2），1.60（t，J=6.8 Hz，6H，CH_3）；^{13}C NMR（100 MHz，$CDCl_3$）δ 165.63，165.39，154.84，140.54，135.27，134.27，131.26，131.09，127.71，124.39，95.19，62.76，32.45，32.42，14.08，13.96。

2-溴甲基-6-溴喹啉-3,4-二羧酸二乙酯（**3e**）：黄色粉末状固体，产率 46.1%；m. p. 88.6～88.9 ℃；^{1}H NMR（400 MHz，$CDCl_3$）δ 8.17（d，J = 1.6 Hz，1H，ArH），7.98（d，J = 8.8 Hz，1H，ArH），7.90～7.88（m，1H，ArH），4.97（s，2H，CH_2），4.54～4.43（m，4H，CH_2），1.46（t，J = 7.2 Hz，6H，CH_3）；^{13}C NMR（100 MHz，$CDCl_3$）δ 165.68，165.39，154.70，146.35，139.64，135.28，131.26，127.72，124.25，123.99，123.30，62.78，32.41，14.08，13.97。

2-溴甲基-6-叔丁基喹啉-3,4-二羧酸二乙酯（**3f**）：黄色油状液体，产率 54.7%；^{1}H NMR（400 MHz，$CDCl_3$）δ 8.06（d，J = 8.8 Hz，1H，ArH），7.94（dd，J = 2.0 Hz，8.4 Hz，1H，ArH），7.89（s，1H，ArH），5.03（s，2H，CH_2），4.57（q，J=7.6 Hz，2H，CH_2），4.49（q，J = 7.2 Hz，2H，CH_2），1.49～1.43（m，6H，CH_3），1.42（s，9H，*tert*-Butyl）；^{13}C NMR（100 MHz，$CDCl_3$）δ 166.34，166.05，153.67，151.90，146.47，141.05，130.95，129.15，122.83，122.61，120.15，62.50，62.31，35.32，32.95，30.95，14.24，13.96。

2-溴甲基-6-氯喹啉-3,4-二羧酸二乙酯（**3g**）：黄色固体，产率 39.5%，m. p. 85.8～86.2 ℃；^{1}H NMR（400 MHz，$CDCl_3$）δ 8.19（d，J=8.8 Hz，1H，ArH），8.15（s，1H，ArH），7.89（d，J=8.8 Hz，1H，ArH），5.12（s，2H，CH_2），4.68（q，J = 7.2 Hz，2H，CH_2），4.61（q，J=7.2 Hz，2H，CH_2），1.60（dt，J=7.2 Hz，0.8 Hz，6H，CH_3）；^{13}C NMR（100 MHz，$CDCl_3$）δ 165.70，165.39，154.56，146.15，139.71，135.00，132.71，124.40，124.29，123.56，62.76，32.41，14.07，13.96。

1.3 结果与讨论

1.3.1 2-甲基喹啉-3,4-二羧酸二乙酯（2a-2g）的合成的研究

普通的 Pfitzinger 反应是靛红在碱的催化下，酰胺键断裂水解生成酮酸中间体，中间体与含羰基的化合物缩合形成亚胺结构，经过互变异构生成了烯胺，然后经过分子内的环化失水得到了喹啉-4-羧酸衍生物；而本章中我们采用一种改进的 Pfitzinger 反应，使三甲基氯硅烷（TMSCl）作为催化剂，由乙酰乙酸乙酯、靛红和无水乙醇将 Pfitzinger 反应和羧酸的酯化反应经一步“串联反应”实现。这种改进的合成方法具有简便高效、反应条件温和、操作简单且环境友好等优点，具有很好的实用价值。实验结果如表 1-1 所示。从表中可以看出，无论是给电子基团，如甲基和叔丁基，还是吸电子基团，如氟、氯、溴、碘，都能以很高的产率得到目标产物。

表 1-1　2-甲基喹啉-3,4-二羧酸二乙酯 2a-2g 的收率及物理常数

Table 1-1　Yields and physical properties of diethyl 2-methylquinoline-3,4-dicarboxylate 2a-2g

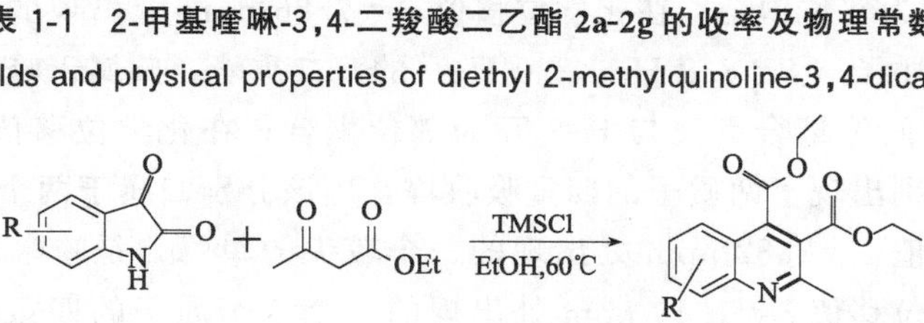

续表

Entry	2a-2g	产物	产率/%	熔点/℃
1	**2a**	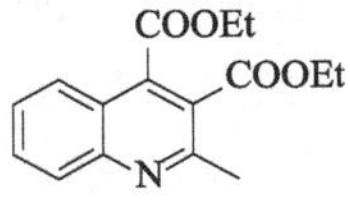	78.5	油状液体
2	**2b**	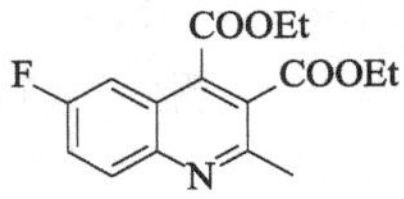	85.2	油状液体
3	**2c**	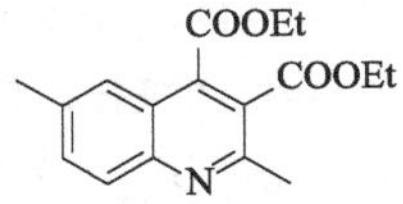	93.0	78.1～79.5
4	**2d**	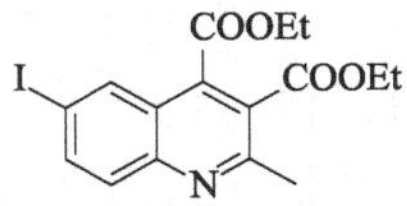	61.7	90.1～90.4
5	**2e**	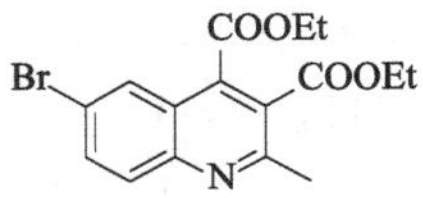	88.2	89.1～89.6
6	**2f**	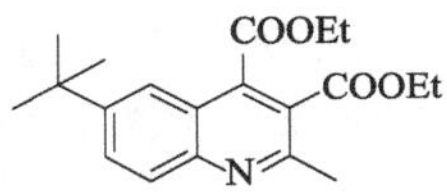	91.7	油状液体
7	**2g**	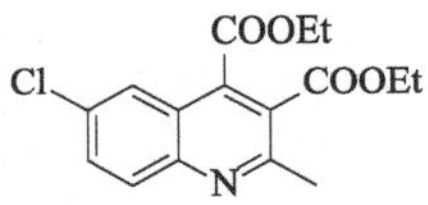	76.3	81.7～81.9

1.3.2 化合物 2a-2g 的结构表征

除了化合物 **2a**，其他目标产物 **2b-2g** 都是未见文献发表的新化合物。为此，我们对这些化合物进行了核磁共振氢谱和核磁共振碳谱的表征，核磁数据与合成化合物的结构完全一致。下面我们以化合物 **2e** 为例对其进行表征说明。从化合物 **2e** 的核磁共振氢谱图（图 1-2）中，我们可以看出，在化学位移值 $\delta=8.23$ ppm 处出现一个（$J=2.0$ Hz）间位耦合的双重峰，这很显然归属于喹啉环上 H-5′的氢质子；在化学位移值 $\delta=7.94$ ppm 处出现的一个（$J=8.8$ Hz）邻位耦合的双重峰，归属于喹啉环上 H-8′的氢质子，其与喹啉环上 H-7′氢质子互为邻位耦合；在化学位移值 $\delta=7.86$ ppm 处出现的一个既有邻位耦合又有间位耦合的氢质子（$J=8.8$ Hz，2.0 Hz）的双二重峰，归属于喹啉环上 H-7′的吸收峰，其与 H-5′互为间位耦合，又与 H-8′互为邻位耦合；在化学位移值 $\delta=4.54$ ppm 和 $\delta=4.47$ ppm 处分别出现了两质子的四重吸收峰，应该分别归属于两个乙基中亚甲基的吸收峰；在化学位移值 $\delta=2.82$ ppm 处出现的一个较尖的单峰，是喹啉环上 2 号位上甲基的吸收峰；在化学位移值 $\delta=1.46$ ppm 处出现的一个 6 个质子的四重吸收峰，应当是互为重叠的两个三重峰，是两个乙基中甲基的氢质子吸收峰。这样，通过核磁共振氢谱谱图的分析可以初步判定所合成的化合物的结构与我们预想的一致。

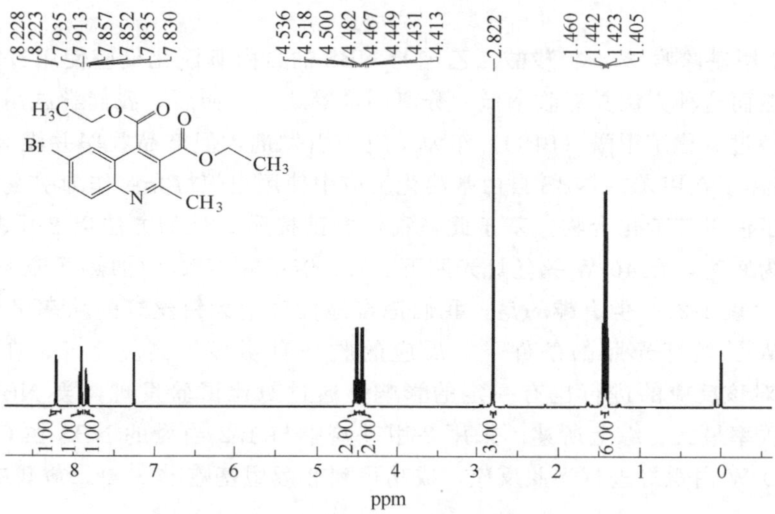

图 1-2　化合物 **2e** 的 ^{1}H NMR 谱图

Figure 1-2　^{1}H NMR spectrum of compound **2e**

图 1-3 为化合物 **2e** 的核磁共振碳谱图，可以观察到化学位移值 δ＝166.74 ppm 和 165.63 ppm 处的两个吸收峰为两个羰基碳的吸收峰；在芳环区域的 δ＝156.28～121.75 ppm 范围内出现了 9 个碳原子的吸收峰，这正好与化合物 **2e** 的喹啉环上的碳原子个数完全一致。而脂肪区域，δ＝62.60 ppm 和 62.24 ppm 处的信号峰归属于亚甲基碳的吸收峰，δ＝24.45 ppm 处的吸收峰是喹啉环上 2 号位甲基上碳原子的吸收峰，δ＝14.05 ppm 处的吸收峰是酯基上甲基的碳原子的吸收峰。这样，通过分析其核磁共振碳谱可以进一步证实所合成的化合物 **2e** 与我们预想的分子结构一致。

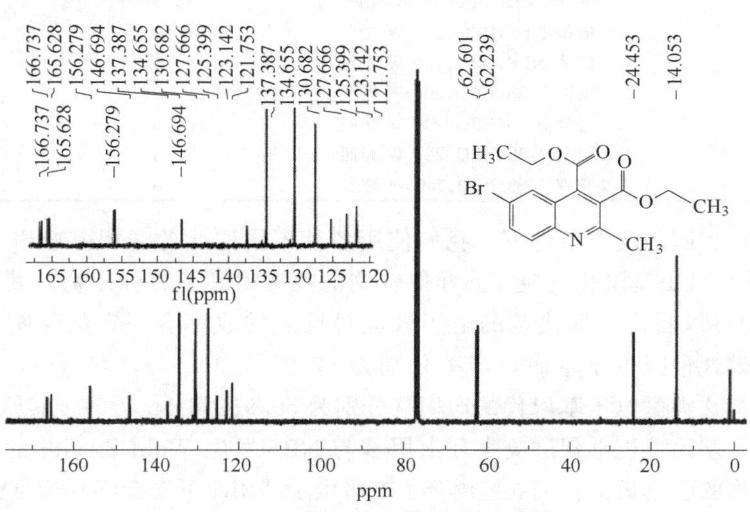

图 1-3　化合物 **2e** 的 ^{13}C NMR 谱图

Figure 1-3　^{13}C NMR spectrum of compound **2e**

1.3.3 2-溴甲基喹啉-3,4-二羧酸二乙酯的合成研究

最初，2-甲基喹啉-3,4-二羧酸二乙酯与 NBS 的自由基溴化反应使用过氧化苯甲酰作为引发剂。然而这种方法具有收率低、分离困难等缺点。而后，我们尝试用偶氮二异丁腈（AIBN）代替过氧化苯甲酰（BPO）作为反应的引发剂，但产品收率并没有提高。最近，Jereb 等人描述了在甲苯的 NBS 自由基溴化反应中使用白炽灯光照作为引发条件，以较高的收率得到了溴甲基苯化合物。基于此，我们尝试按照文献的方法以 2-甲基喹啉-3,4-二羧酸二乙酯为底物，在 40 W 钨丝灯光照下、1.5 倍量的 NBS 中加热回流 6 h，产率只提升至 17.8%（表 1-2）。但有趣的是，我们惊奇地发现增大钨丝灯的功率可以提高反应产率，在 200 W 钨丝灯光照的条件下，反应的收率有明显提高。此外，在溴化反应中，NBS 的用量对该反应的进行也有一定的影响，通过对比试验发现，当 NBS 为 1.2 倍量时，反应的收率最大。综上所述，采用 2-甲基喹啉与 1.2 当量的 NBS 在 CCl_4 中加热回流，使用 200 W 白炽灯进行光照反应，成功得到 2-溴甲基喹啉-3,4-二羧酸二乙酯（**3a**）。

表 1-2 2-甲基喹啉在不同条件下的自由基溴化反应收率

Table 1-2 Radical bromination of 2-methylquinoline in different reaction conditions

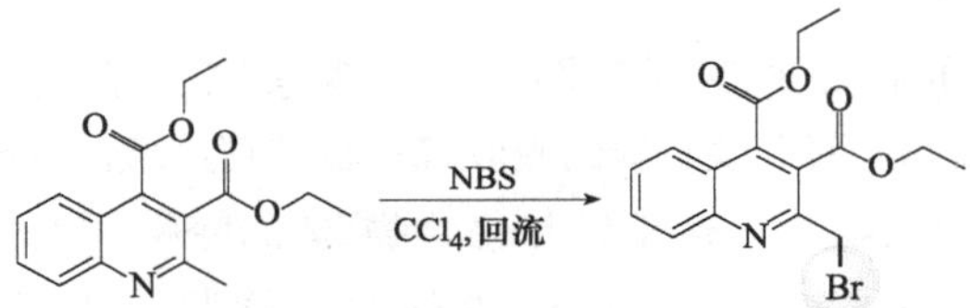

Entry	反应条件	时间/h	收率/%
1	1.5 倍量 NBS,BPO	24	7.4
2	1.5 倍量 NBS,AIBN	24	6.8
3	1.5 倍量 NBS,BPO,40 W 光照	6	17.8
4	1.5 倍量 NBS,BPO,100 W 光照	6	23.9
5	1.5 倍量 NBS,BPO,150 W 光照	6	26.1
6	1.5 倍量 NBS,BPO,200 W 光照	6	39.5
7	1.0 倍量 NBS,BPO,200 W 光照	8	33.2
8	1.8 倍量 NBS,BPO,200 W 光照	5	30.7
9	**1.2 倍量 NBS,BPO,200 W 光照**	**6**	**52.6**

类似地，在相同的反应条件下，我们使用各种不同取代的 2-甲基喹啉-3,4-二羧酸二乙酯与 NBS 进行自由基溴化反应，同样以较高的收率得到了目标产物，其收率和熔点列于表 1-3。从中可以看出，取代基的电子效应对反应的收率有一定的影响，当取代基为氟、氯、溴、碘这种吸电子基时，产率分别为 47.9%，39.5%，46.1%，30.3%，略低于甲基、叔丁基这类供电子基取代的产率（分别为 59.9%和 54.7%）。其原因可能是喹啉环上含有供电子基团，能够促进喹啉环上甲基与 NBS 发生 Wohl-Ziegler 的自由基溴化反应，从而使产物的收率提高；而在喹啉环上有吸电子基团时可能会不利于自由基溴化反应，所以会使产物的收率降低。另外，化合物 **2c** 与 NBS 反应时，溴取代在喹啉环上 C-6 的甲基上，可能是因为喹啉环上的 C-3 和 C-4 上的酯基增大了空间位阻，抑制了 C-2 甲基的溴化。

表 1-3　2-溴甲基喹啉 3a-3g 的收率及物理性质

Table 1-3　Yields and physical properties of 2-bromomethylquinolines 3a-3g

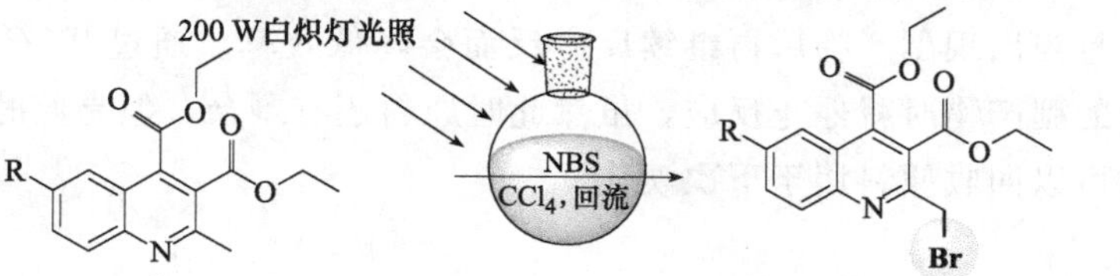

1

Entry	R	产物	收率/%[a]	m. p. / ℃
1	H	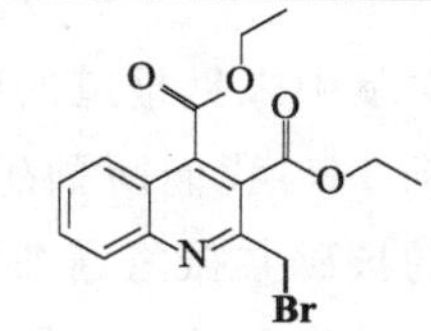	52.6	油状液体
2	F	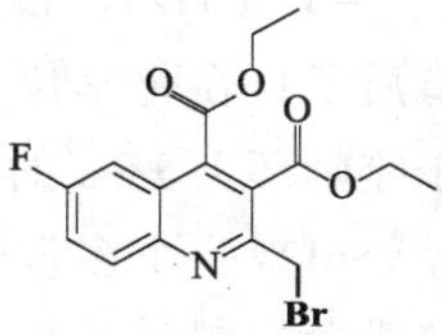	47.9	54.6～57.3
3	Me	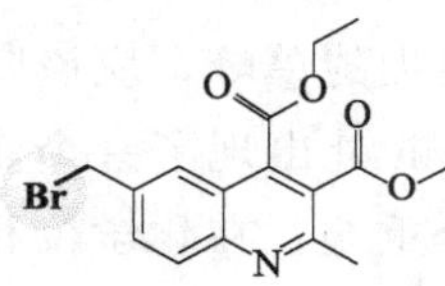	59.9	油状液体
4	I	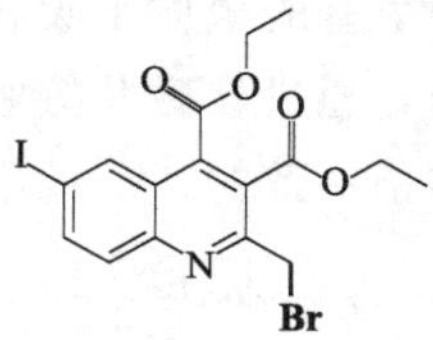	30.3	99.1～100.3
5	Br	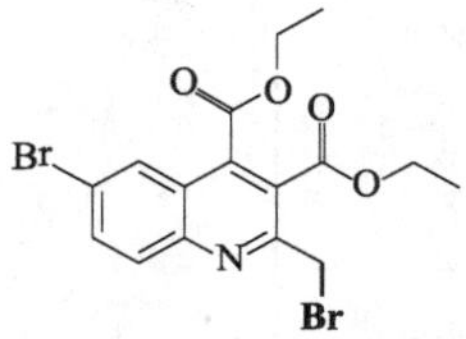	46.1	88.6～88.9
6	Cl	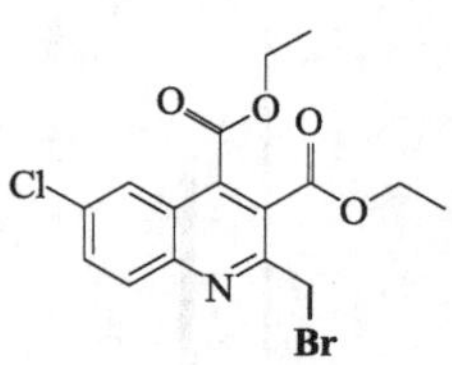	39.5	85.8～86.2
7	*t*-Bu	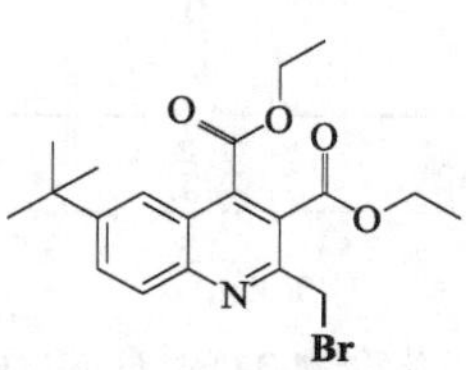	54.7	油状液体

[a] Isolated yields。

另外，值得说明的是，在反应过程中，由于 NBS 溴代会产生一溴代物和二溴代物（副产物），且一溴代物与二溴代物在薄层色谱（TLC）和柱色谱时极性极其相近，会导致分离困难，且当出现副产物后再继续反应反而会降低收率。通过 TLC 监测，应当刚刚出现二溴代物的副产物时就停止反应，虽然此时原料还有剩余，但是此时的提纯相对来说较容易，同时可以回收原料用于下次溴代。

1.3.4 2-溴甲基喹啉-3,4-二羧酸二乙酯的结构表征

所合成的目标化合物 **3a-3g** 都是文献中未见报道的新化合物，所以我们通过核磁共振氢谱和核磁共振碳谱对其结构进行表征，与我们所预想的结构完全一致。以化合物 **3e** 为例对其进行表征说明，如图 1-4 所示的核磁共振氢谱图中，在化学位移值 $\delta=8.17$ ppm 处出现一个耦合常数为 1.6 的双重峰（$J=1.6$ Hz），很显然归属于芳环区且有间位耦合的氢质子，即归属于喹啉环上 H-5′的氢质子；在化学位移值 $\delta=7.98$ ppm 处出现一个邻位耦合的双重峰（$J=8.8$ Hz），归属于喹啉环上 H-8′的氢质子，其与 H-7′的氢质子互为邻位耦合；在化学位移值 $\delta=7.90$ ppm 处出现一个多重峰，这应该归属于喹啉环上 H-7′的氢质子，其与 H-5′的氢质子互为间位耦合，同时又与 H-8′的氢质子互为邻位耦合；在化学位移值 $\delta=4.97$ ppm 处出现一个很尖的单峰，应该归属于溴甲基上两个氢质子的吸收峰；在化学位移值 $\delta=4.54\sim4.34$ ppm 处出现了一个多重峰，应该是两个乙基中的亚甲基的吸收峰，并且两个吸收峰有部分重叠；在化学位移值 $\delta=1.46$ ppm 处出现的一个 6 个质子的三重峰，应该是两个乙基中甲基的氢质子吸收峰。且由于化学环境相似，化学位移值相同，所以互为完全重叠。这样，通过核磁共振氢谱的谱图分析，我们可以初步判定所合成的化合物的结构与我们预想的是一致的。

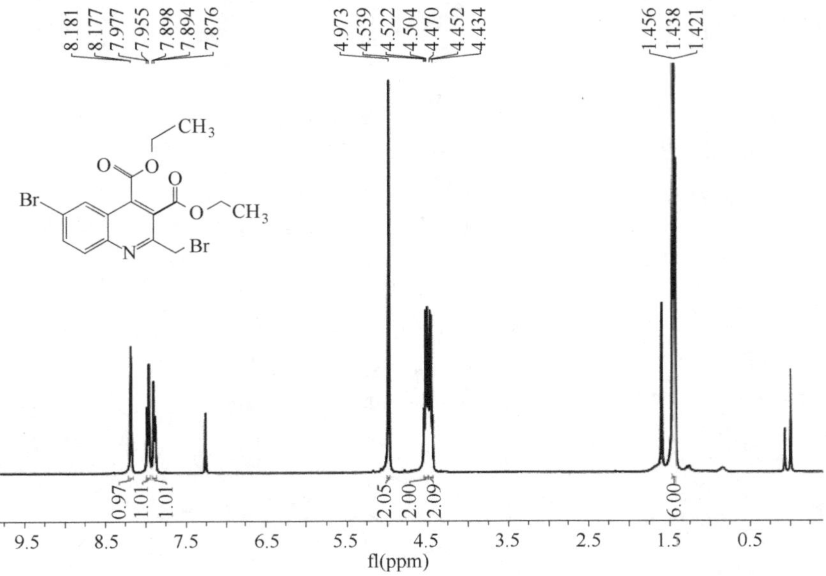

图 1-4 化合物 **3e** 的 ^{1}H NMR 谱图

Figure 1-4 ^{1}H NMR spectrum of compound **3e**

图 1-5 为目标产物 **3e** 的核磁共振碳谱图，从图中我们可以观察到化学位移值 $\delta=$ 165.68 ppm 和 165.39 ppm 处的两个吸收峰为两个羰基碳的吸收峰；芳环区域的 $\delta=$ 154.70～123.30 ppm 范围内出现了 9 个碳原子的吸收峰，这正好与化合物 3e 的喹啉环上的碳原子个数完全一致。在化学位移值 $\delta=62.78$ ppm 处的信号峰归属于两个亚甲基碳的吸收峰，$\delta=32.41$ ppm 处的吸收峰是喹啉环上 2 号位溴甲基上碳原子的吸收峰，$\delta=$ 14.08 和 13.97 ppm 处的两个吸收峰是酯基上两个甲基的碳原子的吸收峰。这样通过分析可以证实所合成的化合物 **3e** 与我们预想的分子结构是一致的。

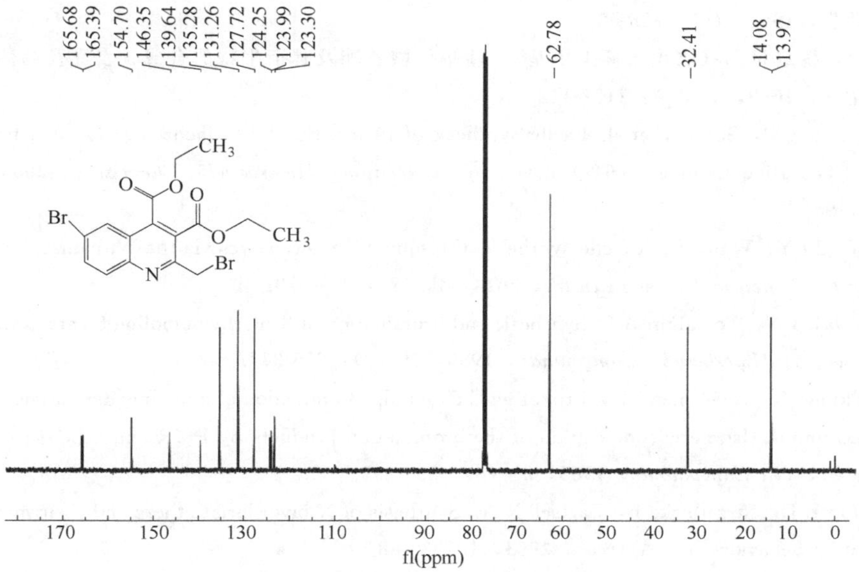

图 1-5　化合物 **3e** 的 ^{13}C NMR 谱图

Figure 1-5　^{13}C NMR spectrum of compound **3e**

1.4 本章小结

本章以靛红及取代靛红为起始化合物，与乙酰乙酸乙酯在乙醇为溶剂、TMSCl 催化下进行连续的 Pfitzinger 反应和羧酸的酯化反应，制备了一系列 2-甲基喹啉-3,4-二羧酸二乙酯类化合物；随后该类化合物与 NBS 在 200 W 白炽灯光照射条件下，有效发生了自由基溴化反应，以较高收率合成了一系列重要的喹啉类中间体 2-溴甲基喹啉-3,4-二羧酸二乙酯类化合物。由于这类化合物含有活性较高的溴甲基官能团，可以作为很好地合成砌块来构建结构更为复杂和新颖的喹啉类衍生物。

1.5 参考文献

[1] Nacro K, Zha C C, Guzzo P R, et al. Friedrich, Synthesis and topoisomerase poisoning activity of A-ring and E-ring substituted luotonin A derivatives [J]. *Bioorganic & Medicinal Chemistry*, **2007**,

15 (12): 4237-4246.

[2] Cai Z, Zhou W, Sun L. Synthesis and HMG CoA reductase inhibition of 4-thiophenyl quinolines as potential hypocholesterolemic agents [J]. *Bioorganic & Medicinal Chemistry*, **2007**, 15 (24): 7809-7829.

[3] Aspiotis R, Deschênes D, Dubé D, et al. The discovery and synthesis of highly potent subtype selective phosphodiesterase 4D inhibitors [J]. *Bioorganic & Medicinal Chemistry Letters*, **2010**, 20 (18): 5502-5505.

[4] 杨定乔，高永俊，姜贵吉. 2-苯氧（硫）甲基-6,7-亚甲二氧-3-喹啉酸乙酯及其衍生物的合成 [J]. *有机化学*, **1994**, (6): 626-629.

[5] 吴利欢，杨定乔. 2-(取代哌嗪-1-甲基)-3-喹啉甲酸乙酯及其衍生物的合成、表征及晶体结构 [J]. *有机化学*, **2009**, 29 (7): 1122-1128.

[6] Li Y, Zhang C, Sun M, et al. Facile Synthesis of 10-tert-Butyl [1] benzoxepino [3,4-b] [1,3] dioxolo [4,5-g] quinolin-12 (6H)-ones [J]. *Journal of Heterocyclic Chemistry*, **2009**, 46 (6): 1190-1194.

[7] Gao W, Li Y, Wang S. A facile synthesis of bisquinoline derivatives via the Williamson reaction [J]. *Research on Chemical Intermediates*, **2014**, 40 (2): 669-679.

[8] Gracheva, I N, Tochilkin A I. Synthesis and bromination of 8-methylquinoline-5-carboxylic acid [J]. *Chemistry of Heterocyclic Compounds*, **1980**, 16 (3): 275-277.

[9] Tochilkin A I, Kovel'man I R, Prokof'ev E P, et al. Bromination of quinoline derivatives with N-bromosuccinimide. Isomeric composition of the bromination products by PMR and GLC [J]. *Chemistry of Heterocyclic Compounds*, **1988**, 24 (8): 892-897.

[10] Bratton L D, Strzelbicka B, Bartsch R A. Synthesis of N-pivot lariat ethers and their metal ion complexation behavior [J]. *Arkivoc*, **2003**, 12: 80-88.

[11] Jereb M, Zupan M, Stavber S. Visible-light-promoted Wohl-Ziegler functionalization of organic molecules with N-bromosuccinimide under solvent-free reaction conditions [J]. *Helvetica Chimica Acta*, **2009**, 92 (3): 555-566.

[12] Podgoršek A, Stavber S, Zupan M, et al. Free radical bromination by the H_2O_2-HBr system on water [J]. *Tetrahedron Letters*, **2006**, 47 (40): 7245-7247.

第2章

2-(2-苯并呋喃基)喹啉-3,4-二羧酸类化合物的合成

2.1 引言

苯并呋喃骨架是构成许多天然产物的基本结构单元，如 Cicerfuran、Moracins、Machicendiol 和 ailanthoidol 等，具有很好的抗癌、抗阿尔茨海默、抗寄生虫和免疫调节等多种生物药理特性。为此，构建苯并呋喃环结构激发了人们的极大兴趣，苯并呋喃环结构常被用作重要的药效基团来进行杂环类药物的设计与合成。近些年来，关于苯并呋喃基取代的杂环类化合物，特别是那些含苯并呋喃结构的双杂环类化合物的合成及生物活性研究的报道越来越多，研究发现很多这样的化合物具有独特的抗菌和抗结核作用机制，并且对药物敏感性和耐药性的病原体均表现出良好的体内外活性。此外，含苯并呋喃结构的化合物还在农药、荧光材料和聚合物方面也具有广泛应用。另一方面，喹啉羧酸类化合物由于其高效的抗真菌、抗疟和抗肿瘤等生物活性，一直都是有机化学家和药物学家研究的目标之一。而且，由于羧酸官能团易被衍生化和结构修饰，喹啉羧酸类化合物也常常被用作重要的医用中间体来进行药物的设计与合成。因此，关于这类化合物的合成与研究频繁地被文献报道。

基于以上研究，我们构想如果将苯并呋喃环与喹啉二羧酸结构构筑于同一分子中，得到一种新颖的苯并呋喃基取代的喹啉二羧酸类双杂环化合物将是一项很有趣的研究工作，不仅可以提高杂环类化合物的结构多样性，而且可以为今后杂环新药的研发提供一种全新的分子结构模型。为此，在本章，我们以上一章制备的2-溴甲基喹啉-3,4-二羧酸二乙酯（**1**）为底物，与水杨醛及各种取代的水杨醛通过连续的Rap-Stoemer 反应/酯水解反应，以“两步一锅法”的合成方式，简便而有效地得到一系列 2-(2-苯并呋喃基）喹啉-3,4-二羧酸类化合物（**2**），其合成路线如图 2-1 所示。

图 2-1　2-(2-苯并呋喃基）喹啉-3,4-二羧酸类化合物的合成路线

Figure 2-1　Synthetic route of 2-(2-benzofuranyl)quinoline-3,4-dicarboxylic acid compounds

2.2 实验部分

2.2.1 仪器与试剂

邻苯二胺	分析纯，天津市福晨化学试剂厂
四氯化碳	分析纯，天津永晟精细化工有限公司
BPO	天津市大茂化学试剂厂
无水碳酸钾	天津永晟精细化工有限公司
水杨醛及取代水杨醛	渤海大学超精细化学品研究所
PEG-400	分析纯，天津市光复精细化工研究所
氢氧化钾	天津永晟精细化工有限公司
盐酸	分析纯，锦州古城化学试剂厂
冰醋酸	分析纯，天津市风船化学试剂科技有限公司
乙腈	分析纯，天津市光复精细化工研究所
甲醇	分析纯，天津天力化学试剂有限公司
无水乙醇	分析纯，天津天力化学试剂有限公司
乙酸乙酯	分析纯，天津市福晨化学试剂厂
石油醚	分析纯，天津市福晨化学试剂厂
KDM 型可调控温电热套	山东鄄城华鲁电热仪器有限公司
85-1A 型磁力搅拌器	上海冉富仪器有限公司
旋转蒸发仪 RE-52AA	上海亚荣生化仪器厂
WRS-1B 数字熔点仪	温度计未校正，上海精密科学仪器有限公司
三用紫外分析仪	郑州长城科工贸有限公司
红外光谱仪	美国 Varian 公司，Varian 640-IR
核磁共振仪	美国 Agilent 公司，Agilent 400NMR

2.2.2 2-(2-苯并呋喃基)喹啉-3,4-二羧酸衍生物的合成

将 2-溴甲基喹啉-3,4-二羧酸二乙酯 **1**（1.0 mmol，0.366 g）溶于 15 mL 乙腈溶液中，然后分别加入无水碳酸钾（4.0 mmol，0.552 g），水杨醛及取代水杨醛（1.2 mmol），最后加入 5 滴 PEG-400，在油浴中加热回流，TLC 监测反应进程。待反应完全后旋蒸出乙腈，然后直接加入 15 mL 溶有 2.0 g KOH 的 60%的乙醇水溶液，继续在油浴中加热回流，TLC 监测反应进程。待反应完全后将反应混合物冷却至室温，倒入冰水中，用 1 mol/L 盐酸调节 pH 至 3 左右，观察到有固体析出，继续搅拌至固体完全析出。抽滤出固体，水洗，干燥，得到粗产物，经冰醋酸重结晶得到化合物 **2a-2s**。

2-(2-苯并呋喃基）喹啉-3,4-二羧酸（**2a**）：黄色固体，产率 70.4%；m.p.153.2～

154.4 ℃；^{1}H NMR (400 MHz，DMSO-d_6) δ 14.02 (s，2H，COOH)，8.31 (d，J=8.4 Hz，1H，ArH)，8.19 (d，J=8.8 Hz，1H，ArH)，8.08 (t，J=7.2 Hz，1H，ArH)，7.89～7.94 (m，2H，ArH)，7.77 (t，J=8.4 Hz，2H，ArH)，7.56 (t，J=7.6 Hz，1H，ArH)，7.47 (t，J=7.6 Hz，1H，ArH)；^{13}C NMR (100 MHz，DMSO-d_6) δ 172.46，168.30，167.42，155.22，153.77，147.53，145.36，140.37，132.28，129.81，129.44，128.36，126.46，125.90，124.06，122.69，122.15，111.94，108.38。Anal. Calcd for $C_{19}H_{11}NO_5$：C，68.47%；H，3.33%；N，4.20%。Found：C，68.32%；H，3.17%；N，4.38%。

2-(5-氟-2-苯并呋喃基)喹啉-3,4-二羧酸 (**2b**)：黄色固体，产率 66.5%；m. p. 237.5～238.1 ℃；IR (KBr，cm^{-1}) ν 3440，1762，1594，1187，920，779；^{1}H NMR (400 MHz，DMSO-d_6) δ 8.18 (d，J=8.4 Hz，1H，ArH)，8.06 (d，J=8.4 Hz，1H，ArH)，7.95 (t，J=7.2 Hz，1H，ArH)，7.79 (t，J=7.6 Hz，1H，ArH)，7.67～7.70 (m，1H，ArH)，7.62 (t，J=2.4 Hz，2H，ArH)，7.25～7.30 (m，1H，ArH)；^{13}C NMR (100 MHz，DMSO-d_6) δ 168.20，167.38，155.52，151.60，147.51，145.06，140.46，132.38，129.86，129.64，125.92，124.13，122.25，114.33，114.06，113.24，108.55，108.09，107.84。Anal. Calcd for $C_{19}H_{10}FNO_5$：C，64.96%；H，2.87%；N，3.99%。Found：C，65.11%；H，2.98%；N，3.62%。

2-(5-氯-2-苯并呋喃基)喹啉-3,4-二羧酸 (**2c**)：红色固体，产率 67.7%；m. p. 282.0～282.6 ℃；IR (KBr，cm^{-1}) ν 3436，3175，1768，1583，1061，774，693；^{1}H NMR (400 MHz，DMSO-d_6) δ 8.18 (d，J=8.4 Hz，1H，ArH)，8.07 (d，J=8.4 Hz，1H，ArH)，7.95 (t，J=7.2 Hz，1H，ArH)，7.89 (d，J=2.0 Hz，1H，ArH)，7.79 (t，J=7.2 Hz，1H，ArH)，7.69 (d，J=8.8 Hz，1H，ArH)，7.60 (s，1H，ArH)，7.43～7.46 (m，1H，ArH)；^{13}C NMR (100 MHz，DMSO-d_6) δ 168.18，167.37，155.24，153.67，147.51，144.96，140.54，132.40，129.98，129.86，129.68，128.41，126.36，125.93，124.14，122.28，122.05，113.57，107.96。Anal. Calcd for $C_{19}H_{10}ClNO_5$：C，62.06%；H，2.74%；N，3.81%。Found：C，61.97%；H，2.83%；N，3.74%。

2-(5-溴-2-苯并呋喃基)喹啉-3,4-二羧酸 (**2d**)：棕色固体，产率 67.3%；m. p. 288.2～289.3 ℃；IR (KBr，cm^{-1}) ν 3451，3169，1756，1600，931，785，594；^{1}H NMR (400 MHz，DMSO-d_6) δ 8.18 (d，J=8.4 Hz，1H，ArH)，8.03～8.07 (m，2H，ArH)，7.96 (t，J=7.6 Hz，1H，ArH)，7.80 (t，J=7.6 Hz，1H，ArH)，7.64 (d，J=8.4 Hz，1H，ArH)，7.55～7.59 (m，2H，ArH)；^{13}C NMR (100 MHz，DMSO-d_6) δ 168.17，167.37，155.04，154.00，147.51，144.94，140.52，132.41，130.60，129.86，129.69，129.01，125.93，125.08，124.13，122.28，116.31，114.01，107.81。Anal. Calcd for $C_{19}H_{10}BrNO_5$：C，55.36%；H，2.45%；N，3.40%。Found：C，55.11%；H，2.16%；N，3.63%。

2-(5-甲基-2-苯并呋喃基)喹啉-3，4-二羧酸 (**2e**)：红色固体，产率 69.6%；m. p. 268.6～269.5 ℃；IR (KBr，cm^{-1}) ν 3468，1768，1598，1257，779，594.^{1}H

NMR（400 MHz，DMSO-d_6）δ 8.16（d，J = 8.4 Hz，1H，ArH），8.05（d，J = 8.0 Hz，1H，ArH），7.93（t，J = 7.6 Hz，1H，ArH），7.77（d，J = 7.6 Hz，1H，ArH），7.50～7.56（m，3H，ArH），7.23（d，J = 8.4 Hz，1H，ArH），2.41（s，3H，CH_3）；^{13}C NMR（100 MHz，DMSO-d_6）δ 168.33，167.44，153.86，153.74，147.51，145.39，140.29，133.10，132.25，129.77，129.37，128.46，127.72，125.88，124.06，122.18，122.10，111.49，108.17，21.35。Anal. Calcd for $C_{20}H_{13}NO_5$：C，69.16%；H，3.77%；N，4.03%。Found：C，68.97%；H，3.59%；N，4.31%。

2-(5-叔丁基-2-苯并呋喃基)喹啉-3,4-二羧酸（**2f**）：红色固体，产率 67.3%；m. p. 251.8～253.6 ℃；IR（KBr，cm^{-1}）ν 3386，2963，1773，1550，931，779；^{1}H NMR（400 MHz，DMSO-d_6）δ 8.17（d，J=8.4 Hz，1H，ArH），8.05（d，J=8.4 Hz，1H，ArH），7.94（t，J = 7.2 Hz，1H，ArH），7.77（t，J = 9.2 Hz，2H，ArH），7.56（d，J = 11.6 Hz，2H，ArH），7.48-7.51（m，1H，ArH），1.35（s，9H，*t*-Bu）；^{13}C NMR（100 MHz，DMSO-d_6）δ 168.34，167.45，153.86，153.54，147.51，146.63，145.47，140.32，132.25，129.78，129.36，128.11，125.88，124.43，124.09，122.09，118.55，111.27，108.62，34.99，32.00。Anal. Calcd for $C_{23}H_{19}NO_5$：C，70.94%；H，4.92%；N，3.60%。Found：C，71.08%；H，5.17%；N，3.47%。

2-(5-甲氧基-2-苯并呋喃基)喹啉-3,4-二羧酸（**2g**）：黄色固体，产率 66.1%；m. p. 278.2 ℃（分解温度）；^{1}H NMR（400 MHz，DMSO-d_6）δ 8.17（d，J=8.4 Hz，1H，ArH），8.05（d，J = 8.4 Hz，1H，ArH），7.94（t，J = 7.2 Hz，1H，ArH），7.77（t，J=7.6 Hz，1H，ArH），7.54（d，J = 6.8 Hz，2H，ArH），7.30（d，J = 2.4 Hz，1H，ArH），7.00～7.03（m，1H，ArH），3.81（s，3H，CH_3）；^{13}C NMR（100 MHz，DMSO-d_6）δ 168.32，167.44，156.44，154.42，150.24，147.50，145.32，140.31，132.26，129.78，129.38，129.02，125.89，124.05，122.10，115.55，112.55，108.56，104.32，56.04。Anal. Calcd for $C_{20}H_{13}NO_6$：C，66.12%；H，3.61%；N，3.86%。Found：C，65.94%；H，3.29%；N，3.97%。

2-(5-叔丁基-7-氟-2-苯并呋喃基)喹啉-3,4-二羧酸（**2h**）：黄色固体，产率 70.1%；m. p. 244.9～246.0 ℃；^{1}H NMR（400 MHz，DMSO-d_6）δ 8.20（d，J=8.4 Hz，1H，ArH），8.06（d，J = 8.4 Hz，1H，ArH），7.95（t，J = 7.6 Hz，1H，ArH），7.79（t，J = 7.6 Hz，1H，ArH），7.65（d，J = 2.8 Hz，1H，ArH），7.59（s，1H，ArH），7.40（d，J = 13.2 Hz，1H，ArH），1.34（s，9H，*t*-Bu）；^{13}C NMR（100 MHz，DMSO-d_6）δ 168.11，167.40，154.94，148.56，147.50，145.78，145.06，140.65，132.40，131.44，129.86，129.64，125.92，124.04，122.25，114.50，110.64，110.48，108.86，35.28，31.76。Anal. Calcd for $C_{23}H_{18}FNO_5$：C，67.81%；H，4.45%；N，3.44%。Found：C，67.54%；H，4.39%；N，3.61%。

2-(5-叔丁基-7-氯-2-苯并呋喃基)喹啉-3,4-二羧酸（**2i**）：黄色固体，产率 70.8%；m. p. 244.6～244.8 ℃；^{1}H NMR（400 MHz，DMSO-d_6）δ 8.20（d，J=8.4 Hz，1H，ArH），8.06（d，J = 8.4 Hz，1H，ArH），7.96（t，J = 7.6 Hz，1H，ArH），7.80

(t, J=7.6 Hz, 1H, ArH), 7.75 (s, 1H, ArH), 7.63 (s, 1H, ArH), 7.55 (s, 1H, ArH), 1.35 (s, 9H, t-Bu); ^{13}C NMR (100 MHz, DMSO-d_6) δ 168.01, 167.43, 154.75, 159.05, 148.54, 147.49, 145.16, 140.73, 132.39, 129.87, 129.64, 125.94, 124.12, 124.09, 122.27, 117.77, 115.45, 108.96, 35.25, 31.79。Anal. Calcd for $C_{23}H_{18}ClNO_5$: C, 65.18%; H, 4.28%; N, 3.30%。Found: C, 65.26%; H, 4.47%; N, 3.17%。

2-(5-叔丁基-7-溴-2-苯并呋喃基)喹啉-3,4-二羧酸 (**2j**): 黄色固体, 产率 70.6%; m.p. 262.6 ℃ (分解温度); IR (KBr, cm^{-1}) ν 3424, 2952, 1784, 1355, 866, 768; ^1H NMR (400 MHz, DMSO-d_6) δ 8.19 (d, J=8.4 Hz, 1H, ArH), 8.05 (d, J=8.4 Hz, 1H, ArH), 7.96 (t, J=7.6 Hz, 1H, ArH), 7.80 (t, J=8.0 Hz, 2H, ArH), 7.66 (d, J=3.6 Hz, 2H, ArH), 1.35 (s, 9H, t-Bu); ^{13}C NMR (100 MHz, DMSO-d_6) δ 167.94, 167.44, 154.63, 150.58, 148.83, 147.48, 145.23, 140.77, 132.39, 129.87, 129.63, 129.48, 126.85, 125.94, 124.14, 122.27, 118.30, 109.04, 103.23, 35.21, 31.83。Anal. Calcd for $C_{23}H_{18}BrNO_5$: C, 58.99%; H, 3.87%; N, 2.99%。Found: C, 58.62%; H, 3.63%; N, 3.14%。

6-溴-2-(5,7-二氯苯并呋喃-2-基)喹啉-3,4-二羧酸 (**2k**): 土黄色固体, 产率 63.5%; m.p. >300 ℃; ^1H NMR (400 MHz, DMSO-d_6) δ 8.24 (d, J=2.0 Hz, 1H, ArH), 8.11 (d, J=9.2 Hz, 1H, ArH), 8.06 (dd, J=8.8 Hz, 1.6 Hz, 1H, ArH), 7.86 (d, J=2.0 Hz, 1H, ArH), 7.66 (s, 2H, ArH); ^{13}C NMR (100 MHz, DMSO-d_6) δ 172.53, 171.59, 160.34, 154.39, 150.88, 149.73, 140.15, 136.79, 135.73, 133.54, 132.82, 132.70, 130.58, 130.20, 128.60, 127.72, 126.10, 121.83, 113.61。Anal. Calcd for $C_{19}H_8BrCl_2NO_5$: C, 47.44%; H, 1.68%; N, 2.91%。Found: C, 47.53%; H, 1.56%; N, 2.88。

6-溴-2-(5-溴-7-(叔丁基)苯并呋喃-2-基) 喹啉-3,4-二羧酸 (**2l**): 土黄色固体, 产率 62.7%; m.p. 296.5～298.7 ℃; ^1H NMR (400 MHz, DMSO-d_6) δ 8.35 (d, J=1.2 Hz, 1H, ArH), 8.05 (d, J=8.8 Hz, 1H, ArH), 7.96 (dd, d, J=8.8 Hz, 2.0 Hz, 1H, ArH), 7.75 (s, 1H, ArH), 7.63 (d, J=8.8 Hz, 2H, ArH), 1.43 (s, 9H, *tert*-Butyl); ^{13}C NMR (100 MHz, DMSO-d_6) δ 168.64, 167.06, 154.70, 150.45, 148.68, 145.97, 145.64, 134.32, 131.69, 129.58, 129.10, 126.75, 125.41, 124.60, 121.49, 118.26, 109.25, 103.20, 35.18, 31.83。Anal. Calcd for $C_{23}H_{17}Br_2NO_5$: C, 50.48%; H, 3.13%; N, 2.56%。Found: C, 50.36%; H, 3.20%; N, 2.45%。

6-溴-2-(5-氯-7-(叔丁基)苯并呋喃-2-基) 喹啉-3,4-二羧酸 (**2m**): 土黄色固体, 产率 67.9%; m.p. 290.3～291.9 ℃; ^1H NMR (400 MHz, DMSO-d_6) δ 8.22 (d, J=2.0 Hz, 1H, ArH), 8.13 (d, J=8.8 Hz, 1H, ArH), 8.07 (dd, J=8.8 Hz, 1.6 Hz, 1H, ArH), 7.77 (s, 1H, ArH), 7.66 (s, 2H, ArH), 1.33 (s, 9H, *tert*-Butyl); ^{13}C NMR (100 MHz, DMSO-d_6) δ 167.76, 166.91, 154.21, 150.65, 148.89, 146.17, 145.61, 135.32, 132.05, 129.42, 127.86, 127.06, 125.41, 123.61, 122.77,

118.38，109.54，103.26，35.18，31.82。Anal. Calcd for $C_{23}H_{17}BrClNO_5$：C，54.95%；H，3.41%；N，2.79%。Found：C，54.84%；H，3.50%；N，2.90%。

6-溴-2-(5-氟-7-(叔丁基) 苯并呋喃-2-基) 喹啉-3,4-二羧酸（**2n**）：土黄色固体，产率64.7%；m. p. 286.1～288.3 ℃；^1H NMR（400 MHz，DMSO-d_6）δ 8.68（s，1H，ArH），8.59（m，2H，ArH），8.11（s，1H，ArH），8.04（s，1H，ArH），7.87（m，1H，ArH），1.78（s，9H，*tert*-Butyl）；^{13}C NMR（100 MHz，DMSO-d_6）δ 168.64，167.06，154.70，150.45，148.68，145.97，145.64，134.32，131.69，129.58，129.10，126.75，125.41，124.60，121.49，118.26，109.25，103.20。Anal. Calcd for $C_{23}H_{17}BrFNO_5$：C，56.81%；H，3.52%；N，2.88%。Found：C，56.69%；H，3.40%；N，3.05%。

6-溴-2-(6-溴苯并呋喃-2-基) 喹啉-3,4-二羧酸（**2o**）：土黄色固体，产率 66.1%；m. p. >300 ℃；^1H NMR（400 MHz，DMSO-d_6）δ 8.39（s，1H，ArH），7.98（m，2H，ArH），7.89（d，J=8.4 Hz，1H，ArH），7.72（d，J=8.4 Hz，1H，ArH），7.56（s，1H，ArH），7.48（d，J=8.4 Hz，1H，ArH）；^{13}C NMR（100 MHz，DMSO-d_6）δ 167.59，166.81，155.25，151.55，146.18，145.06，135.50，132.11，131.19，131.07，130.88，127.83，125.42，124.78，123.71，123.16，116.65，108.80，105.03。Anal. Calcd for $C_{23}H_{17}BrFNO_5$：C，46.47%；H，1.85%；N，2.85%。Found：C，46.65%；H，1.94%；N，2.66%。

6-溴-2-(5-溴苯并呋喃-2-基) 喹啉-3,4-二羧酸（**2p**）：土黄色固体，产率 66.8%；m. p. >300 ℃；^1H NMR（400 MHz，DMSO-d_6）δ 8.39（s，1H，ArH），7.98（d，J=8.4 Hz，2H，ArH），7.90（d，J=8.8 Hz，1H，ArH），7.64（d，J=8.4 Hz，1H，ArH），7.53（d，J = 10.0 Hz，1H，ArH）；^{13}C NMR（100 MHz，DMSO-d_6）δ 167.59，166.81，155.25，151.55，146.18，145.06，135.50，132.11，131.19，131.07，130.88，127.83，125.42，124.78，123.71，123.16，116.65，108.80，105.03. Anal. Calcd for $C_{19}H_9Br_2NO_5$：C，46.47%；H，1.85%；N，2.85%。Found：C，46.34%；H，1.70%；N，2.96%。

6-溴-2-(5-甲基苯并呋喃-2-基) 喹啉-3,4-二羧酸（**2q**）：土黄色固体，产率 65.4%；m. p. 263.9～265.9 ℃；^1H NMR（400 MHz，DMSO-d_6）δ 8.38（s，1H，ArH），7.97（d，J = 8.8 Hz，1H，ArH），7.89（d，J = 9.2 Hz，1H，ArH），7.52（m，3H，ArH），7.21（d，J = 8.4 Hz，1H，ArH）；^{13}C NMR（100 MHz，DMSO-d_6）δ 168.18，166.89，153.78，153.49，146.18，145.78，135.15，133.17，131.92，128.42，127.92，125.27，123.51，122.39，122.25，111.53，108.65，21.36。Anal. Calcd for $C_{20}H_{12}BrNO_5$：C，56.36%；H，2.84%；N，3.29%。Found：C，56.55%；H，2.75%；N，3.40%。

6-溴-2-(5-氯苯并呋喃-2-基) 喹啉-3,4-二羧酸（**2r**）：土黄色固体，产率 69.6%；m. p. 278.3～280.6 ℃；^1H NMR（400 MHz，DMSO-d_6）δ 8.41（d，J=2.0 Hz，1H，ArH），7.98（d，J = 8.8 Hz，1H，ArH），7.90（dd，J = 8.8 Hz，2.0 Hz，1H，ArH），7.85（d，J=2.0 Hz，1H，ArH），7.69（d，J=8.8 Hz，1H，ArH），7.53

(s，1H，ArH)，7.42（dd，J＝8.8 Hz，2.0 Hz，1H，ArH）；^{13}C NMR（100 MHz，DMSO-d_6）δ 167.59，166.81，155.25，151.55，146.18，145.06，135.50，132.11，131.19，131.07，130.88，127.83，125.42，124.78，123.71，123.16，116.65，108.80，105.03。Anal. Calcd for $C_{19}H_9BrClNO_5$：C，51.09%；H，2.03%；N，3.14%。Found：C，51.20%；H，1.94%；N，3.02%。

6-溴-2-(5-甲氧基苯并呋喃-2-基）喹啉-3,4-二羧酸（**2s**）：土黄色固体，产率 61.3%；m. p. 249.4～251.7 ℃；^{1}H NMR（400 MHz，DMSO-d_6）δ 8.21（s，1H，ArH），8.11（q，J＝7.2 Hz，2H，ArH），7.56（m，2H，ArH），7.29（d，J＝2.0 Hz，1H，ArH），7.02（dd，J＝8.8，2.4 Hz，1H，ArH）；^{13}C NMR（100 MHz，DMSO-d_6）δ 168.83，166.97，156.37，154.56，150.14，146.03，145.79，134.25，131.59，129.10，125.04，124.44，121.22，115.41，112.53，108.66，104.28，56.04。Anal. Calcd for $C_{20}H_{12}BrNO_6$：C，54.32%；H，2.74%；N，3.17%。Found：C，54.20%；H，2.85%；N，3.36%。

2.3 结果与讨论

2.3.1 2-(2-苯并呋喃基)喹啉-3,4-二羧酸类化合物合成方法的研究

我们以 2-溴甲基喹啉-3,4-二羧酸二乙酯与水杨醛反应为例进行反应的研究。首先，2-溴甲基喹啉-3,4-二羧酸二乙酯与水杨醛在乙腈为溶剂、碳酸钾为碱催化剂和少量 PEG-400 为添加剂的条件下发生 Williamson 反应，以几乎 100%的产率得到了相应的醚中间体 **A**。然后所得中间体不进行分离提纯，而是将溶剂乙腈旋蒸除去后，直接向反应容器内加入氢氧化钾的乙醇水溶液，进行加热回流，使醚键上的亚甲基与醛基发生分子内亲核环化脱水反应，形成新的 C—C 键，构建了呋喃环。在此反应中呋喃环的构建和酯基的水解都是在一锅内完成，这样以“三步一锅法”的合成方式得到了目标化合物，即 2-(2-苯并呋喃基）喹啉-3,4-二羧酸，反应过程如图 2-2 所示。该合成方法具有操作简便、后处理简单，收率高等优点。

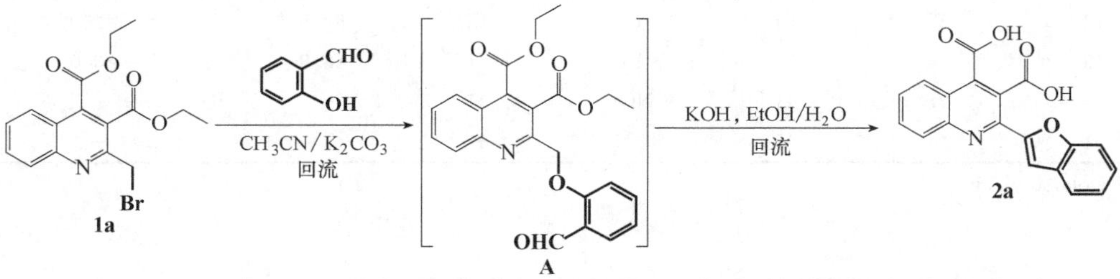

图 2-2　合成 2-(2-苯并呋喃基)喹啉-3,4-二羧酸（**2a**）的反应过程

Figure 2-2　Synthesis of 2-（2-benzofuranyl）quinoline-3,4-dicarboxylic acid（**2a**）

依照以上反应过程，我们又对该反应进行了扩展性研究，尝试使用各种不同取代的水杨醛作为反应物来考察这一反应的普适性，其反应结果如表 2.1 所示。由表 2.1 可以看

出，2-溴甲基喹啉-3,4-二羧酸二乙酯与不同取代的水杨醛的反应进行地都很顺利，均以较高的收率得到了目标产品。从取代基的电子效应来看，无论是吸电子基团还是供电子基团，对产品的收率均没有明显的影响。但当有强的吸电子基团，如硝基（—NO_2）或氰基（C—N）存在时，反应比较复杂，副产物较多，从中并没有分离出目标化合物（Entries 20 和 21）。对这一问题还有待进一步的研究。

表 2-1 2-(2-苯并呋喃基）喹啉-3,4-二羧酸类化合物（2a-2s）的收率及熔点

Table 2-1 Yields and melting points of 2-(benzofuran-2-yl) quinoline-3,4-dicarboxylic acids (**2a-2s**)

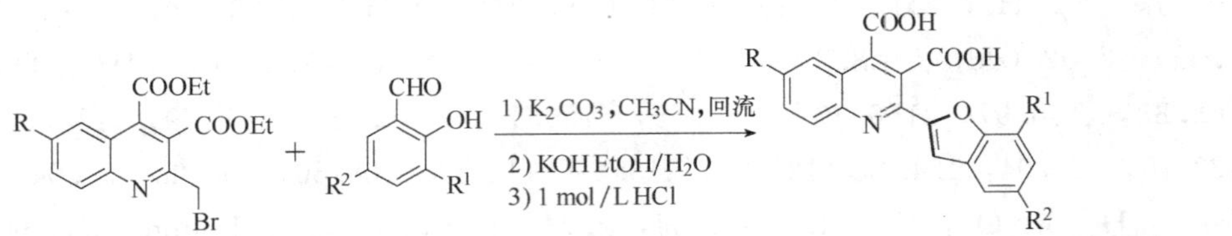

Entry	产物	R	R^1	R^2	收率/%[a]	m. p. / ℃
1	**2a**	H	H	H	70.4	153.2～154.4
2	**2b**	H	H	F	66.5	237.5～238.1
3	**2c**	H	H	Cl	67.7	282.0～282.6
4	**2d**	H	H	Br	67.3	288.2～289.3
5	**2e**	H	H	CH_3	69.6	268.6～269.5
6	**2f**	H	H	*t*-Bu	67.3	251.8～253.6
7	**2g**	H	H	OCH_3	66.1	278.2(分解温度)
8	**2h**	H	F	*t*-Bu	70.1	244.9～246.0
9	**2i**	H	Cl	*t*-Bu	70.8	244.6～244.8
10	**2j**	H	Br	*t*-Bu	70.6	262.6(分解温度)
11	**2k**	Br	H	Me	65.4	263.9～265.9
12	**2l**	Br	H	OMe	61.3	249.4～251.7
13	**2m**	Br	H	Cl	69.6	278.3～280.6
14	**2n**	Br	H	Br	66.1	>300
15	**2o**	Br	F	*t*-Bu	64.7	286.1～288.3
16	**2p**	Br	Cl	*t*-Bu	67.9	290.3～291.9
17	**2q**	Br	Br	*t*-Bu	62.7	296.5～298.7
18	**2r**	Br	Cl	Cl	63.5	>300
19	**2s**	Br	Br	H	68.8	>300
20	**2t**	H	NO_2	H	—	—
21	**2u**	H	CN	H	—	—

[a] Isolated yields。

2.3.2 2-(2-苯并呋喃基)喹啉-3,4-二羧酸类化合物的结构表征

本章合成的 2-(2-苯并呋喃基）喹啉-3,4-二羧酸类化合物都是未见文献报道过的新化合物，并已通过核磁共振氢谱和核磁共振碳谱对其结构进行检验并确定。下面以 2-(5-氯-2-苯并呋喃基）喹啉-3,4-二羧酸 **2c** 为例进行表征。如图 2-3 为化合物 **2c** 的核磁共振氢谱，

我们能够清晰地观察到在 $\delta=7.60$ ppm 处出现一个单峰，归属于新合成的呋喃环上 H-3′氢质子吸收峰；在化学位移 $\delta=7.89$ ppm 处出现一个间位耦合的双重峰（$J=2.0$ Hz），显然归属于苯并呋喃环上 H-4′的氢质子；在化学位移 $\delta=7.45$ ppm 处出现一个既有邻位耦合又有间位耦合的双重峰（dd 峰，$J=8.8$ Hz，2.0 Hz），则归属为苯并呋喃环上 H-5′的氢质子，该氢质子既与 H-4′互为间位耦合，又与 H-6′互为邻位耦合；在化学位移 $\delta=7.69$ ppm 处出现的一个氢质子双重峰（$J=8.8$ Hz），为苯并呋喃环上 H-6′的吸收峰，其与 H-5′互为邻位耦合。在化学位移 $\delta=7.79$ ppm，7.95 ppm，8.07 ppm 和 8.18 ppm 处出现的两个三重峰和两个双重峰很容易归属为喹啉环上的四个氢质子吸收峰。这样，通过该化合物的氢核磁谱图分析，证明所得化合物的结构与我们所预想的分子相一致。

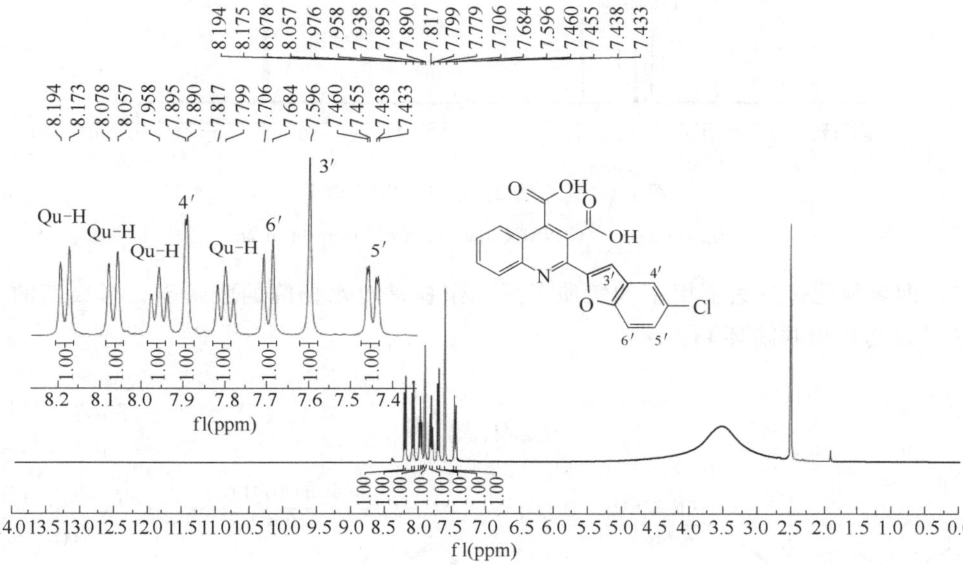

图 2-3 化合物 **2c** 的^{1}H NMR 谱图

Figure 2-3 ^{1}H NMR spectrum of compound **2c**

图 2-4 为化合物 **2c** 的核磁共振碳谱，我们可以看到在 $\delta=167.37$ ppm 和 $\delta=168.18$ ppm 处的两个吸收峰归属于羧基碳的吸收峰；在 $\delta=107.96\sim155.24$ ppm 芳香区范围内出现了 17 个碳信号峰，这与 2-苯并呋喃基喹啉骨架结构碳的个数相一致。这些观察进一步证实了所合成化合物的结构与我们预想的分子相一致。

2.3.3 反应机理的研究

根据所获得的反应结果，我们对该“三步一锅”反应进行了反应机理的探讨。以 2-(溴甲基) 喹啉-3，4-二羧酸二乙酯与水杨醛反应为例，如图 2-5 所示首先反应活性较高的溴甲基官能团与水杨醛的羟基发生 Williamson 反应，形成新的 **C—O** 醚键，得到中间体 **A**。然后，进一步在碱性较强的 KOH 作用下，发生酯的水解反应 **B**，同时喹啉 2-位的亚甲基的氢酸性较强，在碱性较强的 KOH 作用下与水杨醛上的醛基发生类似 Knoevenagel

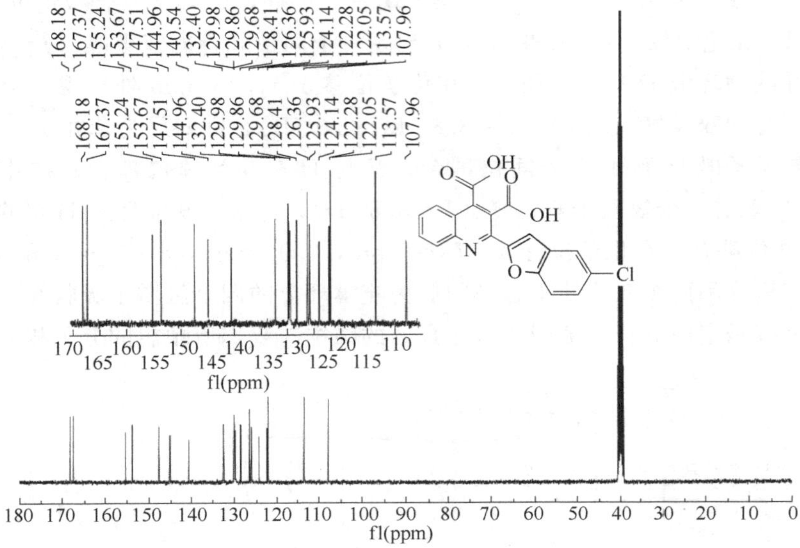

图 2-4 化合物 **2c** 的^{13}C NMR 谱图

Figure 2-4 ^{13}C NMR spectrum of compound **2c**

反应 **C**，即氢氧化钾夺去亚甲基的氢质子后，亲核进攻水杨醛的醛基碳，形成新的 **C—C** 键，这样就构建出呋喃环 **D**。

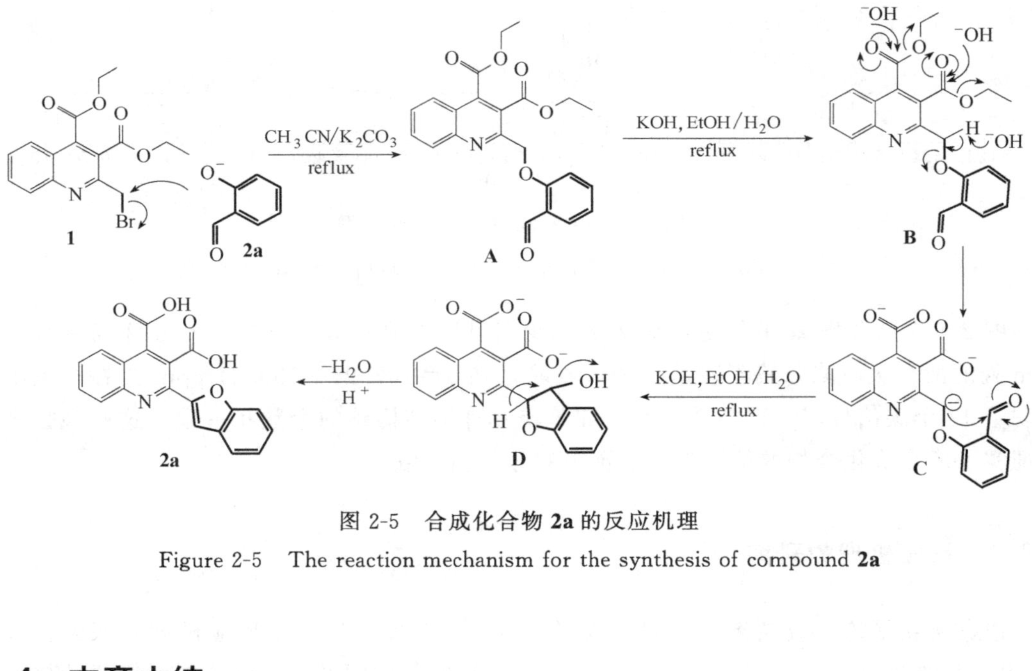

图 2-5 合成化合物 **2a** 的反应机理

Figure 2-5 The reaction mechanism for the synthesis of compound **2a**

2.4 本章小结

本章以 2-溴甲基喹啉-3,4-二羧酸二乙酯为底物与各种取代的水杨醛，经“三步一锅”法的合成方式，简便而有效合成了一系列结构有趣的 2-(2-苯并呋喃基) 喹啉-3,4-二羧酸

类化合物 **2a-2s**。所得的化合物的结构均已通过了核磁谱图数据得以证实，并对该反应的机理行进了探讨。关于此类化合物的应用以及生物活性研究目前正在进行中。

2.5 参考文献

[1] Wang，D L，Xu J，Deng H J，et al. Synthesis of 2-azulen-2′-ylbenzo [*b*] furan derivatives [J]. *Chinese Journal of Organic Chemistry*，**2007**，27 (10)：1305-1308.

[2] Takasugi M，Nagao S，Masamune T，et al. Structure of Moracin A and B，new phytoalexins from diseased mulberry [J]. *Tetrahedron Letters*，**1978**，19 (9)：797-798.

[3] Jiang X，Liu W，Zhang W，et al. Synthesis and antimicrobial evaluation of new benzofuran derivatives [J]. *European Journal of Medicinal Chemistry*，**2011**，46 (8)：526-530.

[4] Shankerrao S，Bodke Y D，Santoshkumar S. Synthesis and antimicrobial activity of some imidazothiazole derivatives of benzofuran [J]. *Arabian Journal of Chemistry*，**2017**，10：554-558.

[5] Kirilmis C，Ahmedzade M，Servi S，et al. Synthesis and antimicrobial activity of some novel derivatives of benzofuran：Part 2. The synthesis and antimicrobial activity of some novel 1-(1-benzofuran-2-yl)-2-mesitylethanone derivatives [J]. *European Journal of Medicinal Chemistry*，**2008**，43 (2)：300-308.

[6] Galal S A，Shadia A，Elall A，et al. Synthesis of potent antitumor and antiviral benzofuran derivatives [J]. *Bioorganic & Medicinal Chemistry Letters*，**2009**，19 (9)：2420-2428.

[7] Sheen W，Tsai I，Teng C，et al. Nor-neolignan and phenyl propanoid from Zanthoxylum ailanthoides [J]. *Phytochemistry*，**1994**，36 (1)：213-215.

[8] Galal，S A，Elall A. Synthesis of potent antitumor and antiviral benzofuran derivatives [J]. *Bioorganic & Medicinal Chemistry Letters*，**2009**，19 (9)：2420-2428.

[9] Malpani Y，Achary R，Kim S Y，et al. Efficient synthesis of 3H，3′H-spiro [benzofuran-2，1′-isobenzofuran] -3,3′-dione as novel skeletons specifically for influenza virus type B inhibition [J]. *European Journal of Medicinal Chemistry*，**2013**，62 (5)：534-544.

[10] Jenab M，Thompson L U. The influence of flaxseed and lignans on colon carcinogenesis and beta-glucuronidase activity [J]. *Zeitschrift Für Physik D Atoms Molecules & Clusters*，**1996**，26 (1)：93-97.

[11] Wu J，Li Y，Chen K，et al. Identification of benzofuran-3-yl (phenyl) methanones as novel SIRT1 inhibitors：binding mode，inhibitory mechanism and biological action [J]. *European Journal of Medicinal Chemistry*，**2013**，60 (5)：441-450.

[12] Xiang Y，Hirth B，Asmussen G，et al. The discovery of novel benzofuran-2-carboxylic acids as potent Pim-1 inhibitors [J]. *Bioorganic & Medicinal Chemistry Letters*，**2011**，21 (10)：3050-3056.

[13] Rangaswamy J，Kumar H V，Harini S T，et al. ChemInform Abstract：Synthesis of benzofuran based 1,3,5-substituted pyrazole derivatives：As a new class of potent antioxidants and antimicrobials-A novel accost to amend biocompatibility [J]. *Bioorganic & Medicinal Chemistry Letters*，**2012**，22 (14)：4773-4777.

[14] Demizu S，Kajiyama K，Takahashi K，et al. Antioxidant and antimicrobial constituents of licorice：isolation and structure elucidation of a new benzofuran derivative [J]. *Chemical and Pharmaceutical*

Bulletin, **1988**, 36 (9): 3474-3479.

[15] 周蓉，陈新. 镍催化合成2-取代苯并呋喃化合物的研究 [J]. *广东化工*, **2017**, 44 (7): 57-58.

[16] Lavanya A, Sribalan R, Padmini V. Synthesis and biological evaluation of new benzofuran carboxamide derivatives [J]. *Journal of Saudi Chemical Society*, **2017**, 21 (3): 277-285.

[17] Fürstner A, Hupperts A, Seidel G. Ethyl 5-chloro-3-phenylindole-2-carboxylate [J]. *Organic Syntheses*, **1999**, 76: 142-147.

[18] 高文涛，符鑫博，李阳，等. 2-(2-苯并呋喃基)-6-氯-3-喹啉甲酸衍生物的简便合 [J]. *有机化学*, **2016** (12): 2965-2972.

[19] 王道林，徐姣，韩珊，等. 2-萘基取代苯并 [*b*] 呋喃类化合物的合成 [J]. *有机化学*, **2007**, 27 (10): 1305-1308.

[20] 李荀，杨康辉，曲显俊，等. 喹喔啉类化合物的生物活性研究进展 [J]. *药学研究*, **2007**, 26 (1): 34-36.

第3章

2-芳氧甲基喹啉-3,4-二羧酸类化合物的合成

3.1 引言

我们知道，Williamson 醚合成反应，即卤甲基取代的化合物与羟基化合物的碱金属盐的亲核取代反应，是有机合成化学中广泛使用的一个经典的有机人名反应，其生成的醚类产物在药物方面和光学材料等领域常常得到很好的应用。文献报道通过 2-卤甲基喹啉和酚的 Williamson 反应制得的 2-芳氧基喹啉衍生物在药物化学中常被用作抗菌剂、HIV 整合酶抑制剂、抗凝血酶等。例如，目前处于临床研究阶段的具有重要的抗 5-脂氧合酶（5-LO）活性的化合物芳氧甲基喹啉醚 RG5901（**A**）和 RG12525（**B**）（图 3-1），就是通过 2-卤甲基喹啉和相应酚的 Williamson 反应得到的。由于该反应简便、有效，有很好的实用性，人们在利用 Williamson 反应合成生物活性的有机分子方面一直都在进行着不断的研究。

另一方面，喹啉羧酸是许多分子中重要的亚结构，具有强大的抗癌作用、抗结核作用、抗艾滋病病毒作用和抗菌作用，可用于 PDGF 受体酪氨酸激酶抑制剂和 Pim-1 激酶抑制剂。在这方面，Carrigan 等人发现喹啉-2,4-二羧酸（2,4-QDCs）（**C**）是一种多功能且有效的抑制囊泡谷氨酸转运体（VGLUT）抑制剂。另外，喹啉羧酸也是合成有价值的喹啉药物的重要中间体或构建基块。因此，喹啉羧酸骨架一直是一个有吸引力的合成目标。

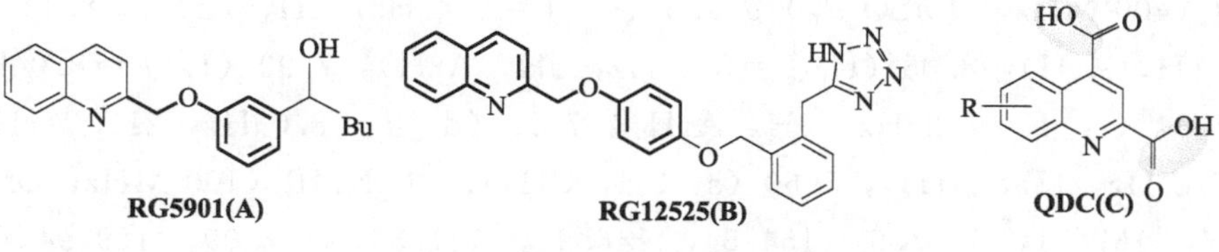

图 3-1　芳氧甲基喹啉醚的结构

Figure 3-1　Structure of aryloxymethyl quinoline ether

鉴于此，本章我们设计以2-溴甲基喹啉-3,4-二羧酸二乙酯为反应物与各种取代的苯酚、萘酚和8-羟基喹啉类化合物进行一锅连续的Williamson反应/酯水解反应，以“一锅法”的合成方式，合成一系列2-芳氧甲基喹啉-3,4-二羧酸类化合物（图3-2）。

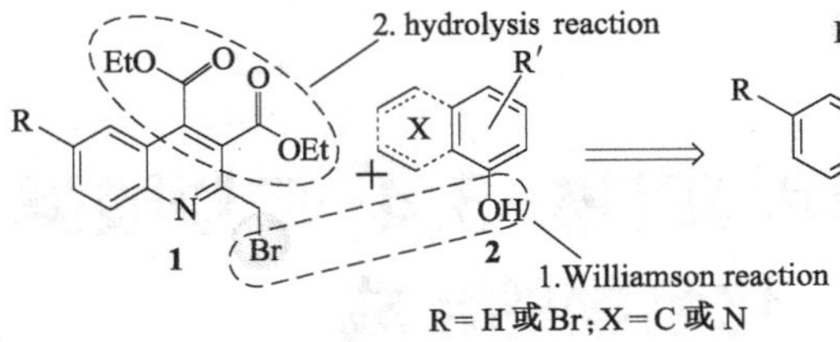

图3-2　设计合成2-芳氧甲基喹啉-3,4-二羧酸类化合物

Figure 3-2　Design and synthesis of 2-aryloxymethylquinoline-3,4-dicarboxylic acids

3.2　实验部分

3.2.1　试剂与仪器

部分试剂与仪器与第二章相同，其余如下所示：

苯酚及取代苯酚	渤海大学超精细化学品研究所
萘酚	渤海大学超精细化学品研究所
8-羟基喹啉	渤海大学超精细化学品研究所

3.2.2　2-芳氧甲基喹啉-3,4-二羧酸类化合物的合成

将2-溴甲基喹啉-3,4-二羧酸二乙酯（**1a**，**1b**）（1.0 mmol）溶于15 mL乙腈溶液中，加入无水碳酸钠（4.0 mmol，0.552 g），然后分别加入各种取代的苯酚、萘酚和8-羟基喹啉（**2**）（1.2 mmol），在油浴中加热回流，TLC监测反应进程。待反应完全后将乙腈旋蒸出，直接加入溶有2.0 g KOH的60%的乙醇溶液15 mL继续反应，TLC监测反应进程。待反应完全后将反应混合物冷却后倒入冰水中，用1 mol/L盐酸调节pH至3左右，观察到有固体析出，继续搅拌至固体完全析出。抽滤出固体，水洗，干燥，得到粗产物，经无水乙醇重结晶得到化合物**3a-3b′**。

2-苯氧甲基喹啉-3,4-二羧酸（**3a**）：白色固体，产率81.2%；m.p.168.7～170.1 ℃；^{1}H NMR（400 MHz，DMSO-d_6）δ8.25（d，J=8.4 Hz，1H，ArH），8.14（d，J=8.4 Hz，1H，ArH），8.05（t，J=8.0 Hz，1H，ArH），7.90（t，J=8.0 Hz，1H，ArH），7.41（t，J=7.2 Hz，2H，ArH），7.12（d，J=8.0 Hz，2H，ArH），7.07（t，J=7.2 Hz，1H，ArH），5.60（s，2H，CH_2）；^{13}C NMR（100 MHz，DMSO-d_6）δ 167.77，167.71，158.59，154.54，146.94，141.36，132.09，129.94，129.59，129.22，125.93，124.33，122.56，121.56，115.13，70.96。Anal. Calcd for $C_{18}H_{13}NO_5$：C，66.87%；H，4.05%；N，4.33%。Found：C，66.49%；H，3.84%；N，4.62%.

2-(2-甲基苯氧甲基)喹啉-3,4-二羧酸（**3b**）：白色固体，产率81.2%；m.p.168.7～170.1 ℃；^{1}H NMR（400 MHz，DMSO-d_6）δ14.08（s，2H，COOH），8.27（d，J=8.4 Hz，1H，ArH），8.16（d，J=8.4 Hz，1H，ArH），8.07（t，J=7.2 Hz，1H，ArH），7.92（t，J=7.6 Hz，1H，ArH），7.22（d，J=8.4 Hz，2H，ArH），7.03（d，J=8.4 Hz，2H，ArH），5.58（s，2H，CH_2），2.35（s，2H，CH_3）；^{13}C NMR（100 MHz，DMSO-d_6）δ168.02，167.41，157.61，154.47，147.45，142.29，132.28，129.82，129.07，127.72，125.93，123.85，122.59，121.00，113.34，71.20，30.14。Anal. Calcd for $C_{18}H_{13}NO_5$：C，66.65%；H，4.48%；N，4.15%。Found：C，66.69%；H，4.54%；N，4.12%。

2-(2-甲氧基苯氧甲基)喹啉-3,4-二羧酸（**3c**）：黄色固体，产率75.1%；m.p.188.4～189.6 ℃；IR（KBr，cm^{-1}）ν 3462，1746，1507，1198，1029，573；^{1}H NMR（400 MHz，DMSO-d_6）δ14.27（s，2H，COOH），8.11（d，J=8.4 Hz，1H，ArH），8.00（d，J=8.4 Hz，1H，ArH），7.92（t，J=8.0 Hz，1H，ArH），7.77（t，J=7.2 Hz，1H，ArH），7.06（d，J=7.6 Hz，1H，ArH），6.96（d，J=8.0 Hz，1H，ArH），6.91（t，J=6.8 Hz，1H，ArH），6.84（t，J=6.8 Hz，1H，ArH），5.45（s，2H，CH_2），3.71（s，3H，CH_3）；^{13}C NMR（100 MHz，DMSO-d_6）δ167.86，167.68，154.64，149.79，148.22，147.08，141.71，132.10，129.66，129.21，125.93，124.11，122.59，122.13，121.06，114.58，112.88，71.83，55.97。Anal. Calcd for $C_{19}H_{15}NO_6$：C，64.59%；H，4.28%；N，3.96%。Found：C，64.21%；H，4.12%；N，4.17%。

2-(2-氟苯氧甲基)喹啉-3,4-二羧酸（**3d**）：黄色固体，产率77.6%；m.p.195.7～197.0 ℃；^{1}H NMR（400 MHz，DMSO-d_6）δ14.00（s，2H，COOH），8.12（d，J=8.4 Hz，1H，ArH），8.00（d，J=8.4 Hz，1H，ArH），7.93（t，J=7.2 Hz，1H，ArH），7.78（t，J=7.6 Hz，1H，ArH），7.18～7.28（m，2H，ArH），7.10（t，J=8.0 Hz，1H，ArH），6.91～6.96（m，1H，ArH），5.56（s，2H，CH_2）；^{13}C NMR（100 MHz，DMSO-d_6）δ167.83，167.46，154.92，153.96，147.09，142.13，133.50，132.20，129.70，129.38，125.98，123.75，122.86，122.68，114.24，111.42，71.90。Anal. Calcd for $C_{22}H_{20}FNO_5$：C，66.49%；H，5.07%；N，3.52%。Found：C，66.27%；H，4.93%；N，3.87%。

2-(2-溴苯氧甲基)喹啉-3,4-二羧酸（**3e**）：黄色固体，产率75.3%；m.p.160.6～162.6 ℃；IR（KBr，cm^{-1}）ν 3440，3087，2968，1730，1214，850，763，579；^{1}H NMR（400 MHz，DMSO-d_6）δ13.88（s，2H，COOH），8.12（d，J=8.0 Hz，1H，ArH），8.00（d，J=7.6 Hz，1H，ArH），7.93（t，J=7.2 Hz，1H，ArH），7.79（t，J=7.2 Hz，1H，ArH），7.50～7.57（m，1H，ArH），7.09～7.34（m，2H，ArH），6.89（t，J=7.6 Hz，1H，ArH），5.59（d，J=16.8 Hz，2H，CH_2）；^{13}C NMR（100 MHz，DMSO-d_6）δ167.86，167.68，154.64，149.79，148.22，147.08，141.71，132.10，129.66，129.21，125.93，124.06，122.59，122.13，121.06，114.58，112.88，71.83。Anal. Calcd for $C_{18}H_{12}BrNO_5$：C，53.75%；H，3.01%；N，

3.48%。Found: C, 53.32%; H, 2.99%; N, 3.76%。

2-(2-叔丁基苯氧甲基)喹啉-3,4-二羧酸 (**3f**): 棕色固体，产率 76.3%; m.p. 184.3～185.2 ℃; IR (KBr, cm^{-1}) ν 3440, 3087, 2968, 1730, 1214, 850, 763, 579; ^1H NMR (400 MHz, DMSO-d_6) δ14.04 (s, 2H, COOH), 8.12 (d, J=8.4 Hz, 1H, ArH), 8.02 (d, J=8.4 Hz, 1H, ArH), 7.93 (t, J=7.2 Hz, 1H, ArH), 7.78 (t, J=7.2 Hz, 1H, ArH), 7.10～7.22 (m, 3H, ArH), 6.88 (t, J=7.2 Hz, 1H, ArH), 5.52 (s, 2H, CH_2), 1.26 (s, 9H, *t*-Bu); ^{13}C NMR (100 MHz, DMSO-d_6) δ167.91, 167.62, 157.74, 154.62, 147.33, 142.16, 137.92, 132.18, 129.72, 129.21, 127.59, 126.76, 126.02, 123.73, 122.59, 121.13, 113.23, 71.09, 34.85, 30.22。Anal. Calcd for $C_{22}H_{21}NO_5$: C, 69.64%; H, 5.58%; N, 3.69%。Found: C, 69.86%; H, 5.62%; N, 3.58%。

2-(4-甲基苯氧甲基)喹啉-3,4-二羧酸 (**3g**): 黄色固体，产率 80.1%; m.p. 172.3～173.1°C; ^1H NMR (400 MHz, DMSO-d_6) δ 13.93 (s, 2H, COOH), 8.11 (d, J=8.4 Hz, 1H, ArH), 8.00 (d, J=8.4 Hz, 1H, ArH), 7.91 (t, J=7.2 Hz, 1H, ArH), 7.76 (t, J=7.6 Hz, 1H, ArH), 7.06 (d, J=8.4 Hz, 2H, ArH), 6.87 (d, J=8.4 Hz, 2H, ArH), 5.43 (s, 2H, CH_2), 2.19 (s, 3H, CH_3); ^{13}C NMR (100 MHz, DMSO-d_6) δ167.91, 167.62, 157.74, 154.62, 147.33, 142.16, 137.98, 132.18, 129.72, 129.21, 127.59, 126.76, 126.02, 123.73, 122.53, 121.13, 113.23, 71.09, 30.22。Anal. Calcd for $C_{19}H_{15}NO_5$: C, 67.65%; H, 4.48%; N, 4.15%。Found: C, 67.34%; H, 4.17%; N, 4.33%。

2-(4-叔丁基苯氧甲基)喹啉-3,4-二羧酸 (**3h**): 棕色固体，产率 79.5%; m.p. 186.3～187.5 ℃; IR (KBr, cm^{-1}) ν 3451, 2968, 1692, 1507, 1040, 774; ^1H NMR (400 MHz, DMSO-d_6) δ 14.00 (s, 2H, COOH), 8.12 (d, J=8.4 Hz, 1H, ArH), 8.00 (d, J=8.4 Hz, 1H, ArH), 7.92 (t, J=7.6 Hz, 1H, ArH), 7.76 (t, J=7.6 Hz, 1H, ArH), 7.27 (d, J=8.4 Hz, 2H, ArH), 6.90 (d, J=8.8 Hz, 2H, ArH), 5.44 (s, 2H, CH_2), 1.22 (s, 9H, *t*-Bu); ^{13}C NMR (100 MHz, DMSO-d_6) δ167.81, 167.74, 156.35, 154.76, 146.97, 143.70, 141.23, 132.03, 129.63, 129.18, 126.49, 125.92, 124.38, 122.55, 114.55, 70.92, 34.23, 31.74。Anal. Calcd for $C_{22}H_{21}NO_5$: C, 69.64%; H, 5.58%; N, 3.69%。Found: C, 69.47%; H, 5.62%; N, 3.73%。

2-(4-氯苯氧甲基)喹啉-3,4-二羧酸 (**3i**): 黄色固体，产率 79.3%; m.p. 159.4～160.6 ℃; IR (KBr, cm^{-1}) ν 3424, 1741, 1501, 1230, 752, 579; ^1H NMR (400 MHz, DMSO-d_6) δ14.04 (s, 2H, COOH), 8.11 (d, J=8.8 Hz, 1H, ArH), 8.01 (d, J=8.4 Hz, 1H, ArH), 7.90～7.94 (m, 1H, ArH), 7.75～7.79 (m, 1H, ArH), 7.33 (d, J=8.8 Hz, 2H, ArH), 7.02 (d, J=8.8 Hz, 2H, ArH), 5.48 (s, 2H, CH_2); ^{13}C NMR (100 MHz, DMSO-d_6) δ167.76, 167.72, 157.47, 154.17, 147.01, 141.46, 132.11, 129.70, 129.64, 129.26, 125.95, 125.23, 124.16, 122.57, 116.94, 71.36。Anal. Calcd for $C_{18}H_{12}ClNO_5$: C, 60.43%; H, 3.38%; N, 3.92%。

Found：C，60.27%；H，3.32%；N，4.01%。

2-(4-溴苯氧甲基)喹啉-3,4-二羧酸（**3j**）：黄色固体，产率 78.4%；m.p.163.5～164.2 ℃；IR（KBr，cm^{-1}）ν 3446，1735，1485，1225，817，573；^1H NMR（400 MHz，DMSO-d_6）δ13.98（s，2H，COOH），7.90～8.14（m，3H，ArH），7.75～7.81（m，1H，ArH），7.45（d，J=8.8 Hz，2H，ArH），6.95（t，J=8.8 Hz，2H，ArH），5.47（d，J = 8.4 Hz，2H，CH_2）；^{13}C NMR（100 MHz，DMSO-d_6）δ167.75，167.72，157.91，154.14，147.00，141.50，132.66，132.60，132.11，129.63，129.25，125.96，124.21，122.57，117.47，117.26，113.04，71.28。Anal. Calcd for $C_{18}H_{12}BrNO_5$：C，53.75%；H，3.01%；N，3.48%。Found：C，53.46%；H，2.97%；N，3.86%。

2-(2,4-二叔丁基苯氧甲基)喹啉-3,4-二羧酸（**3k**）：黄色固体，产率 75.9%；m.p.173.0～174.2 ℃；IR（KBr，cm^{-1}）ν 3419，2958，1714，1236，1095，579；^1H NMR（400 MHz，DMSO-d_6）δ14.00（s，2H，COOH），8.13（d，J=8.4 Hz，1H，ArH），8.01（d，J=8.4 Hz，1H，ArH），7.93（t，J=7.2 Hz，1H，ArH），7.78（t，J = 7.6 Hz，1H，ArH），7.21（s，1H，ArH），7.14（d，J = 8.4 Hz，1H，ArH），7.02（d，J=8.4 Hz，1H，ArH），5.49（s，2H，CH_2），1.25（d，J=14.8 Hz，18H，*t*-Bu）；^{13}C NMR（100 MHz，DMSO-d_6）δ167.89，167.60，155.47，154.86，147.29，142.84，141.98，137.05，132.17，129.72，129.22，125.97，123.93，123.80，123.50，122.57，112.78，71.18，35.00，34.36，31.83，30.30。Anal. Calcd for $C_{26}H_{29}NO_5$：C，71.70%；H，6.71%；N，3.22%。Found：C，71.86%；H，6.40%；N，3.47%。

2-(2-氟-4-叔丁基苯氧甲基)喹啉-3,4-二羧酸（**3l**）：黄色固体，产率 75.8%；m.p.171.5～173.3 ℃；IR（KBr，cm^{-1}）ν 3462，2968，1735，1507，1279，768；^1H NMR（400 MHz，DMSO-d_6）δ13.85（s，2H，COOH），8.12（d，J=8.4 Hz，1H，ArH），8.00（d，J=8.4 Hz，1H，ArH），7.93（t，J=7.2 Hz，1H，ArH），7.77（t，J=7.6 Hz，2H，ArH），7.12～7.21（m，2H，ArH），7.07（d，J=8.4 Hz，1H，ArH），5.52（s，2H，CH_2），1.21（s，9H，*t*-Bu）；^{13}C NMR（100 MHz，DMSO-d_6）δ167.76，167.63，154.22，152.96，150.54，147.04，141.75，132.16，129.67，129.30，125.96，125.24，123.99，122.63，121.30，115.03，113.88，113.70，71.83，34.45，31.48。Anal. Calcd for $C_{22}H_{20}FNO_5$：C，66.49%；H，5.07%；N，3.52%。Found：C，66.70%；H，5.18%；N，3.44%。

2-(萘-1-氧甲基)喹啉-3,4-二羧酸（**3m**）：白色固体，产率 76.7%；m.p.181.2～182.6 ℃；^1H NMR（400 MHz，DMSO-d_6）δ8.11～8.16（m，2H，ArH），8.02（d，J=8.4 Hz，1H，ArH），7.78～7.85（m，2H，ArH），7.64（t，J=7.6 Hz，1H，ArH），7.37～7.51（m，4H，ArH），7.09（d，J=7.6 Hz，1H，ArH），5.61（s，2H，CH_2）；^{13}C NMR（100 MHz，DMSO-d_6）δ167.90，167.65，156.63，154.44，147.10，141.52，132.15，129.80，129.61，129.24，127.23，126.81，125.97，124.18，122.61，107.73，70.59。Anal. Calcd for $C_{22}H_{15}NO_5$：C，70.77%；H，

4.05%；N，3.75%。Found：C，70.62%；H，3.88%；N，3.92%。

2-(萘-2-氧甲基)喹啉-3,4-二羧酸（**3n**）：白色固体，产率 76.2%；m.p.182.6～183.7 ℃；^{1}H NMR（400 MHz，DMSO-d_6）δ8.15（d，J =8.4 Hz，1H，ArH），8.02（d，J =8.0 Hz，1H，ArH），7.93（t，J =7.6 Hz，1H，ArH），7.76～7.84（m，4H，ArH），7.45（t，J =8.0 Hz，2H，ArH），7.34（t，J =7.6 Hz，1H，ArH），7.15～7.18（m，1H，ArH），5.60（s，2H，CH_2）；^{13}C NMR（100 MHz，DMSO-d_6）δ 167.84，167.77，156.54，154.34，147.06，141.52，134.52，132.10，129.80，129.66，129.24，129.15，127.96，127.17，126.92，125.97，124.34，124.25，122.61，118.92，107.82，71.15。Anal. Calcd for $C_{22}H_{15}NO_5$：C，70.77%；H，4.05%；N，3.75%。Found：C，70.92%；H，4.26%；N，3.47%。

2-(喹啉-8-氧甲基)喹啉-3,4-二羧酸（**3o**）：白色固体，产率 75.8%；m.p.177.3～177.9 ℃；^{1}H NMR（400 MHz，DMSO-d_6）δ8.82（d，J=4.0 Hz，1H，ArH），8.30（d，J = 8.0 Hz，1H，ArH），8.17（d，J = 8.4 Hz，1H，ArH），8.08（d，J = 8.4 Hz，1H，ArH），7.96（t，J =7.2 Hz，1H，ArH），7.81（t，J =7.6 Hz，1H，ArH），7.46～7.54（m，3H，ArH），7.30（d，J =7.2 Hz，1H，ArH），5.67（s，2H，CH_2）；^{13}C NMR（100 MHz，DMSO-d_6）δ167.48，166.90，154.53，154.33，149.44，141.93，140.00，136.22，132.43，129.64，129.44，127.11，126.08，123.20，122.56，122.36，120.76，110.23，62.12。Anal. Calcd for $C_{21}H_{14}N_2O_5$：C，67.38%；H，3.77%；N，7.48%。Found：C，67.14%；H，3.58%；N，7.49%。

6-溴-2-(苯氧基甲基)喹啉-3,4-二羧酸（**3p**）：白色固体，产率 65.2%；m.p.183.1～185.5 ℃；IR（KBr，cm^{-1}）ν 3628，3392，1691，1583，1490，1238，1093，833，655；^{1}H NMR（400 MHz，DMSO-d_6）δ 14.06（s，2H，COOH），8.36（dd，J = 8.0 Hz，1H，ArH），8.01～7.96（m，1H，ArH），7.88（d，J = 8.8 Hz，1H，ArH），7.43（t，J =8.0 Hz，2H，ArH），7.14（d，J =8.0 Hz，2H，ArH），5.59（s，2H，CH_2）；^{13}C NMR（100 MHz，DMSO-d_6）δ167.73，167.28，162.53，160.06，158.54，153.96，144.31，132.85，132.75，129.94，125.77，122.27，122.02，121.60，115.13，109.54，109.30，70.79。

6-溴-2-((邻甲苯氧基)甲基)喹啉-3,4-二羧酸（**3q**）：黄色固体，产率 70.9%；m.p.184.9～186.5 ℃；IR（KBr，cm^{-1}）ν 3411，2921，1512，1238，833，652；^{1}H NMR（400 MHz，DMSO-d_6）δ 8.16（s，1H，ArH），8.08（s，2H，ArH），7.07（d，J = 8.8 Hz，2H，ArH），6.87（d，J = 8.4 Hz，2H，ArH），5.40（s，2H，CH_2），2.20（s，3H，CH_3）；^{13}C NMR（100 MHz，DMSO-d_6）δ167.55，167.20，156.38，155.30，145.62，139.86，135.06，131.88，130.39，130.25，127.69，125.72，123.96，122.41，115.02，70.88，20.50。

6-溴-2-((2-(叔丁基)苯氧基)甲基)喹啉-3,4-二羧酸（**3r**）：黄色固体，产率 69.3%；m.p.148.1～150.8 ℃；IR（KBr，cm^{-1}）ν 3442，2961，1739，1624，1443，1213，752；^{1}H NMR（400 MHz，DMSO-d_6）δ13.53（s，2H，COOH），8.23～8.18（m，1H，ArH），7.87（dq，J = 8.0 Hz，3.6 Hz，1H，ArH），7.73（dd，J = 8.0 Hz，

2.0 Hz，1H，ArH），7.21（dd，J = 8.0 Hz，2.0 Hz，1H，ArH），7.16（t，J = 8.0 Hz，1H，ArH），7.10（d，J = 8.0 Hz，1H，ArH），6.88（t，J = 6.0 Hz，1H，ArH），5.50（d，J = 8.0 Hz，2H，CH_2），1.23（s，9H，t-Bu）；^{13}C NMR（100 MHz，DMSO-d_6）δ167.56，167.44，165.88，160.18，157.68，153.94，144.65，137.95，127.70，126.79，125.20，123.63，121.21，113.22，109.56，109.32，70.82，34.84，30.20。

6-溴-2-((4-(叔丁基)苯氧基)甲基)喹啉-3,4-二羧酸（**3s**）：黄色固体，产率 61.6%；m.p. 180.4～181.3 ℃. IR（KBr，cm^{-1}）ν 3492，2658，1731，1503，1220，832；^{1}H NMR（400 MHz，DMSO-d_6）δ13.32（s，2H，COOH），8.32（s，1H，ArH），7.94（d，J = 8.0 Hz，1H，ArH），7.90（dd，J = 8.0 Hz，2.0 Hz，1H，ArH），7.24（d，J = 8.0 Hz，2H，ArH），6.87（d，J = 8.0 Hz，2H，ArH），5.34（s，2H，CH_2），1.20（s，9H，t-Bu）；^{13}C NMR（100 MHz，DMSO-d_6）δ168.50，167.45，156.46，155.37，145.53，143.49，133.82，131.41，129.35，126.47，126.38，126.32，125.25，120.81，115.06，114.59，70.87，34.21。

6-溴-2-((4-(异丙基)苯氧基)甲基)喹啉-3,4-二羧酸（**3t**）：黄色固体，产率 62.7%；m.p. 180.6～181.0 ℃；IR（KBr，cm^{-1}）ν 3496，2958，2587，1729，1503，1220，833；^{1}H NMR（400 MHz，DMSO-d_6）δ14.01（s，2H，COOH），8.23（q，J = 8.0 Hz，1H，ArH），7.88（t，J = 8.0 Hz，1H，ArH），7.73（q，J = 8.0 Hz，1H，ArH），7.12（q，J = 8.0 Hz，2H，ArH），6.89（q，J = 8.0 Hz，2H，ArH），5.41（s，2H，CH_2），2.83～2.72（m，1H，ArH），1.12（q，J = 4.0 Hz，6H，CH_3）；^{13}C NMR（100 MHz，DMSO-d_6）δ167.45，167.28，165.52，156.62，154.18，144.31，141.54，132.90，132.81，127.60，123.62，123.51，122.53，122.27，114.92，109.47，109.23，70.82，33.04，24.52，14.03。

6-溴-2-((2,4-二叔丁基苯氧基)甲基)喹啉-3,4-二羧酸（**3u**）：白色固体，产率 77.4%；m.p. 183.1～185.5 ℃；IR（KBr，cm^{-1}）ν 3448，2959，1731，1224，1093，668；^{1}H NMR（400 MHz，DMSO-d_6）δ13.74（s，2H，COOH），8.21（s，1H，ArH），8.04（s，2H，ArH），7.22（d，J = 1.6 Hz，1H，ArH），7.15（dd，J = 1.6 Hz，8.4 Hz，1H，ArH），7.00（d，J = 8.4 Hz，1H，ArH），5.45（s，2H，CH_2），1.26（s，9H，t-Bu），1.23（s，9H，t-Bu）；^{13}C NMR（100 MHz，DMSO-d_6）δ167.57，167.42，155.41，145.91，142.88，137.09，134.93，131.88，128.08，125.15，124.10，123.93，123.51，122.10，112.80，70.94，56.46，35.00，34.36，31.82，30.29。

6-溴-2-((2-氟苯氧基)甲基)喹啉-3,4-二羧酸（**3v**）：黄色固体，产率 61.5%；m.p. 168.4～170.6 ℃；IR（KBr，cm^{-1}）ν 3442，2923，1715，1506，1258，1111，751；^{1}H NMR（400 MHz，DMSO-d_6）δ14.02（s，2H，COOH），8.16（s，1H，ArH），8.10（d，J = 10.4 Hz，2H，ArH），7.27～7.18（m，2H，ArH），7.12（t，J = 7.6 Hz，1H，ArH），6.97（q，J = 6.4 Hz，1H，ArH），5.53（s，2H，CH_2）；^{13}C NMR（100 MHz，DMSO-d_6）δ167.39，167.23，154.61，153.38，150.95，146.38，

145.73，140.42，135.18，131.93，127.75，125.19，123.95，122.56，122.04，116.46，115.66，71.58。

6-溴-2-((2-溴苯氧基)甲基)喹啉-3,4-二羧酸（**3w**）：黄色固体，产率 60.2%；m.p. 168.4～170.6 ℃；^{1}H NMR（400 MHz，DMSO-d_6）δ13.16（s，2H，COOH），8.30（s，1H，ArH），7.93（d，J=8.0 Hz，2H，ArH），7.55（d，J=8.0 Hz，1H，ArH），7.30（t，J=6.0 Hz，1H，ArH），7.18（d，J=8.0 Hz，1H，ArH），6.89（t，J=8.0 Hz，1H，ArH），5.46（s，2H，CH_2）；^{13}C NMR（100 MHz，DMSO-d_6）δ168.43，167.75，154.99，154.44，146.86，145.55，133.91，133.47，131.36，129.44，129.33，125.16，124.77，122.79，120.83，114.31，111.45，71.51。

6-溴-2-((3-溴苯氧基)甲基)喹啉-3,4-二羧酸（**3x**）：白色固体，产率 63.4%；m.p. 200.1～201.6 ℃；^{1}H NMR（400 MHz，DMSO-d_6）δ14.19（s，2H，COOH），8.36（q，J=8.0 Hz，1H，ArH），8.01（t，J=8.0 Hz，1H，ArH），7.87（d，J=8.0 Hz，1H，ArH），7.41（d，J=8.0 Hz，1H，ArH），7.35（s，1H，ArH），7.29（d，J=8.0 Hz，1H，ArH），7.16（d，J=8.0 Hz，1H，ArH），5.61（s，1H，ArH）；^{13}C NMR（100 MHz，DMSO-d_6）δ167.69，167.25，162.57，159.48，153.40，144.32，132.86，131.70，125.63，124.54，122.47，122.38，122.13，118.17，114.53，109.59，71.18。

6-溴-2-((4-溴苯氧基)甲基)喹啉-3,4-二羧酸（**3y**）：白色固体，产率 68.4%；m.p. 191.4～192.7 ℃；IR（KBr，cm^{-1}）ν 3400，2924，1691，1489，1240，832，654；^{1}H NMR（400 MHz，DMSO-d_6）δ13.83（s，2H，COOH），8.17（s，1H，ArH），8.06（s，2H，ArH），7.46（d，J=8.0 Hz，2H，ArH），6.97（d，J=8.0 Hz，2H，ArH），5.45（s，2H，CH_2）；^{13}C NMR（100 MHz，DMSO-d_6）δ167.49，167.16，157.81，154.74，145.67，140.01，135.14，132.61，131.91，127.74，125.55，123.89，122.87，122.51，117.47，113.13，71.9。

6-溴-2-((4-氯苯氧基)甲基)喹啉-3,4-二羧酸（**3z**）：白色固体，产率 69.3%；m.p. 187.7～188.2 ℃；IR（KBr，cm^{-1}）ν 3402，2922，1689，1489，1236，1093，833；^{1}H NMR（400 MHz，DMSO-d_6）δ13.83（s，2H，COOH），8.17（s，1H，ArH），8.06（s，2H，ArH），7.34（d，J=8.0 Hz，2H，ArH），7.02（d，J=8.0 Hz，2H，ArH），5.45（s，2H，CH_2）；^{13}C NMR（100 MHz，DMSO-d_6）δ167.51，167.17，157.37，154.77，145.66，140.08，135.12，131.90，129.71，127.76，125.56，125.37，123.91，122.48，116.95，71.17。

6-溴-2-((萘-2-基氧基)甲基)喹啉-3,4-二羧酸（**3a′**）：棕黄色固体，产率 75.8%；m.p. 181.2～182.6 ℃；^{1}H NMR（400 MHz，DMSO-d_6）δ13.75（s，2H，COOH），8.32（q，J=4.0 Hz，1H，ArH），7.96～7.90（m，5H，ArH），7.59（t，J=6.0 Hz，2H，ArH），7.49（t，J=8.0 Hz，1H，ArH），7.31（d，J=8.0 Hz，1H，ArH），5.69（s，2H，CH_2）；^{13}C NMR（100 MHz，DMSO-d_6）δ167.64，162.18，159.76，156.59，153.74，144.35，134.59，132.57，129.75，128.06，127.17，126.87，125.73，124.20，121.75，121.49，119.00，109.89，107.79，70.95。

6-溴-2-((喹啉-8-基氧基)甲基)喹啉-3,4-二羧酸 (**3b′**)：黄色固体，产率 65.8%；m. p. 205.1～207.3 ℃；^{1}H NMR (400 MHz，DMSO-d_6) δ 13.92 (s，2H，COOH)，8.94 (q，J=2.7 Hz，1H，ArH)，8.46 (q，J=8.0 Hz，1H，ArH)，8.37 (dd，J=8.0 Hz，6.0 Hz，1H，ArH)，8.03～7.98 (m，1H，ArH)，7.88 (d，J=8.0 Hz，1H，ArH)，7.68～7.61 (m，3H，ArH)，7.50 (d，J=8.0 Hz，1H，ArH)，5.82 (s，2H，CH_2)；^{13}C NMR (100 MHz，DMSO-d_6) δ 167.55，167.44，160.09，154.48，153.91，149.42，144.49，141.04，140.98，140.06，136.37，129.51，127.21，125.52，122.42，122.31，122.16，120.86，110.88，109.32，71.75。

3.3 结果讨论

3.3.1 2-芳氧甲基喹啉-3,4-二羧酸衍生物的合成方法研究

基于我们课题组以往的工作经验，本章采用“两步一锅法”将 2-(溴甲基) 喹啉-3,4-二羧酸二乙酯 (**1**) 与各种取代的苯酚 (**2**) 进行反应生成 2-芳氧甲基喹啉-3,4-二羧酸衍生物 **3a-b′**。该反应首先将 2-(溴甲基) 喹啉-3,4-二羧酸二乙酯中的溴甲基与各种苯酚的羟基发生 Williamson 反应生成 2-芳氧甲基喹啉-3,4 二羧酸二乙酯，然后不经提纯直接水解、酸化生成 2-芳氧甲基喹啉-3,4-二羧酸衍生物。之后对反应物进行了拓展，尝试将 2-(溴甲基) 喹啉-3,4-二羧酸二乙酯与萘酚或 8-羟基喹啉在相同的反应条件下反应，顺利得到了相应的萘氧甲基-喹啉二羧酸和喹啉氧甲基喹啉-3,4-二羧酸类衍生物，其反应路线如图 3-3 所示。

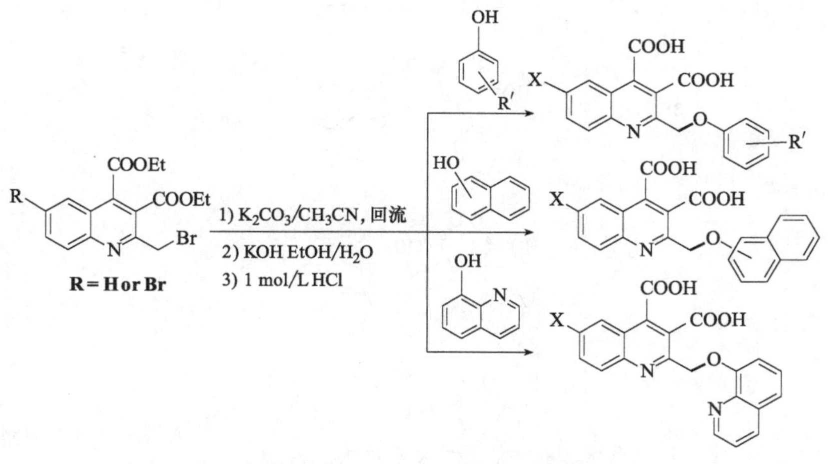

图 3-3　2-芳氧甲基喹啉-3,4-二羧酸衍生物的合成路线

Figure 3-3　Synthetic route of 2-aryloxymethyl quinoline-3,4-dicarboxylic acid derivatives

2-(溴甲基) 喹啉-3,4-二羧酸二乙酯分别与取代苯酚、萘酚和 8-羟基喹啉的反应结果如表 3-1 所示。从中可以看出不同的取代基的电子效应或空间位阻效应对其产品的收率基本没有影响，均以较好的收率得到目标产物。

表 3-1　2-芳氧甲基喹啉-3,4-二羧酸衍生物 **3a-3b′** 的收率及熔点

Table 3-1　Yields and melting points of 2-aryloxymethyl quinoline-3,4-dicarboxylic acid derivatives **3a-3b′**

Entry	产物	结构	收率/%[a]	m. p. / ℃
1	**3a**	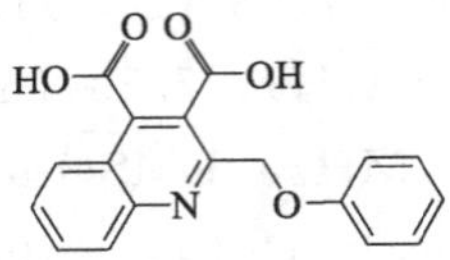	81.2	168.7～170.1
2	**3b**	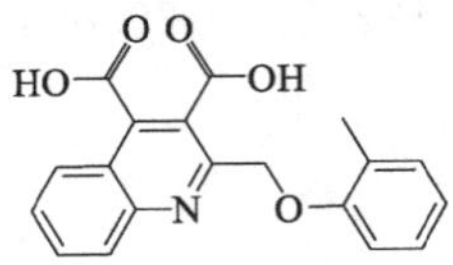	76.2	164.3～164.9
3	**3c**	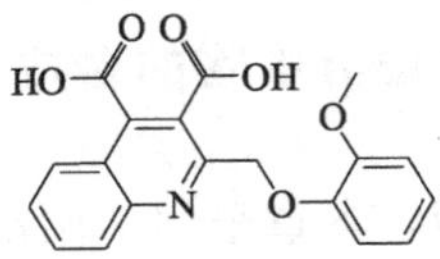	75.1	188.4～189.6
4	**3d**	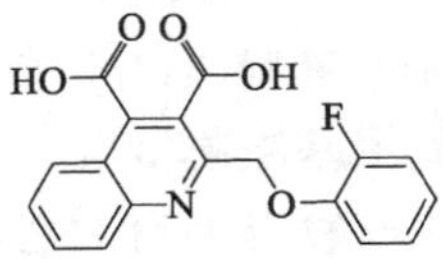	77.6	195.7～197.0
5	**3e**	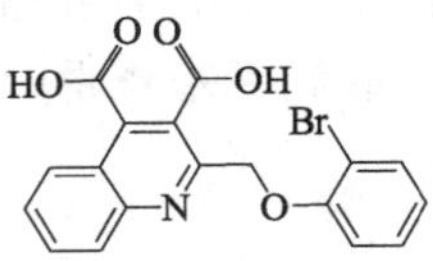	75.3	160.6～162.6
6	**3f**	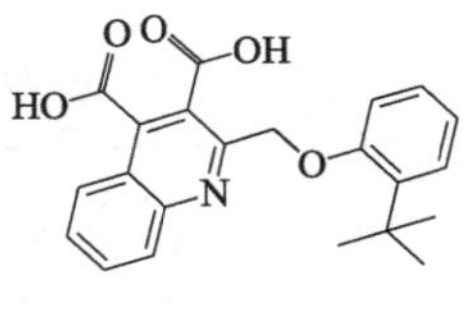	76.3	184.3～185.2
7	**3g**	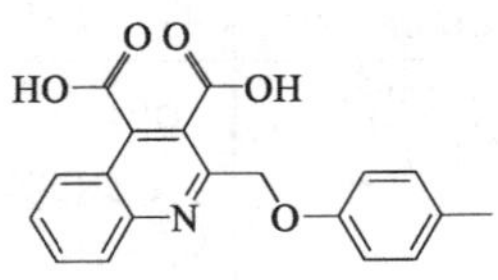	80.1	172.3～173.1
8	**3h**	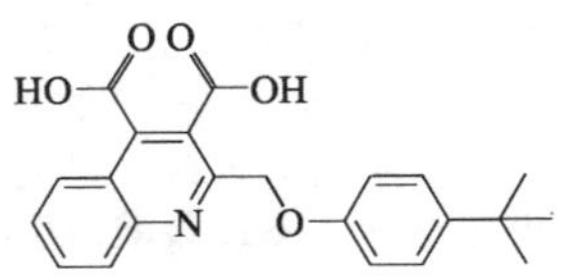	79.5	186.3～187.5
9	**3i**	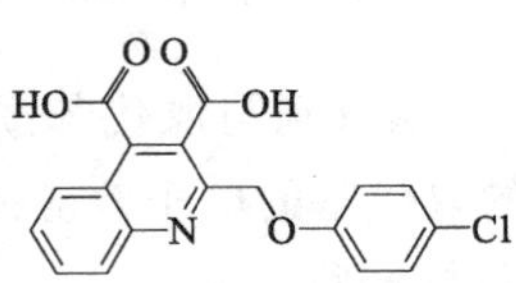	79.3	159.4～160.6

续表

Entry	产物	结构	收率/%[a]	m. p. / ℃
10	**3j**	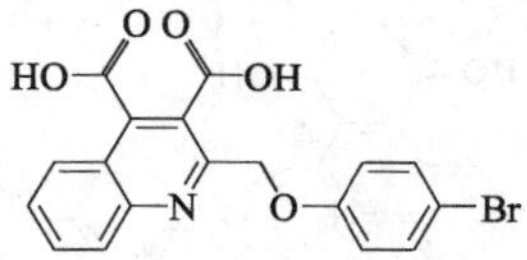	78.4	163.5～164.2
11	**3k**	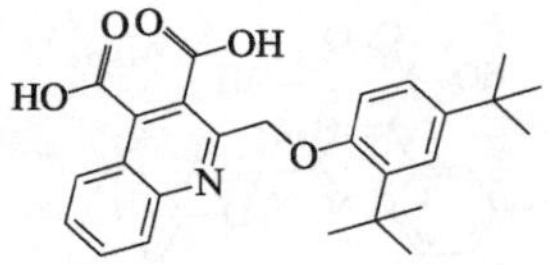	75.9	173.0～174.2
12	**3l**	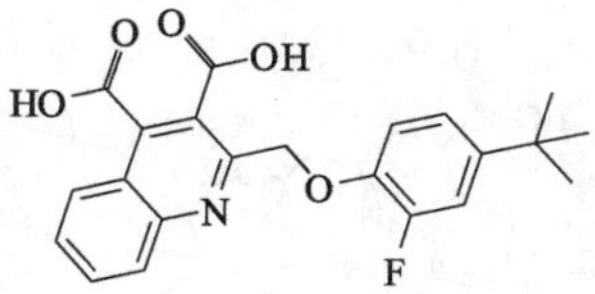	75.8	171.5～173.3
13	**3m**	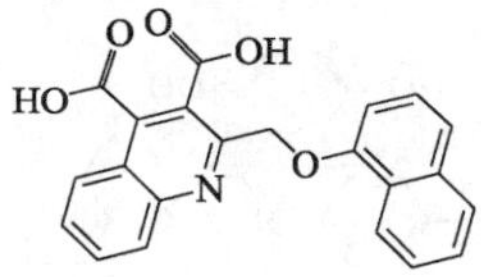	76.7	181.2～182.6
14	**3n**	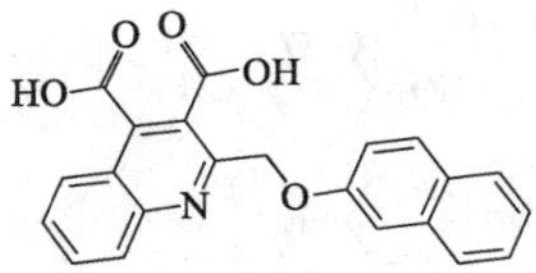	76.2	182.6～183.7
15	**3o**	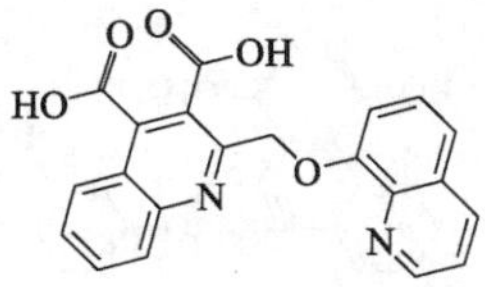	75.8	177.3～177.9
16	**3p**	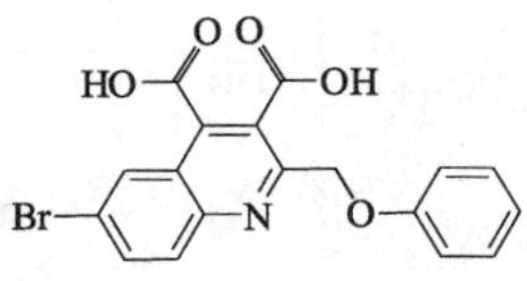	65.2	181.3～185.5
17	**3q**	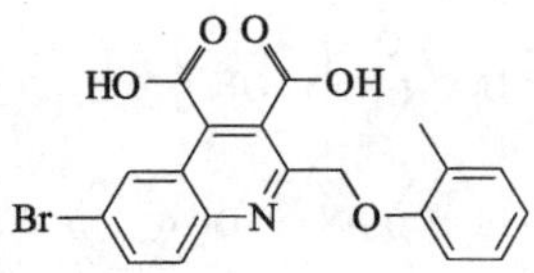	70.9	184.9～186.5
18	**3r**	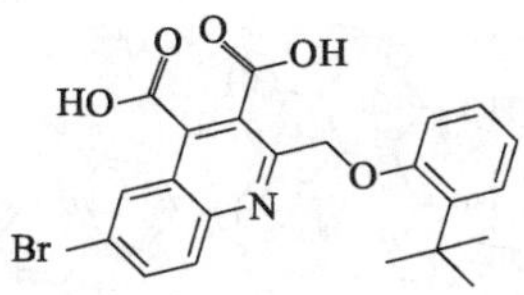	69.3	148.1～150.8

续表

Entry	产物	结构	收率/%[a]	m. p. / ℃
19	**3s**	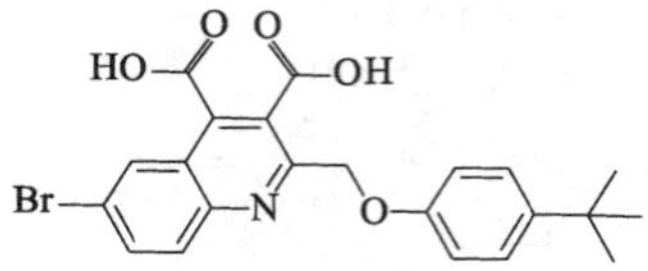	61.6	180.4～181.3
20	**3t**	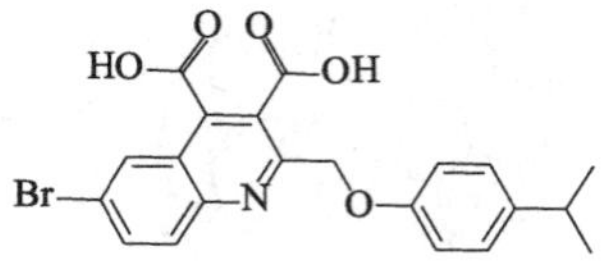	62.7	180.6～181.0
21	**3u**	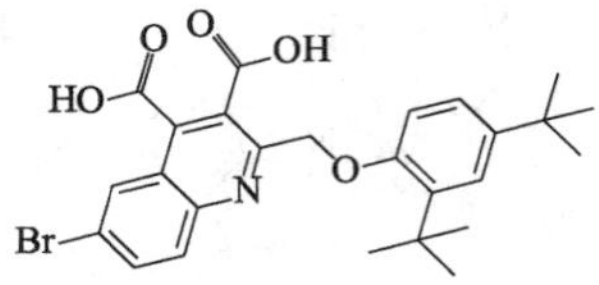	77.4	183.1～185.5
22	**3v**	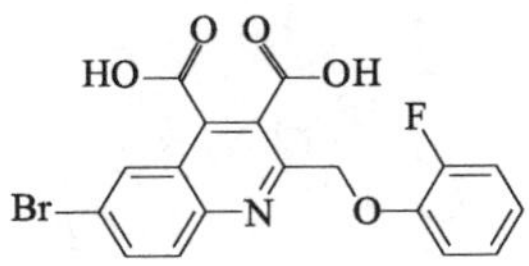	61.5	168.4～170.6
23	**3w**	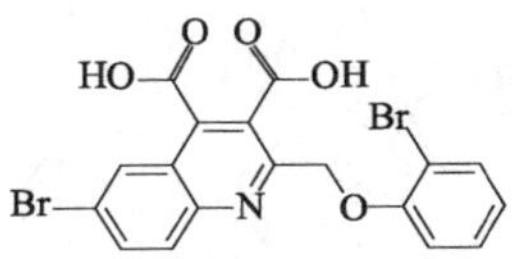	60.2	184.4～185.9
24	**3x**	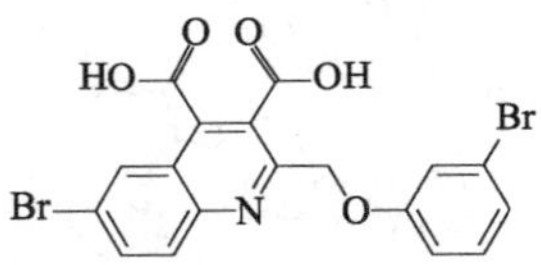	63.4	200.1～201.6
25	**3y**	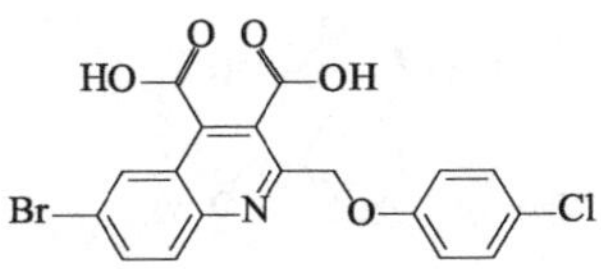	68.4	191.4～192.7
26	**3z**	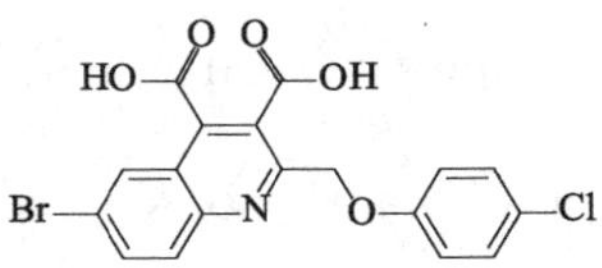	69.3	187.7～188.2
27	**3a′**	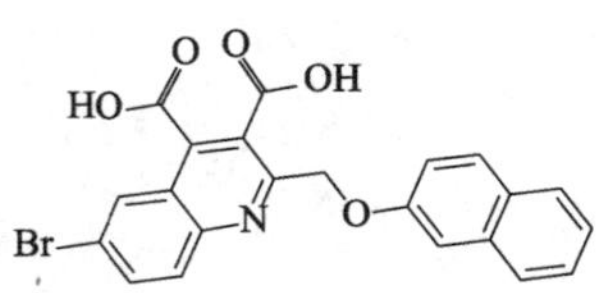	75.8	181.2～182.6

续表

Entry	产物	结构	收率/%[a]	m. p. / ℃
28	**3b′**	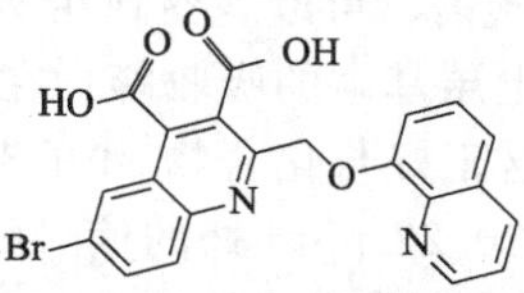	65.8	205.1～207.3

[a]Isolated yield。

3.3.2　2-芳氧甲基喹啉-3,4-二羧酸类化合物的结构表征

本章合成的 2-芳氧甲基喹啉-3,4-二羧酸类化合物都是未见文献报道过的新化合物，并已通过核磁共振氢谱和核磁共振碳谱表征得以证实。下面以 2-(2-叔丁基苯氧甲基) 喹啉-3,4-二羧酸 (**3f**) 为例进行说明。图 3-4 为化合物 **3f** 的核磁共振氢谱，可以观察到在 δ=14.04 ppm 处出现一个很宽的两质子单峰，无疑是两个羧基上氢质子吸收峰；在化学位移 δ=7.78 和 7.93 ppm 处的两个三重峰 (J=7.2 Hz) 以及在 8.02 和 8.12 ppm 处的两个双重峰 (J=8.4 Hz)，应该是喹啉环上 4 个氢质子的吸收峰；在 δ=6.88，7.10～7.18 和 7.22 ppm 处分别出现的三重峰、双重峰和三重峰叠加在一起的多重峰和双重峰，应是苯环上 4 个氢质子的吸收峰；在 δ=5.52 ppm 处出现较为尖锐的单峰显然是亚甲基两个氢质子的吸收峰；在 δ=1.26 ppm 处出现的极为尖锐的 9 个氢质子单峰，明显是叔

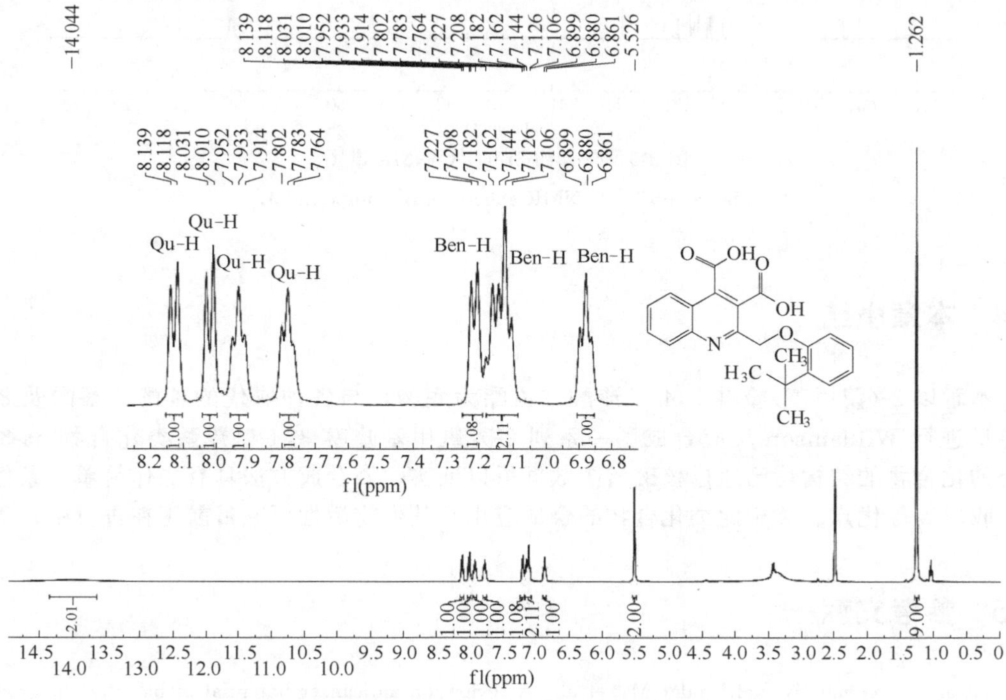

图 3-4　化合物 **3f** 的 ^{1}H NMR 谱图

Figure 3-4　^{1}H NMR spectrum of compound **3f**

丁基上 9 个氢质子的吸收峰。这样，通过该化合物的氢核磁谱图分析，证实所得化合物的结构与我们所预想的分子结构完全一致。

图 3-5 为化合物 **3f** 的核磁共振碳谱，可以观察到在 δ=167.91 ppm 和 δ=167.62 ppm 处的两个碳信号峰，显然是两个羧基上羰基碳的吸收峰；在芳环区域 δ=113.23～157.74 ppm 范围内出现了 15 个碳的信号峰，这正好与化合物 **3f** 的芳环结构喹啉环和苯环碳的个数完全一致；在脂肪区域 δ=34.84 和 30.22 ppm 处的信号峰，无疑是叔丁基碳的吸收峰；在 δ=71.09 ppm 处的信号峰应为环外亚甲基碳的吸收峰。这样，通过其核磁碳谱的分析，进一步证实了所合成的化合物与我们所预想的分子结构相一致。

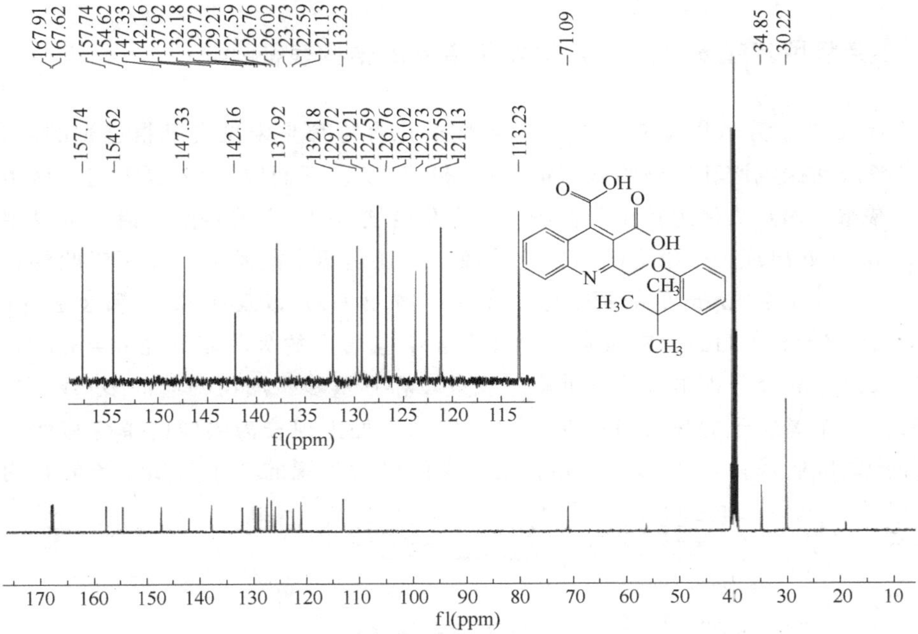

图 3-5 化合物 **3f** 的^{13}C NMR 谱图

Figure 3-5 ^{13}C NMR spectrum of compound **3f**

3.4 本章小结

本章以 2-(溴甲基)喹啉-3,4-二羧酸二乙酯为底物，与各种取代的苯酚、萘酚及 8-羟基喹啉进行 Williamson 反应合成了一系列 2-芳氧甲基喹啉-3,4-二羧酸类化合物 **3a-3b′**。所得的化合物的结构均已通过核磁谱图数据得以证实，该合成方法具有操作简单、条件温和、收率高等优点。关于此类化合物的合成应用及其生物活性研究目前正在进行中。

3.5 参考文献

[1] Afzal O，Kumar S，RafiHaider M，et al. A review on anticancer potential of bioactive heterocycle quinoline [J]. *European Journal of Medicinal Chemistry*，**2015**，97 (5)：871-910.

[2] de Souza M V N，Pais K C，Kaiser C R，et al. Synthesis and in vitro antitubercular activity of a se-

ries of quinoline derivatives [J]. *Bioorganic & Medicinal Chemistry*, **2009**, 17 (4): 1474-1480.

[3] Ahmed N, Brahmbhatt K G, Sabde S, et al. Synthesis and anti-HIV activity of alkylated quinoline 2,4-diols [J]. *Bioorganic & Medicinal Chemistry*, **2010**, 18 (8): 2872-2879.

[4] Eswaran S, Adhikari A V, Shetty N S. Synthesis and antimicrobial activities of novel quinoline derivatives carrying 1,2,4-triazole moiety [J]. *European Journal of Medicinal Chemistry*, **2009**, 44 (11): 4637-4647.

[5] Maguire M P, Sheets K R, McVety K, et al. A new series of PDGF receptor Tyrosine Kinase inhibitors: 3-Substituted quinoline derivatives [J]. *Journal of Medicinal Chemistry*, **1994**, 37 (14): 2129-2137.

[6] Carrigan C N, Bartlett R D, Esslinger C S, et al. Synthesis and in vitro pharmacology of substituted quinoline-2,4-dicarboxylic acids as inhibitors of Vesicular Glutamate Transport [J]. *Journal of Medicinal Chemistry*, **2002**, 45 (11): 2260-2276.

[7] Garudachari B, Satyanarayana M N, Thippeswamy B, et al. Synthesis, characterization and antimicrobial studies of some new quinoline incorporated benzimidazole derivatives [J]. *European Journal of Medicinal Chemistry*, **2012**, 54: 900-906.

[8] Li X G, Chen X, Zhou Q L. A convenient synthesis of 2-alkyl8-quinoline carboxylic acids [J]. *Synthetic Communication*, **2002**, 32 (16): 2477-2481.

[9] Wang X, Xie X, Cai Y, et al. Design, synthesis and antibacterial evaluation of some new 2-phenylquinoline-4-carboxylic acid derivatives [J]. *Molecules*, **2016**, 21 (3): 340-355.

[10] Das P, Deng X, Zhang L, et al. SAR-based optimization of a 4-quinoline carboxylic acid analogue with potent antiviral activity [J]. *ACS Medicinal Chemistry Letters*, **2013**, 4 (6): 517-521.

[11] Carrigan C N, Bartlett R D, Esslinger C S, et al. Synthesis and in vitro pharmacology of substituted quinoline-2,4-dicarboxylic acids as inhibitors of Vesicular Glutamate Transport [J]. *Journal of Medicinal Chemistry*, **2002**, 45 (11): 2260-2276.

[12] Carrigan C N, Patel S A, Cox H D, et al. The development of benzo-and naphtho-fused quinoline-2,4-dicarboxylic acids as vesicular glutamate transporter (VGLUT) inhibitors reveals a possible role for neuroactive steroids [J]. *Bioorganic & Medicinal Chemistry Letters*, **2014**, 24 (3): 850-854.

[13] Wang M F, Hong X J, Zhan Q G, et al. Temperature-/solvent-dependent low-dimensional compounds based on quinoline-2,3-dicarboxylic acid: Structures and fluorescent properties [J]. *Dalton Transactions*, **2012**, 41 (38): 11898-11906.

[14] Fuhrmann E, Talbiersky J. Synthesis of alkyl aryl ethers by catalytic Williamson ether synthesis with weak alkylation agents [J]. *Organic Process Research & Development*, **2005**, 9 (2): 206-211.

[15] Bogdal D, Pielichowski J, Jaskot K. A rapid Williamson synthesis under microwave irradiation in dry medium [J]. *Organic Preparations and Procedures International*, **1998**, 30 (4): 427-432.

[16] Mazaleyrat J P, Wakselman M. The Williamson reaction: A new and efficient method for the alternate resolution of 2,2'-bis (bromomethyl)-1,1'-binaphthyl and 1,1'-Binaphthalene-2,2'-diol [J]. *Journal of Organic Chemistry*, **1996**, 61(8): 2695-2698.

[17] Galemmo Jr. R A, Johnson Jr. W H, Learn K S, et al. The development of a novel series of (quinolin-2-ylmethoxy) phenyl-containing compounds as high-affinity leukotriene receptor antagonists. 3. Structural variation of the acidic side chain to give antagonists of enhanced potency [J]. *Journal of Medicinal Chemistry*, **1990**, 33 (10): 2828-2841.

第4章

2-((苯并[*d*]噁(咪)唑-2-基硫基)甲基)喹啉-3,4-二羧酸二乙酯类化合物的合成

4.1 引言

苯并噁唑和苯并咪唑是一类苯并杂环类化合物，由于苯基修饰对抑制活性具有积极作用，表现出多种生物活性，如抗菌、抗炎、抗病毒、抗阿尔茨海默病及抗肿瘤等。这类化合物在医药、农药、生物及材料等领域具有广泛的用途，是一种可以用来开发多种新药的前体化合物。苯并噁唑和苯并咪唑骨架连接的取代基和位置对其性质有较大的影响，构效关系研究表明 2-位上取代基的类型对其生理活性的影响较大。因此，近些年来，人们对苯并噁唑和苯并咪唑的 C（2）位进行了多种功能化修饰。

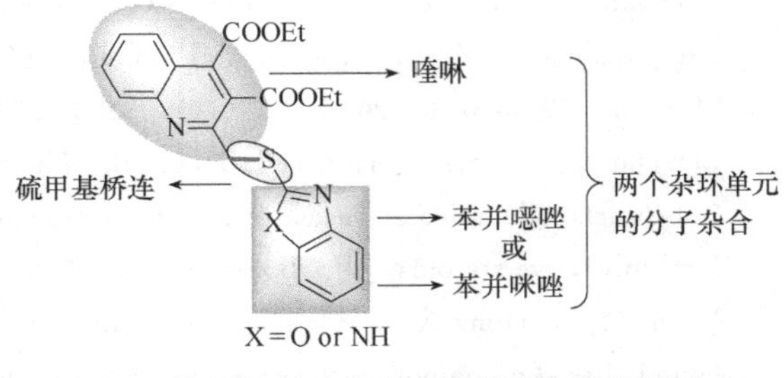

图 4-1　硫甲基桥连喹啉和苯并噁唑或苯并咪唑类双杂环化合物的结构

Figure 4-1　Structures of thiomethyl-bridged quinoline and benzoxazole or benzoimidazole

以 2-溴甲基喹啉-3,4-二羧酸二乙酯为反应物与苯并[*d*]噁(咪)唑-2-硫醇通过简单的 Williamson 反应，将喹啉环与苯并噁唑或苯并咪唑构建于同一分子结构中，得到硫甲基桥连喹啉和苯并噁唑或苯并咪唑类双杂环化合物（如图 4-1 所示），从而为今后关于此类化合物生物药理活性研究提供重要的可选底物。

4.2 实验部分

4.2.1 试剂与仪器

部分试剂与仪器与第二章相同。

苯并[*d*] 噁唑-2-硫醇	自制
苯并[*d*] 咪唑-2-硫醇	自制
乙腈	分析纯，天津市光复精细化工研究所
二氯甲烷	分析纯，天津市大茂化学试剂厂
氢氧化钾	天津永晟精细化工研究所
邻氨基苯酚	萨恩化学技术（上海）有限公司
盐酸	锦州市古城化学试剂有限公司
二硫化碳	天津市光复精细化工研究所

4.2.2 2-((苯并[*d*]噁唑-2-基硫基)甲基)喹啉-3,4-二羧酸二乙酯（3a-3n）的合成

将不同取代的 2-溴甲基喹啉-3,4-二羧酸二乙酯（**1a-1g**）（1 mmol）溶于 12 mL 乙腈中，然后加入苯并［*d*］噁唑-2-硫醇（**2a**）或苯并［*d*］咪唑-2-硫醇（**2b**）（1.2 mmol）和无水碳酸钾（4 mmol，0.554 g），在油浴中加热至回流，由 TLC 监测反应进程，待原料反应完全后，将乙腈旋蒸出，将粗产物通过柱色谱分离得到纯品化合物 **3a-3n**。

2-((苯并[*d*]噁唑-2-基硫基)甲基)喹啉-3,4-二羧酸二乙酯（**3a**）：白色粉末状固体，产率 85.6%；m. p. 109.1～109.2 ℃；^{1}H NMR（400 MHz，DMSO-d_6）δ 8.09（d，J = 7.2 Hz，1H，ArH），7.98（t，J = 8.8 Hz，2H，ArH），7.80（t，J = 7.2 Hz，1H，ArH），7.64（d，J = 0.8 Hz，2H，ArH），7.33（t，J = 0.8 Hz，2H，ArH），5.22（s，2H，CH_2），4.51（q，J = 8.0 Hz，2H，CH_2），4.43（q，J = 8.0 Hz，2H，CH_2），1.37（t，J = 8.0 Hz，3H，CH_3）；^{13}C NMR（100 MHz，DMSO-d_6）δ 165.94，165.60，164.49，153.99，151.70，147.50，141.65，141.15，133.12，129.55，129.33，125.91，125.09，124.81，122.07，121.92，118.74，110.65，62.99，62.94，38.51，14.28，14.12。Anal. Calcd for $C_{23}H_{20}N_2O_5S$：C，63.29%；H，4.62%；N，6.42%。Found：C，63.33%；H，4.55%；N，6.50%。

2-((苯并[*d*]噁唑-2-基硫基)甲基)-6-氟喹啉-3,4-二羧酸二乙酯（**3b**）：白色粉末状固体，产率 84.1%；m. p. 125.6～125.9 ℃；IR（KBr，cm^{-1}）ν 2986，2937，1729，1500，1246，1149，1003，755；^{1}H NMR（400 MHz，DMSO-d_6）δ 8.16（dd，J = 5.6 Hz，9.2 Hz，1H，ArH），7.89（t，J = 8.8 Hz，2H，ArH），7.74（dd，J = 7.2 Hz，2.4 Hz，1H，ArH），7.63～7.60（m，2H，ArH），7.33～7.28（m，2H，ArH），5.16（s，2H，CH_2），4.50（q，J = 7.2 Hz，2H，CH_2），4.42（q，J = 7.2 Hz，2H，CH_2），1.35（dt，J = 7.2 Hz，1.6 Hz，6H，CH_3）；^{13}C NMR（100 MHz，DMSO-d_6）δ 165.60，165.45，164.32，162.64，160.16，153.36，153.33，151.72，144.90，141.63，140.11，140.05，132.56，132.46，125.11，124.84，123.36，123.11，123.00，118.76，110.67，109.69，109.45，63.22，63.08，38.13，14.20，14.11。Anal. Calcd for $C_{23}H_{19}FN_2O_5S$：C，60.79%；H，4.21%；N，6.16%。Found：C，60.64%；H，4.36%；N，6.09%。

6-((苯并[*d*]噁唑-2-基硫基)甲基)-2-甲基喹啉-3,4-二羧酸二乙酯（**3c**）：白色粉末状

固体，产率 91.2%；m.p.114.2～114.4 ℃；IR（KBr，cm^{-1}）ν 2968，1727，1514，1456，1244，1124，1041，754；^1H NMR（400 MHz，DMSO-d_6）δ 8.11（s，1H，ArH），8.02（s，2H，ArH），7.64（t，J＝6.0 Hz，2H，ArH），7.35～7.28（m，2H，ArH），4.81（s，2H，CH_2），4.44（q，J＝8.0 Hz，2H，CH_2），4.37（q，J＝8.0 Hz，2H，CH_2），2.72（s，3H，CH_3），1.31（t，J＝8.0 Hz，6H，CH_3）；^{13}C NMR（100 MHz，DMSO-d_6）δ 166.46，165.84，164.01，156.07，151.73，147.28，141.54，138.77，137.45，133.34，129.59，125.41，124.85，124.10，121.16，118.72，110.64，62.81，62.49，35.65，24.47，14.23，14.19。Anal. Calcd for $C_{24}H_{22}N_2O_5S$：C，63.99%；H，4.92%；N，6.22%。Found：C，64.14%；H，5.06%；N，6.29%。

2-((苯并[d]噁唑-2-基硫基)甲基)-6-碘喹啉-3,4-二羧酸二乙酯（**3d**）：白色粉末状固体，产率 70.3%；m.p.139.1～139.6 ℃；IR（KBr，cm^{-1}）ν 3420，2974，1717，1494，1227，1130，1010，742；^1H NMR（400 MHz，DMSO-d_6）δ 8.14（s，1H，ArH），8.18（t，J＝8.0 Hz，1H，ArH），7.82（d，J＝8.0 Hz，1H，ArH），7.62（t，J＝6.0 Hz，2H，ArH），7.33～7.27（m，2H，ArH），5.14（s，2H，CH_2），4.50（q，J＝8.0 Hz，2H，CH_2），4.41（q，J＝8.0 Hz，2H，CH_2），1.34～1.30（m，6H，CH_3）；^{13}C NMR（100 MHz，DMSO-d_6）δ 165.46，165.35，164.32，154.42，151.70，146.44，141.61，141.37，139.27，133.97，131.05，125.11，124.84，123.14，118.74，110.67，96.67，63.24，63.10，38.32，14.22，14.12。Anal. Calcd for $C_{23}H_{19}IN_2O_5S$：C，49.12%；H，3.41%；N，4.98%。Found：C，49.34%；H，3.50%；N，5.15%。

2-((苯并[d]噁唑-2-基硫基)甲基)-6-溴喹啉-3,4-二羧酸二乙酯（**3e**）：白色粉末状固体，产率 77.6%；m.p.133.4～133.6 ℃；IR（KBr，cm^{-1}）ν 3439，2980，1743，1584，1379，1233，1189，1061，1010，846，653；^1H NMR（400 MHz，DMSO-d_6）δ 8.16（d，J＝4.0 Hz，1H，ArH），8.08（dd，J＝10.0 Hz，2.0 Hz，1H，ArH），8.01（d，J＝8.0 Hz，1H，ArH），7.64～7.61（m，2H，ArH），7.33～7.31（m，2H，ArH），5.16（s，2H，CH_2），4.51（q，J＝8.0 Hz，2H，CH_2），4.43（q，J＝8.0 Hz，2H，CH_2），1.36～1.31（m，6H，CH_3）；^{13}C NMR（100 MHz，DMSO-d_6）δ 165.47，165.28，164.27，154.49，151.69，146.19，141.59，139.48，136.08，131.50，127.73，125.12，124.85，123.48，123.31，122.81，118.74，110.66，63.31，63.15，38.24，14.19，14.11。Anal. Calcd for $C_{23}H_{19}BrN_2O_5S$：C，53.60%；H，3.72%；N，5.44%。Found：C，53.78%；H，3.60%；N，5.33%。

2-((苯并[d]噁唑-2-基硫基)甲基)-6-叔丁基喹啉-3,4-二羧酸二乙酯（**3f**）：白色粉末状固体，产率 85.7%；m.p.115.2～116.9 ℃；IR（KBr，cm^{-1}）ν 3414，2968，1705，1494，1430，1246，1124，748；^1H NMR（400 MHz，DMSO-d_6）δ 8.10（dd，J＝2.0 Hz，8.0 Hz，1H，ArH），8.03（d，J＝8.0，1H，ArH），7.77（d，J＝1.2 Hz，1H，ArH），7.65（q，J＝5.6 Hz，2H，ArH），7.35（m，2H，ArH），5.19（s，2H，

CH_2)，4.53 (q，J=7.2 Hz，2H，CH_2)，4.42 (q，J=7.2 Hz，2H，CH_2)，1.39～1.33 (m，15H，CH_3)；^{13}C NMR (100 MHz，DMSO-d_6) δ 166.12，165.73，164.46，153.36，151.88，151.69，146.27，141.65，140.88，132.10，129.04，125.08，124.80，122.03，121.72，120.02，118.73，110.64，62.88，62.83，38.38，35.49，30.97，14.45，14.11。Anal. Calcd for $C_{27}H_{28}N_2O_5S$：C，65.84%；H，5.73%；N，5.69%。Found：C，65.93%；H，5.62%；N，5.52%。

2-((苯并[*d*]噁唑-2-基硫基)甲基)-6-氯喹啉-3,4-二羧酸二乙酯 (**3g**)：白色粉末状固体，产率 63.6%；m.p. 139.1～139.6 ℃；IR (KBr，cm^{-1}) ν 3414，2980，1724，1584，1379，1233，1189，1061，1010，846，653；^{1}H NMR (400 MHz，DMSO-d_6) δ 8.22 (d，J=8.0 Hz，1H，ArH)，8.14 (s，1H，ArH)，8.09 (d，J=8.0 Hz，1H，ArH)，7.76 (s，2H，ArH)，7.47～7.41 (m，2H，ArH)，5.31 (s，2H，CH_2)，4.64 (q，J=8.0 Hz，2H，CH_2)，4.57 (q，J=8.0 Hz，2H，CH_2)，1.48 (d，J=4.0 Hz，6H，CH_3)；^{13}C NMR (100 MHz，DMSO-d_6) δ 165.48，165.27，164.30，154.40，151.70，146.03，141.61，139.64，134.07，133.50，131.51，125.9，124.83，123.51，122.88，118.74，110.66，63.28，63.12，38.24，14.119，14.12。Anal. Calcd for $C_{23}H_{19}ClN_2O_5S$：C，58.66%；H，4.07%；N，5.95%。Found：C，58.52%；H，4.15%；N，6.09%。

2-((1H-苯并[*d*]咪唑-2-基硫基)甲基)喹啉-3,4-二羧酸二乙酯 (**3h**)：白色粉末状固体，产率 88.6%；m.p. 168.8～169.3 ℃；^{1}H NMR (400 MHz，DMSO-d_6) δ 12.75 (s，1H，NH)，8.20 (d，J=8.4 Hz，1H，ArH)，8.10 (dd，J=8.0 Hz，8.8 Hz，1H，ArH)，7.91 (t，J=7.6 Hz，1H，ArH)，7.64 (d，J=6.8 Hz，1H，ArH)，7.50 (d，J=6.8 Hz，1H，ArH)，7.25 (d，J=7.2 Hz，2H，ArH)，5.23 (s，2H，CH_2)，4.62 (q，J=7.2 Hz，2H，CH_2)，4.51 (q，J=7.2 Hz，2H，CH_2)，1.49～1.42 (m，6H，CH_3)；^{13}C NMR (100 MHz，DMSO-d_6) δ 165.93，165.88，155.27，149.76，147.60，143.98，140.71，135.89，132.85，129.38，125.81，122.69，121.97，110.93，110.86，62.94，62.85，37.55，14.27，14.08。Anal. Calcd for $C_{23}H_{21}N_3O_4S$：C，63.43%；H，4.86%；N，9.65%。Found：C，63.52%；H，4.76%；N，9.74%。

2-((1H-苯并[*d*]咪唑-2-基硫基)甲基)-6-氟喹啉-3,4-二羧酸二乙酯 (**3i**)：白色粉末状固体，产率 86.1%；m.p. 178.3～178.6 ℃；IR (KBr，cm^{-1}) ν 3439，2968，1727，1408，1247，1192，1111；^{1}H NMR (400 MHz，DMSO-d_6) δ 12.60 (s，1H，NH)，8.13 (dd，J=5.6 Hz，9.6 Hz，1H，ArH)，7.87 (dt，J=2.4 Hz，8.4 Hz，1H，ArH)，7.73 (dd，J=9.6 Hz，2.4 Hz，1H，ArH)，7.48 (t，J=4.0 Hz，1H，ArH)，7.35 (t，J=4.4 Hz，1H，ArH)，7.11～7.07 (m，2H，ArH)，5.04 (s，2H，CH_2)，4.47 (q，J=7.2 Hz，2H，CH_2)，4.35 (q，J=7.2 Hz，2H，CH_2)，1.32 (dt，J=7.2 Hz，10.0 Hz，6H，CH_3)；^{13}C NMR (100 MHz，DMSO-d_6) δ 165.85，165.45，154.64，149.59，144.97，135.88，132.58，132.49，124.06，

123.14，122.97，122.86，122.25，121.65，117.89，110.88，109.60，109.36，63.18，62.99，37.23，14.18，14.06。Anal. Calcd for $C_{23}H_{20}FN_3O_4S$：C，60.92%；H，4.45%；N，9.27%。Found：C，70.06%；H，4.64%；N，9.39%。

6-((1H-苯并[*d*]咪唑-2-基硫基)甲基)-2-甲基喹啉-3,4-二羧酸二乙酯（**3j**）：白色粉末状固体，产率 96.5%；m. p. 153.9～154.7 ℃；IR（KBr，cm^{-1}）ν 3449，2959，1738，1578，1403，1265，1179，1032，753；^1H NMR（400 MHz，DMSO-d_6）δ 12.61（s，1H，ArH），8.02～7.96（m，3H，ArH），7.50（d，J＝16.4 Hz，2H，ArH），7.13～7.09（m，2H，ArH），4.76（s，2H，CH_2），4.37～4.30（m，4H，CH_2），2.71（s，3H，CH_3），1.31（t，J＝7.2 Hz，CH_3），1.26（t，J＝7.2 Hz，CH_3）；^{13}C NMR（100 MHz，DMSO-d_6）δ 166.49，165.84，155.80，149.64，147.20，138.77，138.66，133.45，129.43，124.98，123.95，121.96，121.90，121.87，121.83，121.78，121.18，62.72，62.45，35.17，24.46，14.19。Anal. Calcd for $C_{27}H_{29}N_3O_4S$：C，65.97%；H，5.95%；N，8.55%。Found：C，66.14%；H，6.09%；N，8.34%。

2-((1H-苯并[*d*]咪唑-2-基硫基)甲基)-6-碘喹啉-3,4-二羧酸二乙酯（**3k**）：白色粉末状固体，产率 71.5%；m. p. 200.8～201.3 ℃；IR（KBr，cm^{-1}）ν 3407，2974，1711，1557，1386，1245，1078，1020，746；^1H NMR（400 MHz，DMSO-d_6）δ 12.59（s，1H，NH），8.31（s，1H，ArH），8.16（d，J＝7.6 Hz，1H，ArH），7.80（d，J＝8.8 Hz，1H，ArH），7.48（d，J＝6.0 Hz，1H，ArH），7.34（d，J＝4.8 Hz，1H，ArH），7.10（d，J＝7.6 Hz，2H，ArH），5.03（s，2H，CH_2），4.47（q，J＝7.2 Hz，2H，CH_2），4.36（q，J＝7.2 Hz，2H，CH_2），1.32（q，J＝7.6 Hz，6H，CH_3）；^{13}C NMR（100 MHz，DMSO-d_6）δ 165.72，165.35，155.72，149.58，146.54，143.94，141.12，138.82，135.89，133.92，131.10，123.87，123.60，122.24，121.64，117.90，110.87，96.46，63.18，63.01，37.42，14.20，14.08。Anal. Calcd for $C_{23}H_{20}IN_3O_4S$：C，49.21%；H，3.59%；N，7.49%。Found：C，49.43%；H，3.68%；N，7.25%。

2-((1H-苯并[*d*]咪唑-2-基硫基)甲基)-6-溴喹啉-3,4-二羧酸二乙酯（**3l**）：白色粉末状固体，产率 85.4%；m. p. 190.1～190.2 ℃；IR（KBr，cm^{-1}）ν 3433，2974，1724，1574，1411，1233，1067，1010，831，752；^1H NMR（400 MHz，DMSO-d_6）δ 12.60（s，1H，NH），8.14（s，1H，ArH），8.04（d，J＝8.0 Hz，1H，ArH），7.97（d，J＝8.0 Hz，1H，ArH），7.48（t，J＝4.0 Hz，1H，ArH），7.34（t，J＝3.2 Hz，1H，ArH），7.10（t，J＝4.0 Hz，2H，ArH），5.03（s，2H，CH_2），4.47（q，J＝8.0 Hz，4H，CH_2），4.36（q，J＝8.0 Hz，4H，CH_2），1.32（q，J＝8.0 Hz，6H，CH_3）；^{13}C NMR（100 MHz，DMSO-d_6）δ 165.72，165.28，155.80，149.54，146.29，143.92，139.09，135.88，135.85，131.56，127.67，124.19，123.21，122.65，117.89，110.88，63.25，63.05，37.35，14.18，14.07。Anal. Calcd for $C_{23}H_{20}BrN_3O_4S$：C，53.70%；H，3.92%；N，8.17%。Found：C，53.58%；H，3.83%；N，8.33%。

2-((1H-苯并[*d*]咪唑-2-基硫基)甲基)-6-叔丁基喹啉-3,4-二羧酸二乙酯（**3m**）：白色粉末状固体，产率 89.7%；m. p. 165.8～166.6 ℃；IR（KBr，cm^{-1}）ν 3447，2963，1737，1560，1408，1241，1208，1073，1030，839，739；^{1}H NMR（400 MHz，DMSO-d_6）δ 12.59（s，1H，NH），8.05（d，J = 8.0 Hz，1H，ArH），8.00（d，J = 8.8 Hz，1H，ArH），7.76（s，1H，ArH），7.48（d，J=11.2 Hz，2H，ArH），7.11（q，J = 2.8 Hz，2H，ArH），5.06（s，1H，CH_2），4.50（q，J = 7.2 Hz，CH_2），4.36（q，J = 7.2 Hz，CH_2），1.37～1.27（m，15H，CH_3）；^{13}C NMR（100 MHz，DMSO-d_6）δ 166.13，166.00，154.63，151.72，149.75，149.69，146.35，144.00，135.87，131.84，129.09，122.79，122.18，121.62，119.97，117.90，117.85，62.79，37.50，35.48，31.00，14.43，14.07。Anal. Calcd for $C_{27}H_{29}N_3O_4S$：C，65.97%；H，5.95%；N，8.55%。Found：C，66.14%；H，5.84%；N，8.64%。

2-((1H-苯并[*d*]咪唑-2-基硫基)甲基)-6-氯喹啉-3,4-二羧酸二乙酯（**3n**）：白色粉末状固体，产率 70.6%；m. p. 185.6～185.9 ℃；IR（KBr，cm^{-1}）ν 3433，2979，1725，1576，1411，1240，1067，1016，833，751；^{1}H NMR（400 MHz，DMSO-d_6）δ 12.75（s，1H，NH），8.20（d，J =8.0，1H，ArH），8.15（d，J =4.0 Hz，1H，ArH），8.08（dd，J =8.0 Hz，3.2 Hz，1H，ArH），7.55（s，2H，ArH），7.25（q，J =2.4 Hz，4.0 Hz，2H，ArH），5.19（s，2H，CH_2），4.62（q，J =8.0 Hz，4H，CH_2），4.51（q，J =8.0 Hz，4H，CH_2），1.47（q，J =8.0 Hz，6H，CH_3）；^{13}C NMR（100 MHz，DMSO-d_6）δ 165.74，165.28，155.72，149.55，146.13，139.24，133.92，133.27，131.56，124.49，124.23，122.77，121.99，121.96，121.94，121.92，121.89，121.86，63.23，63.03，37.33，14.18，14.07。Anal. Calcd for $C_{23}H_{20}ClN_3O_4S$：C，58.78%；H，4.29%；N，8.94%。Found：C，58.66%；H，4.38%；N，9.13%。

4.3 结果与讨论

4.3.1 2-((苯并[*d*]噁(咪)唑-2-基硫基)甲基)喹啉-3,4-二羧酸二乙酯衍生物的合成研究

为了建立一种高效的合成2-((苯并[*d*]噁唑-2-基硫基）甲基）喹啉-3,4-二羧酸二乙酯衍生物（**3a-3g**）和 2-（(苯并［*d*］咪唑-2-基硫基）甲基）喹啉-3,4-二羧酸二乙酯衍生物（**3h-3n**）的方法，我们首先进行了反应条件的优化实验，如表 4-1 所示，我们以化合物 **1a** 与 1.2 mmol 的苯并［*d*］噁唑-2-硫醇的反应为例，以乙醇作为溶剂回流，12 h 后通过 TLC 监测反应进程发现仍未反应（Entry 1，Table 4-1）。通过对该反应的机理探究，不难推断，该反应应该在碱性条件下进行。因此我们向反应瓶中加入 1.0 mmol 的 KOH 作为缚酸剂来促进反应的进行。加入碱后，该反应能够发生，TLC 监测反应有新的产品生成，但反应物 **1a** 与苯并［*d*］噁唑-2-硫醇均有剩余，且再延长反应时间，该反应依旧进行不完全。进一步加大 KOH 的用量，发现当加入 4 mmol 的 KOH 时，产品的收率可达

到最高，但仍以 57.3%的中等收率得到目标产品（Entries 2～5，Table 4-1）。为了进一步提高产品的收率，我们又考察不同的反应溶剂，如 N,N-二甲基甲酰胺（DMF）、四氢呋喃（THF）、乙腈、二氯甲烷（DCM）和丙酮对产品收率的影响。发现当使用乙腈作为反应溶剂时，产品的收率最高，达到了 76.2%（Entry 8，Table 4-1）。虽然使用 DMF 也能获得较好的收率（Entry 6，Table 4-1），但由于 DMF 的沸点比较高，后处理比较麻烦，产品不易分离提纯。接着，我们又考察不同的碱，如氢氧化钠（NaOH）、乙醇钠（EtONa）、三乙胺（Et_3N）和碳酸钾（K_2CO_3）对产品收率的影响，发现当使用 K_2CO_3 时，反应进行得比较彻底，通过 TLC 监测反应可以看到，反应结束后反应原料没有剩余，而且 TLC 板只显示一个比较浓的产品点，最后分离产品的收率可提高到 85.6%（Entry 8，Table 4-1）。这样，通过优化实验，我们确定了该反应的最佳反应条件是使用乙腈作为反应溶剂，使用碳酸钾作为碱。

表 4-1　催化剂、溶剂对反应收率的影响

Table 4-1　Effect of catalysts and solvents on the reaction yield

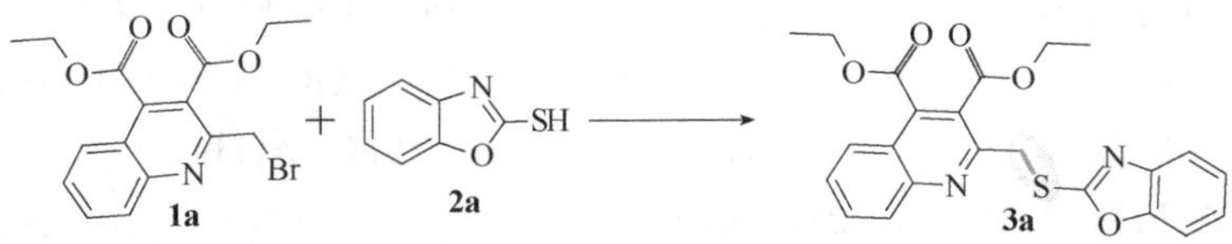

Entry	溶剂	碱	温度/℃	时间/h	收率/%[a]
1	EtOH	—	80	12	0
2	EtOH	1.0 mmol KOH	80	4	36.7
3	EtOH	2.0 mmol KOH	80	3.5	48.1
4	EtOH	4.0 mmol KOH	80	4.0	57.3
5	EtOH	5.0 mmol KOH	80	4.0	57.0
6	DMF	4.0 mmol KOH	110	2.5	75.8
7	THF	4.0 mmol KOH	70	3	59.4
8	CH_3CN	4.0 mmol KOH	90	2.5	76.2
9	DCM	4.0 mmol KOH	45	6	45.9
10	Acetone	4.0 mmol KOH	90	12	45.5
11	CH_3CN	4.0 mmol NaOH	90	2.5	66.1
12	CH_3CN	4.0 mmol EtONa	90	2.5	57.4
13	CH_3CN	4.0 mmol Et_3N	90	2.5	52.7
14	**CH_3CN**	**4.0 mmol K_2CO_3**	**90**	**2.5**	**85.6**

[a] Isolated yields。

随后，在最佳的条件下，我们又进行扩展性研究，考察不同取代的 2-溴甲基喹啉与苯并［d］噁唑-2-硫醇或苯并［d］咪唑-2-硫醇的反应，反应结果见表 4-2。由表 4-2 可以看出，不同取代的 2-溴甲基喹啉-3,4-二甲酸二乙酯无论与苯并［d］噁唑-2-硫醇还是苯并［d］咪唑-2-硫醇的反应进行得都很顺利，均以较好的收率得到了目标产品。从取代基的电子效应来看，无论是吸电子基团还是供电子基团，对产品的收率均没有明显的影响。值得一提的是，6-溴甲基-2-甲基喹啉-3,4-二甲酸二乙酯与苯并［d］噁唑-2-硫醇或苯并［d］咪唑-2-硫醇反应最好，所得产品收率最高，分别为 91.2%和 96.5%（Entries 7 和 14，Table 4-2），其可能的原因是 6-位的溴甲基与 2-位的溴甲基相比，空间位阻要小，有利于反应的进行，因此收率较高。另外，各种卤代（F、Cl、Br、I）的反应物不受该反应条件的影响，以较好的收率得到卤代的产物。这些化合物可作为一类非常有价值的中间体，合成更为复杂的喹啉类衍生物，如通过钯催化的偶联反应。

表 4-2　2-((苯并［d］噁（咪）唑-2 基硫基）甲基）喹啉-3，4-二羧酸二乙酯 3a-3n 的收率及熔点

Table 4-2　Yields and melting points of 2-((benzo［d］oxazol/imidazol-2-ylthio) methyl) quinoline-3,4-dicarboxylates **3a-3n**

Entry	**3a-3n**	产物	收率/%[a]	熔点/℃
1	**3a**	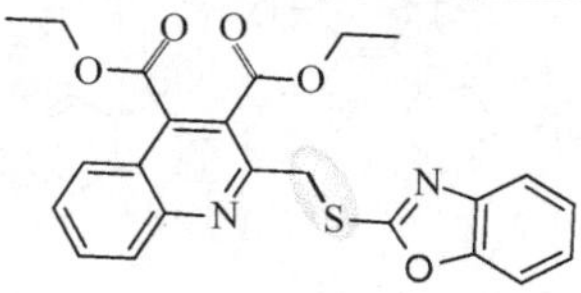	85.6	109.1～109.2
2	**3b**	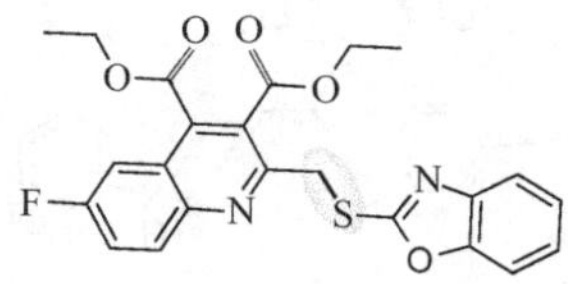	84.1	125.6～125.9
3	**3c**	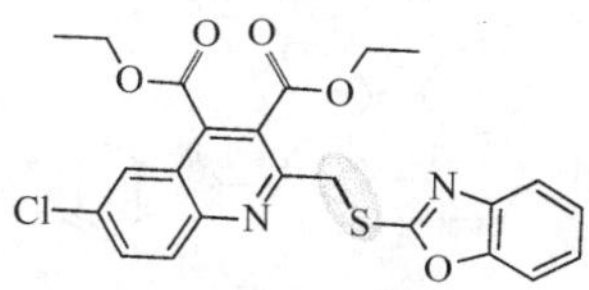	73.6	131.2～131.4
4	**3d**	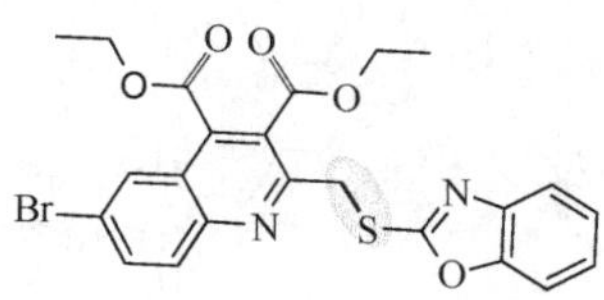	77.6	133.4～133.6
5	**3e**	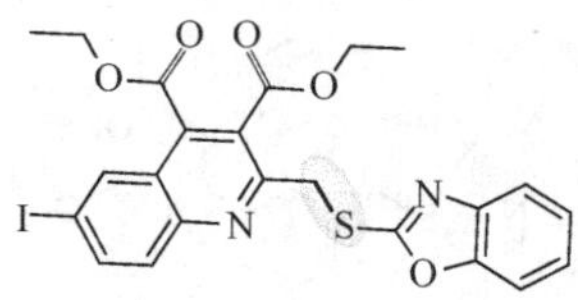	70.3	139.1～139.6
6	**3f**	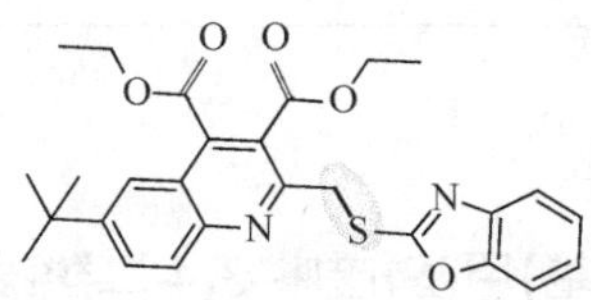	85.7	115.2～116.9
7	**3g**	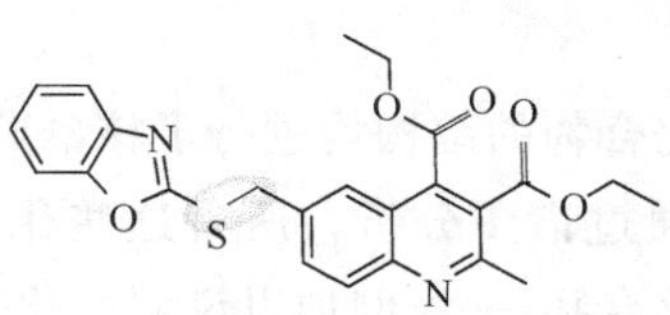	91.2	114.2～114.4
8	**3h**	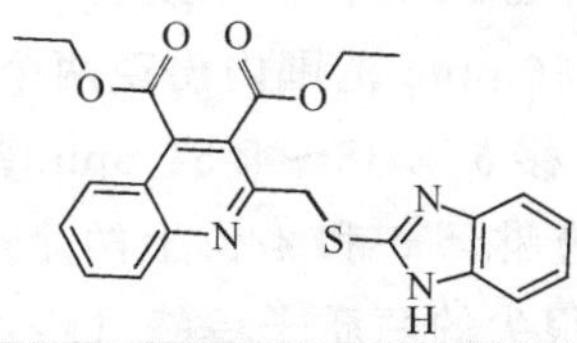	88.6	168.8～169.3

续表

Entry	3a-3n	产物	收率/%[a]	熔点/℃
9	**3i**	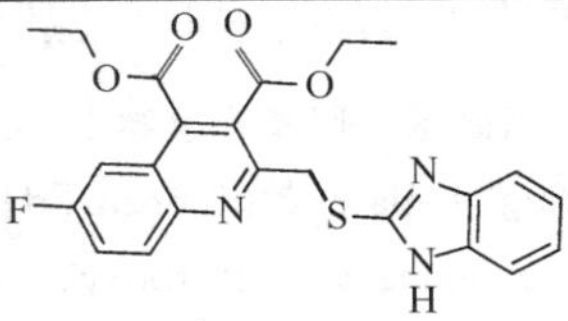	86.1	178.3～178.6
10	**3j**	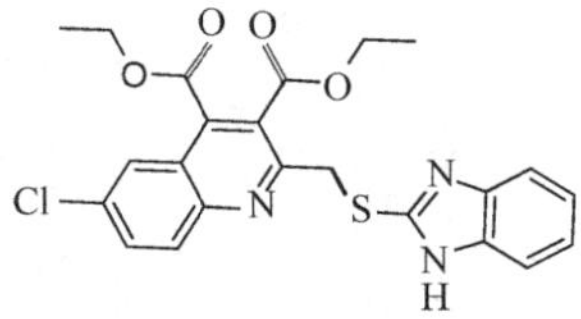	70.6	185.6～185.9
11	**3k**	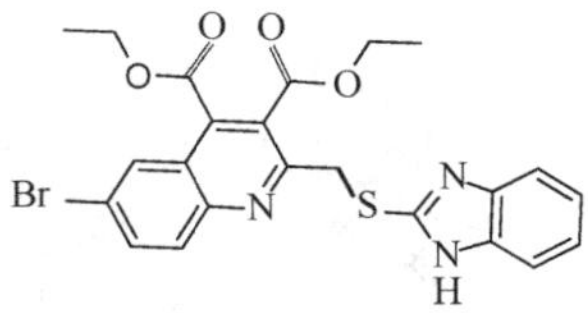	85.4	190.1～190.2
12	**3l**	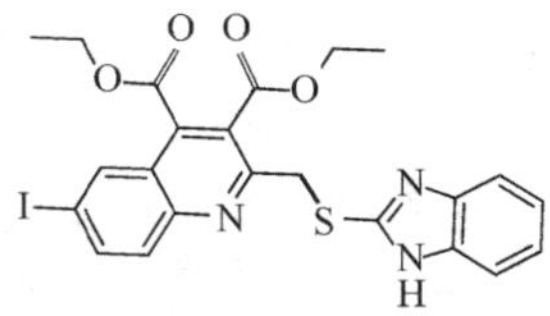	71.5	200.8～201.3
13	**3m**	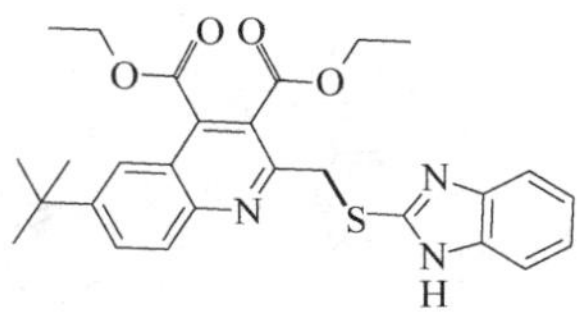	89.7	165.8～166.6
14	**3n**	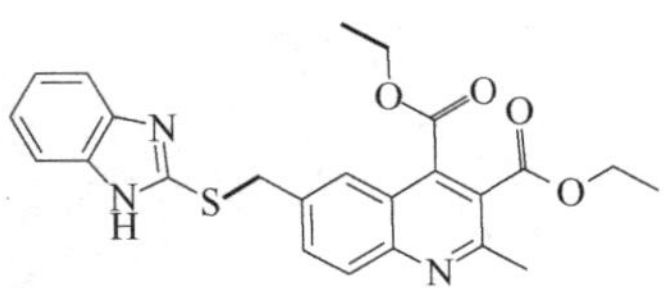	96.5	153.9～154.7

[a] Isolated yields。

4.3.2 2-((苯并[*d*]噁唑-2-基硫基)甲基)喹啉-3,4-二羧酸二乙酯衍生物的结构表征

对所合成的这两个系列新化合物的结构均进行了核磁共振氢谱（^{1}H NMR）和核磁共振碳谱（^{13}C NMR）的测定。通过谱图分析，所有这些化合物的结构与我们所预想的化合物结构完全相一致。下面以化合物 **3e** 为例加以说明。化合物 **3e** 的核磁共振氢谱图如图 4-2 所示，在化学位移 δ 1.31～1.36 ppm 范围内出现两个三重峰叠合在一起的六个氢质子的多重峰（m，6H），而在化学位移 δ 4.38～4.51 ppm 范围内出现两个紧挨着的两个氢质子的四重峰，这两组峰无疑是喹啉环 3-和 4-位上两个酯基上乙基氢的吸收峰；在化学位移值 δ=5.16 ppm 处出现一个很尖的两质子单峰（s，2H），这应该是与喹啉相连的亚

甲基上氢的吸收峰；在化学位移 δ 7.31～7.33 ppm 范围内出现两个三重峰叠合在一起的两质子的多重峰（m，2H），应该是苯并［d］噁唑环上 H-5′和 H-6′的氢质子吸收峰；而在化学位移 δ 7.61～7.64 ppm 范围内出现两个双重峰连在一起的两质子的多重峰（m，2H），则是苯并［d］噁唑环上 H-4′和 H-7′的氢质子吸收峰；在化学位移 δ=8.16 ppm 处出现一个比较有特色的一个氢质子的双重峰，其耦合常数为 J=4.0 Hz，这是一个典型的芳环间位耦合值，由此可判断该双重峰为喹啉环 5-位氢的吸收峰；在化学位移 δ=8.08 ppm 处出现一个双重峰的双重峰（dd，J=8.8 Hz，1.6 Hz，1H），其两个耦合常数为 8.8 Hz 和 1.6 Hz，说明该信号峰既与芳环邻位氢耦合又与间位氢耦合，由此可推断这个 dd 峰归属于喹啉 7-位氢的吸收峰；在化学位移 δ=8.01 ppm 处出现的一个氢质子的双重峰，其耦合常数为 J=8.0 Hz，这无疑是喹啉 8-位氢的吸收峰。这样，通过核磁共振氢谱的数据分析，所合成化合物的结构与我们预想的结构是一致的。

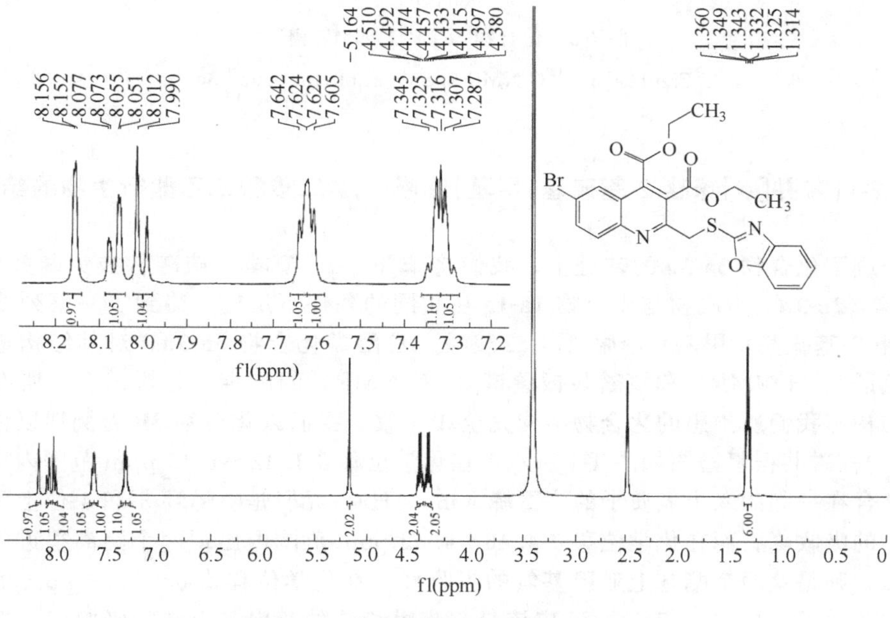

图 4-2　化合物 **3e** 的 ^{1}H NMR 谱图

Figure 4-2　^{1}H NMR spectrum of compound **3e**

其核磁共振碳谱数据进一步证实了其结构的正确性。从核磁共振碳谱图 4-3 中我们可以看出，在化学位移值 δ=14.19 ppm 和 14.11 ppm 处出现的两个很近的碳信号峰应该是两个乙酯基上甲基碳的吸收峰，而在 δ=63.31 ppm 和 63.15 ppm 处的两个信号峰则是乙酯基中亚甲基碳的吸收峰；在化学位移值 δ=38.24 ppm 处出现的吸收峰应该是与喹啉环相连的亚甲基碳的吸收峰；在化学位移值 δ=165.47 ppm 和 165.28 ppm 处出现很近的两个碳信号峰，很容易归属为两个酯基上的羰基（C═O）碳的吸收峰；在化学位移值的芳环区域 δ110.66～164.27 ppm 处出现 16 个碳信号峰，这正好与喹啉环和苯并［d］噁唑环碳的总数相一致，说明喹啉环与苯并噁唑环结合在同一分子结构中。这样，通过这些分析再次证明该化合物与我们预想的结构相一致。

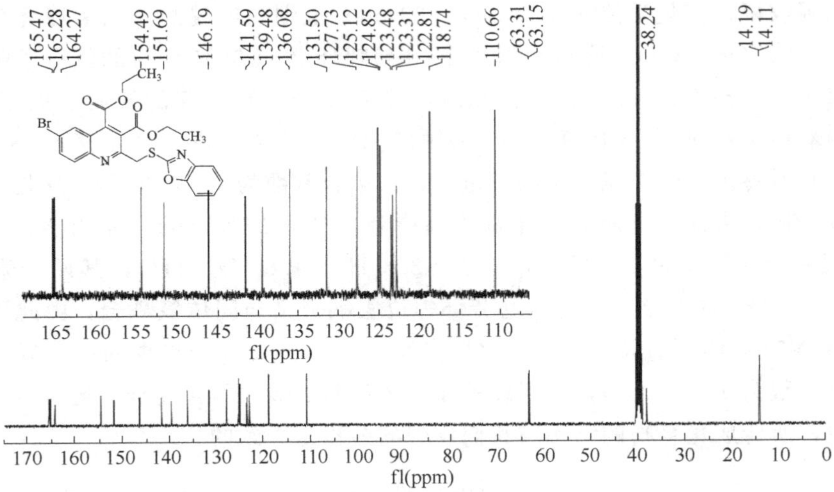

图 4-3 化合物 **3e** 的^{13}C NMR 谱图

Figure 4-3 ^{13}C NMR spectrum of compound **3e**

4.3.3 2-((苯并[*d*]咪唑-2-基硫基)甲基)喹啉-3,4-二羧酸二乙酯衍生物的结构表征

在合成了化合物 **3a-3g** 的基础上，我们将苯并［*d*］噁唑-2-硫醇替换为苯并［*d*］咪唑-2-硫醇（**2h-2n**）为底物与化合物 **1a-1g** 在相同的条件下反应，得到了一系列 2-((苯并［*d*］咪唑-2-基硫基）甲基）喹啉-3,4-二羧酸二乙酯类化合物 **3h-3n**，对其结构进行了核磁共振氢谱（^{1}H NMR）和核磁共振碳谱（^{13}C NMR）的测定。分析谱图，所有这些化合物的结构与我们所预想的化合物结构完全相一致。我们以化合物 **3h** 为例加以说明。化合物 **3h** 的核磁共振氢谱图如图 4-4 所示，在化学位移 δ 1.42～1.49 ppm 范围内出现两个三重峰叠合在一起的六个氢质子的多重峰（m，6H），无疑是喹啉环 3-和 4-位上两个酯基上甲基氢的吸收峰；而在化学位移 δ 4.46～4.62 ppm 范围内出现两个距离很近的两质子的四重峰，则是这两个酯基上亚甲基氢的吸收峰；在化学位移值 δ＝5.23 ppm 处出现一个很尖的两质子单峰（s，2H），这应该是与喹啉相连的亚甲基上氢的吸收峰；在化学位移 δ 7.23～7.25 ppm 范围内出现两个三重峰叠合在一起的两质子的多重峰（m，2H），应该是苯并［*d*］咪唑环上 H-5′和 H-6′的氢质子吸收峰；而在化学位移 δ＝7.50 ppm 和 7.64 ppm 分别出现的两个耦合常数为 J＝6.8 Hz 的双重峰，说明是芳环邻位氢耦合的双重峰，可归属为苯并［*d*］咪唑环上 H-4′和 H-7′的氢质子吸收峰；在化学位移 δ＝7.91 ppm 处的一个质子的三重峰，8.04～8.10 范围内出现一个双重峰和三重峰叠合在一起的两质子多重峰和 8.20 ppm 出的一个质子的双重峰，共四个氢质子，应该是喹啉环上四个氢的吸收峰；在 δ＝12.75 ppm 处出现一个质子的单峰，应是咪唑环上氢的吸收峰。这样，通过这些核磁共振氢谱的数据分析，我们可以判断所合成化合物的结构与预想的结构是一致的。

我们又对其通过核磁共振碳谱进行了表征，其核磁共振碳谱如图 4-5 所示。由于化合物 **3e** 与化合物 **3h** 的核磁共振碳谱相类似，按照上述对 3e 碳谱图相同的分析方法，该化合物的碳谱图数据分析与我们预想的结构是完全一致的。

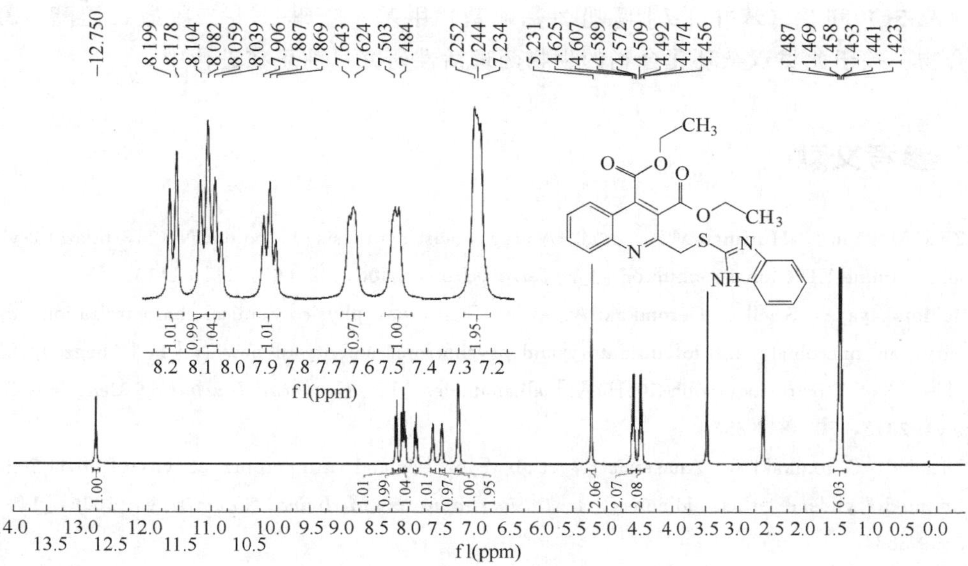

图 4-4　化合物 **3h** 的 ^{1}H NMR 谱图

Figure 4-4　^{1}H NMR spectrum of compound **3h**

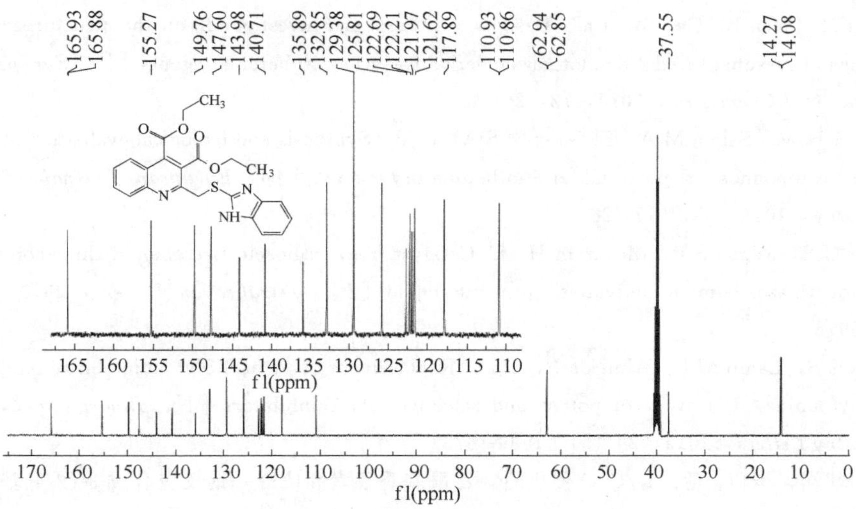

图 4-5　化合物 **3h** 的 ^{13}C NMR 谱图

Figure 4-5　^{13}C NMR spectrum of compound **3h**

4.4　本章小结

本章以不同取代的 2-溴甲基喹啉-3,4-二羧酸二乙酯（**1a-1g**）为底物分别与苯并［*d*］噁唑-2-硫醇（**2a**）或苯并［*d*］咪唑-2-硫醇（**2b**）在乙腈为溶剂、无水碳酸钾为碱的条件下进行 Williamson 反应，高收率合成了一系列硫甲基桥连喹啉和苯并［*d*］噁唑或苯并［*d*］咪唑类双杂环化合物，即 2-((苯并［*d*］噁唑-2-基硫基）甲基）喹啉-3,4-二羧酸二乙酯（**3a-3g**）和 2-((苯并［*d*］噁唑-2-基硫基）甲基）喹啉-3,4-二羧酸二乙酯（**3h-3n**）类化合物。关于此类双杂环化合物的生物药理活性研究目前正在进行中。

4.5 参考文献

［1］ Zhao M，Yin J，Huffman M A，et al. A very concise synthesis of a potent *N*-(1,3-thiazol-2-yl) pyridin-2-amine KDR kinase inhibitor［J］. *Tetrahedron*，**2006**，62（6）：1110-1115.

［2］ Zablotskaya A，Segal I，Geronikaki A，et al. Synthesis，physicochemical characterization，cytotoxicity，antimicrobial，anti-inflammatory and psychotropic activity of new *N*-[1,3-(benzo)/thiazol-2-yl]-ω-[3,4-dihydroisoquinolin-2(1H)-yl] alkanamides［J］. *European Journal of Medicinal Chemistry*，**2013**，70：846-856.

［3］ Vicini P，Geronikaki A，Anastasia K，et al. Synthesis and antimicrobial activity of novel 2-thiazolylimino-5-arylidene-4-thiazolidinones［J］. *Bioorganic & Medicinal Chemistry*，**2006**，14（11）：3859-3864.

［4］ Romagnoli R，Baraldi P G，Salvador M K，et al. Synthesis and biological evaluation of 2-substituted-4-(3′,4′,5′-trimethoxyphenyl)-5-arylthiazoles as anticancer agents［J］. *Bioorganic & Medicinal Chemistry*，**2012**，20（24）：7083-7094.

［5］ Pieroni M，Wan B，Cho S，et al. Design，synthesis and investigation on the structureeactivity relationships of *N*-substituted 2-aminothiazole derivatives as antitubercular agents［J］. *European Journal of Medicinal Chemistry*，**2014**，72：26-34.

［6］ Helal M H M，Salem M A，El-Gaby M S A，et al. Synthesis and biological evaluation of some novel thiazole compounds as potential anti-inflammatory agents［J］. *European Journal of Medicinal Chemistry*，**2013**，65，517-526.

［7］ Kumar G S，Ragini S P，Meshram H M. Catalyst free，regioselective one-pot three-component synthesis of thiazol-2-imine derivatives in ionic liquid［J］. *Tetrahedron Letters*，**2013**，54（45）：5974-5978.

［8］ Ioannidis S，Lamb M L，Almeida L，et al. Replacement of pyrazol-3-yl amine hinge binder with thiazol-2-yl amine：Discovery of potent and selective JAK2 inhibitors［J］. *Bioorganic & Medicinal Chemistry Letters*，**2012**，20（5）：1669-1673.

［9］ 赵芳，胡洋，李巧，等. I_2/CuO 催化的 3-乙酰基香豆素和硫脲一锅反应合成 3-(2-氨基-4-噻唑基）香豆素衍生物［J］. *有机化学*，**2020**，40（04）：1068-1073.

［10］ Li J R，Li D D，Wang R R，et al. Design and synthesis of thiazole derivatives as potent FabH inhibitors with antibacterial activity［J］. *European Journal of Medicinal Chemistry*，**2014**，75：438-447.

［11］ Bhoga U. Novel synthetic approach to *N*-aryl-4-(3-pyridyl) thiazol-2-amine and analogues using HMCM-41 as catalyst，and their biological evaluation as human platelet aggregation inhibitors［J］. *European Journal of Medicinal Chemistry*，**2007**，42：1144-1150.

［12］ Pieroni M，Wan B，Cho S，et al. Design，synthesis and investigation on the structureeactivity relationships of N-substituted 2-aminothiazole derivatives as antitubercular agents［J］. *European Journal of Medicinal Chemistry*，**2014**，72：26-34.

第5章

(Z)-3-芳甲叉基-1H-吡喃并[3,4-b]喹啉-4(3H)-酮的合成

5.1 引言

许多含有α-芳甲叉基环酮骨架结构的天然杂环化合物，如 Aurone（**A**）、homoisolavonoid（**B**）和 3-苄叉基吲哚-2-酮（**C**）（如图 5-1 所示）等具有重要的抗疟、抗菌、抗肿瘤和抗氧化等生物活性，一直受到人们的广泛关注。因此，有机化学家和药物学家对设计、合成具有α-芳甲叉基环酮骨架结构的杂环化合物产生了极大的研究兴趣，以期提高这类化合物的应用潜力和药用价值。例如，Priyadarshani 等人曾报道了将咪唑［1,2-*a*］吡啶与α-芳甲叉基环酮构筑于同一分子中，合成具有抗肿瘤活性的杂合体分子 2-芳基二咪唑［1,2-*a*］吡啶酮（**D**）类化合物（如图 5-1 所示）。除了表现出显著的生物和药理活性外，含有α-芳甲叉基环酮结构的化合物还可以作为重要的药物合成中间体，广泛应用于生物活性分子设计和药物研发领域，这可能也是研究人员对这类化合物的合成产生浓厚兴趣的另一个原因所在。

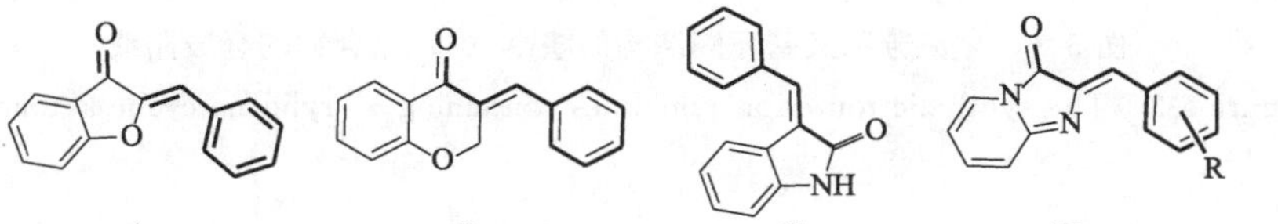

图 5-1 含有α-芳甲叉基环酮结构的杂环化合物 **A-D**

Figure 5-1 The structure of heterocycles **A-D** containing α-arylidene cyclic ketone

另一方面，喹啉环作为一类非常重要的有机氮杂环，广泛存在于各类天然产物结构中，因其良好的药理作用和生物活性而受到广泛关注，经常用作生物活性分子和药物分子的母核结构，同时以其独特的性质在农药、生物化学和有机功能材料等领域也有广泛的应用。研究表明，当许多生物活性基团或药效基团与喹啉环特别是苯并喹啉的三环稠合体系结合在一起时，所形成的杂合体往往会表现出更强的生物和药理活性或产生新的药用特

性。活性亚结构拼接原理是创制新型有机药物分子的基本思路之一，设想将苯并喹啉的骨架结构与 α-芳甲叉基环酮单元构筑于同一分子框架中，以期合成结构多样化、具有良好活性的新型喹啉类化合物。

众所周知，醛与含有活泼亚甲基的环酮化合物可以很容易发生 Claisen-Schmidt 缩合反应，来构建 α-芳甲叉基环酮类化合物，而且其产品通常具有单一的空间立体构型。因此，如果能够制备出含有活泼亚甲基的吡喃并［3,4-*b*］喹啉-4(3*H*)-酮作为此类环酮，则可以很容易通过与醛的 Claisen-Schmidt 缩合反应（如图 5-2 所示）将 α-芳甲叉基环酮和喹啉环构建于同一分子平台。

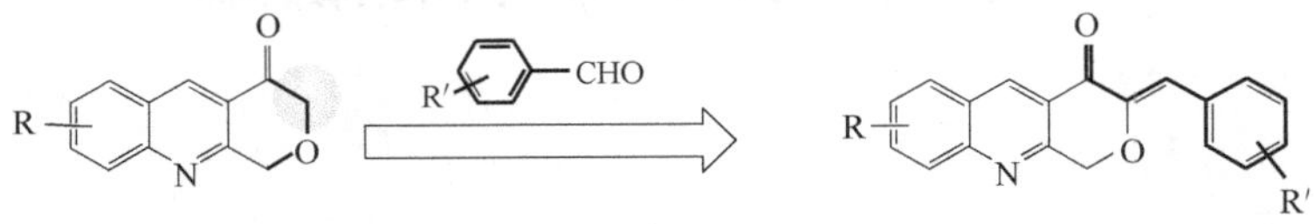

图 5-2 合成含 α-芳甲叉基环酮结构的喹啉化合物的设计方案

Figure 5-2 The designed plan for the synthesis of quinolines containing α-arylidene cyclic ketone

为此，本章我们设计以 2-氯甲基喹啉-3-甲酸乙酯（1）为起始化合物，经与羟基乙酸乙酯的 Williamson 反应、分子内的 Claisen 酯缩合反应、脱羧反应制得想要的前体化合物吡喃并［3,4-*b*］喹啉-4(3*H*)-酮（**2**）。然后其与芳醛在环境友好的无溶剂研磨条件下进行 Claisen-Schmidt 缩合反应，有效合成了一系列结构新颖而有趣的（*Z*）-3-芳甲叉基-1*H*-吡喃并［3,4-*b*］喹啉-4(3*H*)-酮（**3**）（合成路线如图 5-3 所示）。

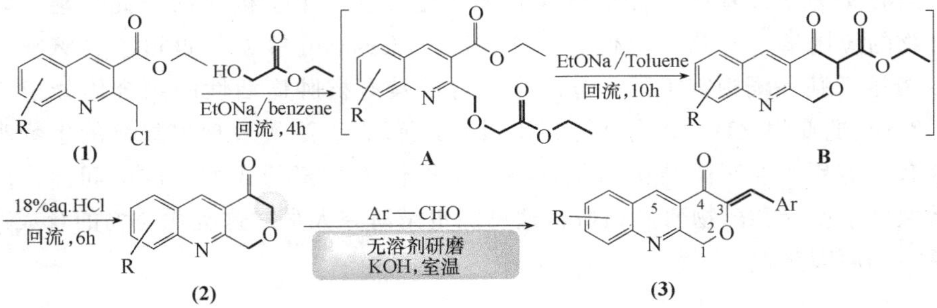

图 5-3 含 α-芳甲叉基环酮结构的喹啉（**3**）化合物的合成路线

Figure 5-3 The synthetic route for quinolines containing α-arylidene cyclic ketone (**3**)

5.2 实验部分

5.2.1 仪器与试剂

羟基乙酸乙酯	分析纯，上海安耐吉化学有限公司
芳醛	分析纯，上海安耐吉化学有限公司
碳酸钾	99.8%，天津市大茂化学试剂厂
氯化钠	分析纯，天津市大茂化学试剂厂

乙酸乙酯　分析纯，天津市大茂化学试剂厂
石油醚　分析纯，天津市大茂化学试剂厂
氢氧化钾　分析纯，天津市大茂化学试剂一
无水硫酸钠　分析纯，天津市大茂化学试剂厂
DF-101S 集热式恒温加热磁力搅拌器　分析纯，天津市大茂化学试剂厂
旋转蒸发仪 RE-52AA　分析纯，天津市大茂化学试剂厂
WRS-1B 数字熔点仪　上海精密科学仪器有限公司
红外光谱仪　美国 Varian 公司
核磁共振仪　瑞士 Bruker 公司 ARX-600

5.2.2　1*H*-吡喃并[3,4-*b*]喹啉-4(3*H*)-酮(2a-2c)的合成

在 30 mL 绝对乙醇中加入金属钠（1.256 g，55 mmol），待其完全反应后，在 50 ℃下滴入羟基乙酸乙酯（10.40 g，100 mmol）。滴加完毕，加热回流反应 5 h。反应完毕，于室温下减压除去溶剂得白色固体。然后，向其内依次加入 25 mL 干燥苯和不同取代的 2-氯甲基喹啉-3-甲酸乙酯（**1a-1c**）（50 mmol），在 60 ℃下搅拌 8 h。TLC 监测反应进程。反应结束后，减压除去溶剂。然后所得产物不经分离提纯，直接向其内加入干燥甲苯（30 mL）和现制的乙醇钠（3.74 g，55 mmol），所得反应液继续加热回流反应 10 h（通过 TLC 监测）。反应结束后，冷却至室温，向其内加入冰水（30 mL），所得粗产物用乙醚萃取 3 次，合并有机层用无水 Na_2SO_4 干燥，减压除去溶剂。向所得的固体粗产物中加入 18%的盐酸溶液（60 mL），然后加热回流反应 6 h。反应完毕，冷却后加入 10% NaOH 溶液，调 pH～8 左右，有沉淀生成，抽滤后经柱层析分离（洗脱剂：乙酸乙酯与 V 的体积比为 1∶10）得目标化合物。

5-甲基-1*H*-吡喃并［3,4-*b*］喹啉-4（3*H*)-酮（**2a**）：白色固体，收率 87%；熔点 108～110 ℃；IR（KBr）ν3057，2963，2899，1698（C ═O），1616，1600，1496，1462，1415，1377，1314，1239，1188，1124；^{1}H NMR（DMSO-d_6，400 MHz）δ3.08（s，3H，Me），4.78（s，2H，CH_2），5.00（s，2H，CH_2），7.72（t，*J*＝7.6 Hz，1H，Quino-H），7.92（t，*J*＝7.6 Hz，1H，Quino-H），8.01（d，*J*＝8.0 Hz，1H，Quino-H），8.40（d，*J*＝8.0 Hz，1H，Quino-H)；^{13}C NMR（DMSO-d_6，100 MHz）δ15.66，71.38，74.66，121.84，125.57，126.95，127.91，129.47，132.21，148.07，150.85，158.82，196.21。HRMS（ESI，*m/z*）：Calcd. For $C_{13}H_{12}NO_2$［M＋H］$^+$ 214.0863；Found 214.0861。

5-苯基-1*H*-吡喃并［3,4-*b*］喹啉-4(3*H*)-酮（**2b**）：白色固体，收率 81%；熔点 184～185 ℃；IR（KBr）ν3044，2971，1702（C ═O），1611，1596，1512，1483，1422，1386，1358，1256，1201，1164；^{1}H NMR（$CDCl_3$，600 MHz）δ4.37（s，2H，CH_2O），5.14（s，2H，$ArCH_2O$），7.22～7.24（m，2H，ArH），7.47（t，*J*＝7.8 Hz，1H，ArH），7.52～7.54（m，3H，ArH），7.56（d，*J*＝8.4 Hz，1H，ArH），7.82（t，*J*＝7.8 Hz，1H，ArH），8.09（d，*J*＝8.4 Hz，1H，ArH)；^{13}C NMR（$CDCl_3$，150 MHz） δ71.29，74.41，120.72，127.07，127.72，128.13，128.18，128.24，128.37，128.84，132.38，136.26，148.85，151.63，158.99，193.62。Anal. Calcd for $C_{18}H_{13}NO_2$：C，78.53%；H，4.76%；N，5.09%。Found：C，78.74%；H，4.83%；N，5.02%。

9,11-二氢-8*H*-苯并［*h*］吡喃并［3,4-*b*］喹啉-8-酮（**2c**）：白色固体，收率 77%；^1H NMR（$CDCl_3$，400 MHz）δ4.51（s，2H，CH_2），5.19（s，2H，CH_2），7.74～7.77（m，3H，ArH），7.82（d，*J*＝9.0 Hz，1H，ArH），7.91（dd，*J*＝7.8 Hz，1.8 Hz，1H，ArH），8.78（s，1H，ArH），9.28（d，*J*＝9.0 Hz，1H，ArH）；^{13}C NMR（$CDCl_3$，100 MHz）δ70.43，73.46，123.80，125.45，125.52，125.79，127.45，127.99，128.52，129.78，130.68，134.85，134.90，149.03，158.25，193.94。Anal. Calcd for $C_{16}H_{11}NO_2$：C，77.10%；H，4.45%；N，5.62%。Found：C，77.29%；H，4.66%；N，5.46%。

5.2.3 3-芳甲叉基-1*H*-吡喃并[3,4-*b*]喹啉-4(3*H*)-酮(3a-3k′)的合成

向玛瑙研钵中依次加入上一步制得的化合物（**2a-2c**）（1.0 mmol）、不同取代的芳醛或杂芳醛（1.0 mmol）和氢氧化钾（0.112 g，2 mmol）。在室温下研磨 0.5～1.0 h。反应完毕，向反应混合物中加稀盐酸中和反应体系。析出的固体粗产物用无水乙醇重结晶或用柱色谱分离提纯，得到目标化合物 **3a-3k′**。

(*Z*)-3-苄叉基-5-甲基-1*H*-吡喃并［3,4-*b*］喹啉-4(3*H*)-酮（**3a**）：黄色固体，产率 88%；熔点 176～177 ℃；IR（KBr，cm^{-1}）ν 3050，2922，2850，1675（C＝O），1590，1498，1457，1378，1352，1304，1260，1196，1112；^1H NMR（$CDCl_3$，400 MHz）δ 3.18（s，3H，Me），5.43（s，2H，CH_2），7.11（s，1H，═CH），7.38（t，*J*＝7.6 Hz，1H，ArH），7.46（t，*J*＝7.6 Hz，2H，ArH），7.69（t，*J*＝7.6 Hz，1H，ArH），7.88（t，*J*＝7.6 Hz，1H，ArH），7.94（d，*J*＝7.6 Hz，2H，ArH），8.12（d，*J*＝8.4 Hz，1H，ArH），8.30（d，*J*＝8.4 Hz，1H，ArH）；^{13}C NMR（$CDCl_3$，100 MHz）δ15.63，69.82，113.41，114.03，116.75，122.65，125.55，126.61，127.10，128.47，129.39，131.98，132.39，132.52，148.91，156.65，160.31，183.12。HRMS（ESI，m/s）：Calcd. For $C_{20}H_{16}NO_2$［M＋H］$^+$ 302.1176；Found 302.1178。

(*Z*)-5-甲基-3-(2-甲基苯甲叉基)-1*H*-吡喃并［3,4-*b*］喹啉-4(3*H*)-酮（**3b**）：黄色固体，产率 84%；熔点 188～190 ℃；IR（KBr，cm^{-1}）ν 3059，2918，2856，1672（C＝O），1600，1497，1446，1378，1350，1309，1260，1195，1144；^1H NMR（$CDCl_3$，400 MHz）δ 2.53（s，3H，Me），3.17（s，3H，Me），5.38（s，2H，CH_2），7.09（s，1H，═CH），7.27～7.33（m，3H，ArH），7.68（t，*J*＝7.6 Hz，1H，ArH），7.87（t，*J*＝7.6 Hz，1H，ArH），8.10（d，*J*＝8.4 Hz，1H，ArH），8.21（d，*J*＝7.2 Hz，1H，ArH），8.29（d，*J*＝8.4 Hz，1H，ArH）；^{13}C NMR（$CDCl_3$，100 MHz）δ 15.70，20.38，69.92，113.56，122.47，125.56，125.96，127.21，128.42，128.81，129.33，130.09，130.33，132.17，138.21，149.89，156.43，183.13。Anal. Calcd for $C_{21}H_{17}NO_2$：C，79.98%；H，5.43%；N，4.44%。Found：C，80.16%；H，5.26%；N，4.37%。

(*Z*)-5-甲基-3-(4-甲基苯甲叉基)-1*H*-吡喃并[3,4-*b*]喹啉-4(3*H*)-酮(**3c**)：黄色固体，产率 87%；熔点 184～185 ℃；IR (KBr，cm^{-1}) ν 3051，2960，2868，1676 (C=O)，1590，1499，1458，1418，1378，1351，1261，1198，1137，1112；^1H NMR ($CDCl_3$，400 MHz) δ 2.43 (s，3H，Me)，3.17 (s，3H，Me)，5.41 (s，2H，CH_2)，7.10 (s，1H，=CH)，7.27 (d，*J*=8.0 Hz，2H，ArH)，7.68 (t，*J*=7.6 Hz，1H，ArH)，7.83 (d，*J*=8.4 Hz，2H，ArH)，7.88 (d，*J*=7.6 Hz，1H，ArH)，8.11 (d，*J*=8.4 Hz，1H，ArH)，8.30 (d，*J*=8.8 Hz，1H，ArH)；^{13}C NMR ($CDCl_3$，100 MHz) δ 15.65，21.57，69.98，116.77，122.57，125.55，127.15，128.45，128.74，129.32，129.40，130.27，130.77，130.98，132.06，139.26，149.66，156.52，183.10。HRMS (ESI，m/s)：Calcd. For $C_{21}H_{18}NO_2$ $[M+H]^+$ 316.1332；Found 316.1332。

(*Z*)-3-(4-甲氧基苯甲叉基)-5-甲基-1*H*-吡喃并[3,4-*b*]喹啉-4(3*H*)-酮 (**3d**)：黄色固体，产率 88%；熔点 187～188 ℃；IR (KBr，cm^{-1}) ν 3055，2919，2838，1670 (C=O)，1601，1510，1462，1422，1378，1351，1310，1253，1180，1145，1108；^1H NMR ($CDCl_3$，400 MHz) δ 3.16 (s，3H，Me)，3.89 (s，3H，OMe)，5.39 (s，2H，CH_2)，6.98 (d，*J*=8.8 Hz，2H，ArH)，7.10 (s，1H，=CH)，7.68 (t，*J*=7.6 Hz，1H，ArH)，7.87 (t，*J*=7.6 Hz，1H，ArH)，7.91 (d，*J*=8.8 Hz，2H，ArH)，8.11 (d，*J*=8.4 Hz，1H，ArH)，8.29 (d，*J*=8.4 Hz，1H，ArH)；^{13}C NMR ($CDCl_3$，100 MHz) δ 15.63，55.31，70.02，114.03，116.75，122.65，125.53，126.63，127.10，128.47，129.39，131.98，132.52，148.91，156.59，160.14。Anal. Calcd for $C_{21}H_{17}NO_3$：C，76.12%；H，5.17%；N，4.23%。Found：C，76.41%；H，4.97%；N，4.12%。

(*Z*)-3-(3,4-二甲氧基苯甲叉基)-5-甲基-1*H*-吡喃并[3,4-*b*]喹啉-4(3*H*)-酮 (**3e**)：黄色固体，产率 85%；熔点 219～221 ℃；IR (KBr，cm^{-1}) ν 3058，2973，2920，1672 (C=O)，1592，1495，1459，1377，1351，1255，1211，1143，1120；^1H NMR ($CDCl_3$，400 MHz) δ 3.17 (s，3H，Me)，3.97 (s，3H，OMe)，3.99 (s，3H，OMe)，5.42 (s，2H，CH_2)，6.95 (d，*J*=8.4 Hz，1H，ArH)，7.09 (s，1H，=CH)，7.52 (dd，*J*=8.4 Hz，1.6 Hz，1H，ArH)，7.56 (d，*J*=1.6 Hz，1H，ArH)，7.69 (t，*J*=7.6 Hz，1H，ArH)，7.88 (t，*J*=7.6 Hz，1H，ArH)，8.12 (d，*J*=7.6 Hz，1H，ArH)，8.30 (d，*J*=8.4 Hz，1H，ArH)；^{13}C NMR ($CDCl_3$，100 MHz) δ 15.72，55.86，55.89，110.88，113.20，117.16，121.80，122.64，124.35，124.87，125.58，126.79，127.31，128.50，132.28，148.62，148.94，149.93，154.40，156.28，182.84。Anal. Calcd for $C_{22}H_{19}NO_4$：C，73.12%；H，5.30%；N，3.88%。Found：C，72.94%；H，5.24%；N，4.10%。

(*Z*)-5-甲基-3-(2,4,5-三甲氧基苯甲叉基)-1*H*-吡喃并[3,4-*b*]喹啉-4(3*H*)-酮 (**3f**)：黄色固体，产率 81%；熔点 221～222 ℃；IR (KBr，cm^{-1}) ν 3063，2954，2927，1671 (C=O)，1600，1583，1499，1465，1418，1377，1349，1295，1257，1188，1129；^1H NMR ($CDCl_3$，400 MHz) δ 3.07 (s，3H，Me)，3.84 (s，3H，OMe)，3.85 (s，3H，OMe)，3.88 (s，3H，OMe)，5.30 (s，2H，CH_2)，7.01 (s，1H，=CH)，7.53 (s，1H，Ben-H)，7.58 (t，*J*=7.6 Hz，1H，Quin-H)，7.77 (t，*J*=7.6 Hz，1H，Quin-H)，7.88 (s，1H，Ben-H)，8.02 (d，*J*=8.4 Hz，1H，Quin-H)，8.19 (d，*J*=8.4 Hz，1H，Quin-H)；^{13}C

NMR ($CDCl_3$, 100 MHz) δ 15.64, 55.93, 56.48, 69.85, 96.23, 110.87, 113.77, 114.59, 122.85, 125.55, 127.19, 128.54, 129.07, 132.03, 138.86, 142.63, 148.70, 151.09, 154.10, 182.26。Anal. Calcd for $C_{23}H_{21}NO_5$: C, 70.58%; H, 5.41%; N, 3.58%。Found: C, 70.29%; H, 5.63%; N, 3.37%。

(*Z*)-5-甲基-3-(3,4,5-三甲氧基苯甲叉基)-1*H*-呋喃并[3,4-*b*]喹啉-4(3*H*)-酮 (**3g**):黄色固体，产率82%;熔点225~227 ℃;IR (KBr, cm^{-1}) ν 3063, 2954, 2927, 1673 (C=O), 1602, 1497, 1465, 1466, 1377, 1347, 1265, 1224, 1169, 1114; ^1H NMR ($CDCl_3$, 400 MHz) δ 3.16 (s, 3H, Me), 3.94 (s, 3H, OMe), 3.96 (s, 6H, 2OMe), 5.40 (s, 2H, CH_2), 7.03 (s, 1H, =CH), 7.21 (s, 2H, ArH), 7.68 (t, *J* =7.6 Hz, 1H, ArH), 7.87 (t, *J* =7.6 Hz, 1H, ArH), 8.10 (d, *J* =8.4 Hz, 1H, ArH), 8.29 (d, *J* = 8.4 Hz, 1H, ArH); ^{13}C NMR ($CDCl_3$, 100 MHz) δ 15.65, 56.11, 60.98, 70.24, 107.99, 116.50, 122.45, 125.55, 127.06, 128.44, 129.31, 129.57, 132.03, 138.91, 147.92, 149.74, 150.17, 153.01, 156.36, 182.84。Anal. Calcd for $C_{23}H_{21}NO_5$: C, 70.58%; H, 5.41%; N, 3.58%。Found: C, 70.27%; H, 5.57%; N, 3.88%。

(*Z*)-3-(5-胡椒基甲叉基)-5-甲基-1*H*-呋喃并[3,4-*b*]喹啉-4(3*H*)-酮 (**3h**):黄色固体，产率85%;熔点239~241 ℃; IR (KBr, cm^{-1}) ν 3063, 2957, 2924, 2853, 1707 (C=O), 1597, 1515, 1465, 1377, 1347, 1260, 1175, 1108; ^1H NMR ($CDCl_3$, 400 MHz) δ 3.16 (s, 3H, Me), 5.39 (s, 2H, CH_2), 6.06 (s, 2H, OCH_2O), 6.89 (d, *J* =8.0 Hz, 1H, ArH), 7.05 (s, 1H, =CH), 7.33 (dd, *J* =8.0, 1.2 Hz, 1H, ArH), 7.65 (d, *J* =1.2 Hz, 1H, ArH), 7.68 (t, *J* =7.6 Hz, 1H, ArH), 7.87 (t, *J* =7.2 Hz, 1H, ArH), 8.11 (d, *J* =8.4 Hz, 1H, ArH), 8.29 (d, *J* =8.4 Hz, 1H, ArH); ^{13}C NMR ($CDCl_3$, 100 MHz) δ 15.67, 69.88, 101.35, 108.48, 109.98, 110.07, 116.81, 122.57, 125.55, 126.47, 127.21, 128.14, 128.47, 129.28, 132.12, 147.77, 148.27, 148.96, 156.40, 182.67。HRMS (ESI, *m/z*): Calcd. For $C_{21}H_{16}NO_4$ $[M+H]^+$ 346.1074; Found 346.1059。

(*Z*)-3-(2-氯苯甲叉基)-5-甲基-1*H*-呋喃并[3,4-*b*]喹啉-4(3*H*)-酮 (**3i**):黄色固体，产率84%; 熔点219~220 ℃; IR (KBr, cm^{-1}) ν 3059, 2911, 1681 (C=O), 1592, 1497, 1437, 1377, 1349, 1255, 1194, 1138; ^1H NMR ($CDCl_3$, 400 MHz) δ 3.18 (s, 3H, Me), 5.41 (s, 2H, CH_2), 7.07 (s, 1H, =CH), 7.27~7.31 (m, 1H, ArH), 7.36 (t, *J* = 7.2 Hz, 1H, ArH), 7.48 (d, *J* =8.0 Hz, 1H, ArH), 7.70 (t, *J* =7.6 Hz, 1H, ArH), 7.89 (t, *J* =7.6 Hz, 1H, ArH), 8.11 (d, *J* =8.4 Hz, 1H, ArH), 8.32 (t, *J* =8.8 Hz, 2H, ArH); ^{13}C NMR ($CDCl_3$, 100 MHz) δ 15.72, 69.88, 111.45, 122.28, 125.62, 126.68, 127.33, 128.43, 129.34, 129.61, 129.67, 131.29, 131.63, 132.32, 135.06, 150.75, 156.05, 182.64。Anal. Calcd for $C_{20}H_{14}ClNO_2$: C, 71.54%; H, 4.20%; N, 4.17%。Found: C, 71.75%; H, 4.27%; N, 4.09%。

(*Z*)-3-(4-氯苯甲叉基)-5-甲基-1*H*-呋喃并[3,4-*b*]喹啉-4(3*H*)-酮 (**3j**):黄色固体，产率91%; 熔点196~197 ℃; IR (KBr, cm^{-1}) ν 3056, 2924, 1683 (C=O), 1592, 1499, 1436, 1417, 1378, 1350, 1258, 1194, 1102; ^1H NMR ($CDCl_3$, 400 MHz) δ 3.16 (s, 3H, Me),

5.42（s，2H，CH_2），7.04（s，1H，═CH），7.40（d，J=8.4 Hz，2H，ArH），7.69（t，J=7.6 Hz，1H，ArH），7.85（d，J=8.4 Hz，2H，ArH），7.89（d，J=8.0 Hz，1H，ArH），8.11（d，J=8.4 Hz，1H，ArH），8.29（d，J=8.4 Hz，1H，ArH）；^{13}C NMR（$CDCl_3$，100 MHz）δ 15.66，69.98，114.92，122.30，125.57，127.25，128.16，128.41，128.76，129.46，131.52，131.86，132.22，132.26，134.52，150.27，156.17，182.80；HRMS（ESI，m/s）：Calcd. For$C_{20}H_{15}{}^{35}ClNO_2$[M+H]$^+$ 336.0786；Found 336.0787。

(Z)-3-(4-溴苯甲叉基)-5-甲基-1H-吡喃并[3,4-b]喹啉-4(3H)-酮（**3k**）：黄色固体，产率 87%；熔点 199～200 ℃；IR（KBr，cm^{-1}）ν 3056，2938，1679（C═O），1593，1498，1461，1434，1377，1349，1255，1196，1120；^{1}H NMR（$CDCl_3$，400 MHz）δ 3.17（s，3H，Me），5.43（s，2H，CH_2），7.02（s，1H，═CH），7.57（d，J=8.4 Hz，2H，ArH），7.70（t，J=7.6 Hz，1H，ArH），7.79（d，J=8.4 Hz，2H，ArH），7.89（t，J=7.6 Hz，1H，ArH），8.12（d，J=8.4 Hz，1H，ArH），8.30（d，J=8.4 Hz，1H，ArH）；^{13}C NMR（$CDCl_3$，100 MHz）δ 15.69，69.87，115.01，122.30，122.95，125.60，127.33，128.43，129.36，131.11，131.74，132.09，132.32，132.65，150.38，156.10，182.67。Anal. Calcd for $C_{20}H_{14}BrNO_2$：C，63.18%；H，3.71%；N，3.68%。Found：C，63.52%；H，4.01%；N，3.31%。

(Z)-3-(2,6-二氯苯甲叉基)-5-甲基-1H-吡喃并[3,4-b]喹啉-4(3H)-酮（**3l**）：黄色固体，产率 82%；熔点 208～209 ℃；IR（KBr，cm^{-1}）ν 3051，2927，1674（C═O），1591，1498，1474，1413，1377，1351，1315，1257，1191，1135，1115；^{1}H NMR（$CDCl_3$，400 MHz）δ 3.09（s，3H，Me），5.27（s，2H，CH_2），6.97（s，1H，═CH），7.14（t，J=8.0 Hz，1H，Ben-H），7.30（d，J=8.0 Hz，2H，Ben-H），7.58（t，J=7.6 Hz，1H，Quin-H），7.77（t，J=7.6 Hz，1H，Quin-H），7.97（d，J=8.4 Hz，1H，Quin-H），8.19（d，J=8.4 Hz，1H，Quin-H）；^{13}C NMR（$CDCl_3$，100 MHz）δ 15.79，69.48，110.89，122.04，125.60，127.29，127.97，128.28，129.23，129.42，131.80，132.40，135.19，150.88，156.53，180.14。Anal. Calcd for $C_{20}H_{13}Cl_2NO_2$：C，64.88%；H，3.54%；N，3.78%。Found：C，65.07%；H，3.45%；N，3.52%。

(Z)-5-甲基-3-(1-萘基甲叉基)-1H-吡喃并[3,4-b]喹啉-4(3H)-酮（**3m**）：黄色固体，产率 83%；熔点 232～233 ℃；IR（KBr，cm^{-1}）ν 3053，2931，1677（C═O），1594，1496，1454，1421，1379，1342，1318，1269，1219，1171，1132，1111；^{1}H NMR（$CDCl_3$，400 MHz）δ 3.21（s，3H，Me），5.42（s，2H，CH_2），7.12（s，1H，═CH），7.55～7.64（m，3H，ArH），7.69（t，J=7.2 Hz，1H，ArH），7.86～7.93（m，3H，ArH），8.11（d，J=8.4 Hz，1H，Ar-H），8.31（d，J=8.4 Hz，1H，Ar-H），8.34（d，J=8.4 Hz，1H，Ar-H），8.39（d，J=7.6 Hz，1H，Ar-H）；^{13}C NMR（$CDCl_3$，100 MHz）δ 15.72，70.03，112.25，122.45，123.69，125.46，125.57，125.86，126.55，127.22，128.43，128.68，128.81，129.39，129.42，129.59，132.18，133.62，150.64，156.37，182.97。HRMS（ESI，m/s）：Calcd. For $C_{24}H_{18}NO_2$[M+H]$^+$ 352.1332；Found 352.1333。

(Z)-5-甲基-3-(2-萘基甲叉基)-1H-吡喃并[3,4-b]喹啉-4(3H)-酮（**3n**）：黄色固体，产率 85%；熔点 235～236 ℃；IR（KBr，cm^{-1}）ν 3050，2924，2853，1671（C═O），1601，

1489, 1376, 1350, 1308, 1271, 1243, 1208, 1178, 1141, 1114; ^{1}H NMR ($CDCl_3$, 400 MHz) δ 3.18 (s, 3H, Me), 5.47 (s, 2H, CH_2), 7.07 (s, 1H, =CH), 7.53 (d, J= 6.4 Hz, 1H, ArH), 7.55 (d, J=6.4 Hz, 1H, ArH), 7.69 (t, J=7.6 Hz, 1H, ArH), 7.86～7.90 (m, 3H, ArH), 7.93～7.95 (m, 1H, ArH), 8.07 (dd, J=8.4 Hz, 1.2 Hz, 1H, ArH), 8.11 (d, J=8.4 Hz, 1H, ArH), 8.30 (d, J=8.4 Hz, 1H, ArH), 8.39 (s, 1H, ArH); ^{13}C NMR ($CDCl_3$, 100 MHz) δ 15.65, 70.19, 116.51, 122.49, 125.56, 126.27, 126.81, 127.13, 127.61, 127.75, 128.03, 128.45, 128.61, 129.58, 130.84, 131.43, 132.04, 133.27, 133.32, 147.97, 150.26, 150.39, 156.44, 183.07。Anal. Calcd for $C_{24}H_{17}NO_2$: C, 82.03%; H, 4.88%; N, 3.99%; Found: C, 82.20%; H, 4.74%; N, 4.22%。

(*Z*)-3-苄叉基-5-苯基-1*H*-吡喃并[3,4-*b*]喹啉-4(3*H*)-酮 (**3o**)：黄色固体，产率 86%；熔点 219～222 ℃；IR (KBr, cm^{-1}) ν 3068, 2969, 2857, 1701 (C=O), 1609, 1558, 1505, 1489, 1438, 1424, 1389, 1376, 1341, 1295, 1200, 1157, 1124; ^{1}H NMR (DMSO-d_6, 600 MHz) δ 5.48 (s, 2H, $ArCH_2O$), 6.93 (s, 1H, =CH), 7.28～7.30 (m, 2H, ArH), 7.32 (d, J=7.2 Hz, 1H, ArH), 7.39 (t, J=7.8 Hz, 2H, ArH), 7.50 (t, J= 7.8 Hz, 1H, ArH), 7.54～7.56 (m, 3H, ArH), 7.61 (d, J=8.4 Hz, 1H, ArH), 7.82～7.84 (m, 3H, ArH), 8.13 (d, J=8.4 Hz, 1H, ArH); ^{13}C NMR ($CDCl_3$, 150 MHz) δ 70.12, 116.79, 127.23, 128.20, 128.25, 128.31, 128.43, 128.54, 128.92, 128.99, 130.78, 132.26, 148.83, 149.72, 151.62, 156.77, 181.20。Anal. Calcd for $C_{25}H_{17}NO_2$: C, 82.63%; H, 4.72%; N, 3.85%。Found: C, 82.75%; H, 4.63%; N, 3.96%。

(*Z*)-3-(2-甲基苯甲叉基)-5-苯基-1*H*-吡喃并[3,4-*b*]喹啉-4(3*H*)-酮 (**3p**)：黄色固体，产率 81%；熔点 173～174 ℃；IR (KBr, cm^{-1}) ν 3058, 2987, 2918, 1670 (C=O), 1603, 1559, 1488, 1443, 1400, 1369, 1330, 1294, 1260, 1208, 1131, 1111; ^{1}H NMR ($CDCl_3$, 600 MHz) δ 2.38 (s, 3H, Me), 5.47 (s, 2H, $ArCH_2O$), 6.91 (s, 1H, C=H), 7.14 (d, J= 7.8 Hz, 1H, ArH), 7.27～7.30 (m, 3H, ArH), 7.49 (t, J=7.2 Hz, 1H, ArH), 7.54～7.56 (m, 3H, ArH), 7.61 (d, J=7.2 Hz, 2H, ArH), 7.66 (d, J=7.8 Hz, 1H, ArH), 7.83 (td, J=8.4 Hz, 1.2 Hz, 1H, ArH), 8.13 (d, J=8.4 Hz, 1H, ArH); ^{13}C NMR ($CDCl_3$, 150 MHz) δ 21.47, 70.11, 117.03, 121.32, 127.19, 127.94, 128.17, 128.23, 128.28, 128.43, 128.98, 129.82, 131.37, 132.20, 133.65, 136.22, 138.06, 148.81, 149.63, 151.54, 156.82, 181.21. Anal. Calcd for $C_{26}H_{19}NO_2$: C, 82.74%; H, 5.07%; N, 3.71%。Found: C, 82.90%; H, 5.01%; N, 3.57%。

(*Z*)-3-(4-甲基苯甲叉基)-5-苯基-1*H*-吡喃并[3,4-*b*]喹啉-4(3*H*)-酮 (**3q**)：黄色固体，产率 87%；熔点 208～210 ℃；IR (KBr, cm^{-1}) ν 3048, 2979, 2861, 1672 (C=O), 1596, 1559, 1506, 1485, 1442, 1400, 1370, 1333, 1296, 1253, 1164, 1129; ^{1}H NMR ($CDCl_3$, 600 MHz) δ 2.38 (s, 3H, Me), 5.45 (s, 2H, $ArCH_2O$), 6.92 (s, 1H, =CHAr), 7.19 (d, J=7.8 Hz, 2H, ArH), 7.28～7.30 (m, 2H, ArH), 7.49 (t, J=8.4 Hz, 1H, ArH), 7.54～7.56 (m, 3H, ArH), 7.60 (d, J=8.4 Hz, 1H, ArH), 7.73

(d，J=8.4 Hz，2H，ArH)，7.83（t，J=8.4 Hz，1H，ArH)，8.12（d，J=8.4 Hz，1H，ArH)；^{13}C NMR（$CDCl_3$，150 MHz）δ 21.53，70.12，117.09，121.38，127.17，128.16，128.22，128.28，128.43，128.97，129.31，130.79，130.98，132.17，136.26，139.28，148.78，149.28，151.50，156.89，181.20。Anal. Calcd for $C_{26}H_{19}NO_2$：C，82.74%；H，5.07%；N，3.71%。Found：C，82.45%；H，4.96%；N，3.77%。

(Z)-3-(2-甲氧基苯甲叉基)-5-苯基-1H-吡喃并[3,4-b]喹啉-4(3H)-酮（**3r**)：黄色固体，产率 84%；熔点 204～205 ℃；IR（KBr，cm^{-1}）ν 3065，2946，1676（C═O)，1608，1594，1558，1488，1458，1441，1400，1371，1293，1226，1196，1168，1045；^{1}H NMR（$CDCl_3$，600 MHz）δ 3.81（s，3H，OMe)，5.45（s，2H，$ArCH_2O$)，6.88（s，1H，C═H)，7.00（t，1H，J=7.8 Hz，ArH)，7.28～7.31（m，3H，ArH)，7.49（t，J=7.2 Hz，2H，ArH)，7.53～7.56（m，3H，ArH)，7.60（t，J=8.4 Hz，1H，ArH)，7.82（t，J=7.2 Hz，1H，ArH)，8.12（d，J=8.4 Hz，1H，ArH)，8.28（d，J=7.8 Hz，1H，ArH)；^{13}C NMR（$CDCl_3$，150 MHz）δ 55.45，70.16，110.45，110.79，120.46，121.48，122.75，127.13，128.12，128.19，128.23，128.28，128.47，128.95，130.31，131.00，132.11，136.34，148.75，149.67，151.48，156.95，158.16，181.10。Anal. Calcd for $C_{26}H_{19}NO_3$：C，79.37%；H，4.87%；N，3.56%。Found：C，79.11%；H，5.01%；N，3.41%。

(Z)-3-(3-甲氧基苯甲叉基)-5-苯基-1H-吡喃并[3,4-b]喹啉-4(3H)-酮（**3s**)：黄色固体，产率 88%；熔点 236～237 ℃；IR（KBr，cm^{-1}）ν 3060，2965，2936，1677（C═O)，1594，1560，1502，1483，1459，1436，1402，1372，1334，1290，1247，1196，1167，1105；^{1}H NMR（$CDCl_3$，600 MHz）δ 3.84（s，3H，OMe)，5.47（s，2H，$ArCH_2O$)，6.88（dd，J=7.2 Hz，1.8 Hz，1H，ArH)，6.90（s，1H，C═H)，7.28～7.31（m，3H，ArH)，7.38（d，J=7.8 Hz，1H，ArH)，7.44（s，1H，ArH)，7.50（t，J=7.8 Hz，1H，ArH)，7.54～7.56（m，3H，ArH)，7.61（d，J=8.4 Hz，1H，ArH)，7.83（t，J=8.4 Hz，1H，ArH)，8.13（d，J=8.4 Hz，1H，ArH)；^{13}C NMR（$CDCl_3$，150 MHz）δ 55.26，70.11，114.61，115.89，116.58，121.25，123.60，127.23，128.20，128.24，128.30，128.43，129.00，129.42，132.26，134.97，136.16，148.83，149.85，151.61，156.70，159.49，181.13。Anal. Calcd for $C_{26}H_{19}NO_3$：C，79.37%；H，4.87%；N，3.56%。Found：C，79.66%；H，4.67%；N，3.45%。

(Z)-5-苯基-3-(3,4,5-三甲氧基苯甲叉基)-1H-吡喃并[3,4-b]喹啉-4(3H)-酮（**3t**)：黄色固体，产率 82%；熔点 195～196 ℃；IR（KBr，cm^{-1}）ν 3048，2996，2827，1673（C═O)，1588，1559，1514，1502，1465，1438，1406，1374，1286，1245，1225，1172，1131；^{1}H NMR（500 MHz，DMSO-d_6）δ 3.77（s，3H，OMe)，3.83（s，3H，OMe)，3.85（s，3H，OMe)，5.51（s，2H，CH_2)，6.72（s，1H，ArH)，7.09（s，1H，═CH)，7.26～7.32（m，2H，ArH)，7.48（d，J=8.0 Hz，1H，ArH)，7.51～7.55（m，3H，ArH)，7.61（t，J=7.5 Hz，1H，ArH)，7.87（s，1H，ArH)，7.92（t，J=7.5 Hz，1H，ArH)，8.13（d，J=8.5 Hz，1H，ArH)；^{13}C NMR（150 MHz，DMSO-d_6）δ 56.19，56.79，56.82，70.05，97.76，109.27，113.86，114.44，128.04，128.31，128.56，129.03，129.28，132.79，136.59，142.72，148.46，148.65，150.59，151.78，154.17，157.58，

180.67。Anal. Calcd for $C_{28}H_{23}NO_5$：C，74.16%；H，5.11%；N，3.09%。Found：C，74.39%；H，5.36%；N，2.94%。

(*Z*)-3-(2-氯苯甲叉基)-5-苯基-1*H*-吡喃并[3,4-*b*]喹啉-4(3*H*)-酮 (**3u**)：黄色固体，产率85%；熔点201～202 ℃；IR (KBr，cm^{-1}) ν 3060，2965，2836，1676 (C═O)，1594，1559，1502，1483，1459，1402，1372，1334，1372，1295，1247，1225，1196，1167，1105；^1H NMR ($CDCl_3$，600 MHz) δ 5.45 (s，2H，C═H)，6.87 (d，*J*＝8.4 Hz，1H，ArH)，7.00 (s，1H，═CH)，7.28～7.30 (m，3H，ArH)，7.47～7.50 (m，2H，ArH)，7.53～7.55 (m，3H，ArH)，7.60 (d，*J*＝8.4 Hz，1H，ArH)，7.82 (t，*J*＝7.2 Hz，1H，ArH)，8.12 (d，*J*＝8.4 Hz，1H，ArH)，8.28 (d，*J*＝8.4 Hz，1H，ArH)；^{13}C NMR ($CDCl_3$，150 MHz) δ 55.45，70.16，110.45，110.79，120.46，128.19，128.28，128.47，128.95，131.00，148.75，149.67，151.48，156.95，158.16，181.10。Anal. Calcd for $C_{25}H_{16}ClNO_2$：C，75.47%；H，4.05%；N，3.52%。Found：C，75.16%；H，4.21%；N，3.82%。

(*Z*)-3-(4-溴苯甲叉基)-5-苯基-1*H*-吡喃并[3,4-*b*]喹啉-4(3*H*)-酮 (**3v**)：黄色固体，产率88%；熔点211～213 ℃；IR (KBr，cm^{-1}) ν 3067，2969，1702 (C═O)，1610，1557，1503，1485，1438，1376，1329，1295，1227，1199，1124；^1H NMR ($CDCl_3$，600 MHz) δ 5.45 (s，2H，$ArCH_2O$)，6.91 (d，*J*＝8.4 Hz，2H，ArH)，6.93 (s，1H，C═H)，7.28～7.30 (m，2H，ArH)，7.49 (t，*J*＝8.4 Hz，1H，ArH)，7.53～7.56 (m，3H，ArH)，7.61 (d，*J*＝8.4 Hz，1H，ArH)，7.80～7.83 (m，3H，ArH)，8.12 (d，*J*＝8.4 Hz，1H，ArH)；^{13}C NMR ($CDCl_3$，150 MHz) δ 55.30，70.14，114.06，117.08，121.47，126.63，127.14，128.12，128.20，128.26，128.44，128.95，132.10，132.54，136.32，148.53，148.74，151.38，156.96，160.21，181.14。Anal. Calcd for $C_{25}H_{16}BrNO_2$：C，67.89%；H，3.65%；N，3.17%。Found：C，68.06%；H，3.51%；N，3.40%。

(*Z*)-3-(1-萘基甲叉基)-5-苯基-1*H*-吡喃并[3,4-*b*]喹啉-4(3*H*)-酮 (**3w**)：黄色固体，产率79%；熔点217～219 ℃；IR (KBr，cm^{-1}) ν 3040，2964，2852，1677 (C═O)，1601，1560，1503，1488，1458，1440，1394，1375，1326，1292，1259，1206，1164，1114；^1H NMR ($CDCl_3$，600 MHz) δ 5.48 (s，2H，$ArCH_2O$)，7.08 (s，1H，C═H)，7.32～7.34 (m，2H，ArH)，7.48～7.51 (m，3H，ArH)，7.54 (t，*J*＝7.2 Hz，1H，ArH)，7.56～7.59 (m，3H，ArH)，7.62 (d，*J*＝8.4 Hz，1H，ArH)，7.82～7.85 (m，3H，ArH)，8.13 (d，*J*＝8.4 Hz，1H，ArH)，8.18 (d，*J*＝7.8 Hz，1H，ArH)，8.35 (d，*J*＝7.8 Hz，1H，ArH)；^{13}C NMR ($CDCl_3$，150 MHz) δ 70.24，112.69，121.26，123.74，125.41，125.83，126.48，127.24，128.23，128.28，128.32，128.42，128.71，128.74，128.98，129.43，129.60，132.18，132.29，133.63，136.29，148.87，150.29，151.74，156.78，181.13。Anal. Calcd for $C_{29}H_{19}NO_2$：C，84.24%；H，4.63%；N，3.39%。Found：C，83.95%；H，4.85%；N，3.18%。

(*Z*)-3-(2-呋喃基甲叉基)-5-苯基-1*H*-吡喃并[3,4-*b*]喹啉-4(3*H*)-酮 (**3x**)：黄色固体，产率81%；熔点243～244 ℃；IR (KBr，cm^{-1}) ν 3059，2967，1675 (C═O)，1594，1559，1493，1476，1444，1400，1374，1326，1299，1233，1165，1121；^1H NMR ($CDCl_3$，500

MHz) δ 5.49 (s，2H，$ArCH_2O$)，6.55 (dd，*J* =2.5 Hz，2.5 Hz，1H，furan-H)，6.96 (s，1H，=CH)，7.06 (d，*J* =3.5 Hz，1H，Furan-H)，7.27～7.29 (m，2H，ArH)，7.49～7.52 (m，2H，ArH)，7.54～7.56 (m，3H，ArH)，7.61 (d，*J* =8.5 Hz，1H，ArH)，7.85 (td，*J* =8.5 Hz，1.5 Hz，1H，ArH)，8.13 (d，*J* =8.5 Hz，1H，ArH)；^{13}C NMR ($CDCl_3$，150 MHz) δ 70.48，106.24，112.86，115.15，121.43，127.52，128.42，128.47，128.51，128.56，128.64，129.23，132.53，136.42，144.04，148.08，149.04，150.52，151.67，156.94，180.33。Anal. Calcd for $C_{23}H_{15}NO_3$：C，78.17%；H，4.28%；N，3.96%。Found：C，77.95%；H，4.37%；N，4.09%。

(*Z*)-5-苯基-3-(2-噻吩基甲叉基)-1*H*-吡喃并[3,4-*b*]喹啉-4(3*H*)-酮 (**3y**)：黄色固体，产率 75%；熔点 223～224 ℃；IR (KBr，cm^{-1}) ν 3040，2951，1677 (C=O)，1601，1560，1503，1488，1440，1375，1326，1292，1226，1164；^{1}H NMR ($CDCl_3$，500 MHz) δ 5.51 (s，2H，$ArCH_2O$)，7.08 (s，1H，=CH)，7.28～7.30 (m，3H，ArH)，7.34 (d，*J* =4.0 Hz，1H，ArH)，7.49～7.52 (m，2H，ArH)，7.55～7.58 (m，3H，ArH)，7.62 (d，*J* =8.5 Hz，1H，ArH)，7.84 (t，*J* =8.5 Hz，1H，ArH)，8.14 (d，*J* =8.5 Hz，1H，ArH)；^{13}C NMR ($CDCl_3$，150 MHz) δ 70.55，111.95，121.55，127.46，127.50，128.37，128.42，128.49，128.53，128.64，129.24，130.31，131.73，132.52，136.47，137.00，147.81，149.02，151.75，157.04，180.51。Anal. Calcd for $C_{23}H_{15}NO_2S$：C，74.78%；H，4.09%；N，3.79%。Found：C，74.94%；H，4.03%；N，3.65%。

(*Z*)-5-苯基-3-(2-吡啶基甲叉基)-1*H*-吡喃并[3,4-*b*]喹啉-4(3*H*)-酮 (**3z**)：黄色固体，产率 77%；熔点 226～228 ℃；IR (KBr，cm^{-1}) ν 3068，2969，1701 (C=O)，1609，1558，1505，1486，1438，1376，1295，1227，1124；^{1}H NMR ($CDCl_3$，400 MHz) δ 5.58 (s，2H，$ArCH_2O$)，7.07 (s，1H，=CH)，7.28～7.31 (m，2H，ArH)，7.51～7.58 (m，5H，ArH)，7.65 (d，*J* =8.4 Hz，1H，ArH)，7.81～7.89 (m，2H，ArH)，8.17 (d，*J* =8.8 Hz，2H，ArH)，8.72 (d，*J* =4.4 Hz，1H，ArH)；^{13}C NMR ($CDCl_3$，100)：δ 70.15，99.98，109.85，114.06，117.09，121.48，126.64，127.14，128.13，128.20，128.26，128.44，128.96，132.11，132.55，136.32，148.53，148.74，151.39，156.96，160.22，181.15。Anal. Calcd for $C_{24}H_{16}N_2O_2$：C，79.11%；H，4.43%；N，7.69%。Found：C，79.29%；H，4.37%；N，7.47%。

(*Z*)-5-甲基-3-(二茂铁基甲叉基)-1*H*-吡喃并[3,4-*b*]喹啉-4(3*H*)-酮 (**3a'**)：紫色固体，产率 76%，熔点 241～243 ℃；IR (KBr，cm^{-1}) ν 3054，2924，2853，1681，1593，1566，1496，1463，1432，1377，1322，1265，1238，1192，1125；^{1}H NMR ($CDCl_3$，400 MHz) δ 3.17 (s，3H，Me)，4.21 (s，5H，Fc-H)，4.50 (s，2H，Fc-H)，4.86 (s，2H，Fc-H)，5.33 (s，2H，CH_2)，7.04 (s，1H，=CH)，7.67 (t，*J* =7.2 Hz，1H，Quin-H)，7.86 (t，*J* =7.2 Hz，1H，Quin-H)，8.10 (d，*J* =7.6 Hz，1H，Quin-H)，8.28 (d，*J* =8.0 Hz，1H，Quin-H)；^{13}C NMR ($CDCl_3$，100 MHz) δ 15.66，70.35，70.70，71.58，71.72，119.29，122.81，125.47，127.02，128.50，129.49，131.83，147.70，148.76，150.07，156.90，181.87。HRMS (ESI，m/s)：Calcd. For $C_{24}H_{20}FeNO_2$ $[M+H]^+$ 410.0838；Found 410.0834。

(*Z*)-5-苯基-3-(二茂铁基甲叉基)-1*H*-吡喃并[3,4-*b*]喹啉-4(3*H*)-酮 (**3b'**)：红色固体，产率 73%；熔点 229～230 ℃；IR (KBr, cm^{-1}) ν 3043, 2969, 2898, 1676 (C=O), 1597, 1560, 1504, 1486, 1459, 1438, 1397, 1374, 1320, 1294, 1253, 1231, 1158；^1H NMR ($CDCl_3$, 500 MHz) δ 4.15 (s, 5H, Fc-H), 4.44 (s, 2H, Fc-H), 4.77 (s, 2H, Fc-H), 5.41 (s, 2H, $ArCH_2O$), 6.90 (s, 1H, =CH), 7.31 (d, *J* = 7.0 Hz, 2H, ArH), 7.50 (t, *J* =7.5 Hz, 1H, ArH), 7.54～7.56 (m, 3H, ArH), 7.61 (d, *J* =8.0 Hz, 1H, ArH), 7.84 (t, *J* =7.5 Hz, 1H, ArH), 8.13 (d, *J* =8.5 Hz, 1H, ArH)；^{13}C NMR ($CDCl_3$, 150 MHz) δ 69.92, 70.49, 71.01, 71.23, 120.12, 121.86, 122.03, 127.34, 128.29, 128.43, 128.47, 128.59, 129.16, 132.28, 136.76, 148.27, 148.88, 151.60, 157.46, 180.28。Anal. Calcd for $C_{29}H_{21}FeNO_2$: C, 73.90%; H, 4.49%; N, 2.97%。Found: C, 74.09%; H, 4.40%; N, 2.23%。

(*Z*)-9-苄叉基-9,11-二氢-8*H*-苯并[*h*]吡喃并[3,4-*b*]喹啉-8-酮 (**3c'**)：黄色固体，产率 82%；熔点 223～224 ℃；IR (KBr, cm^{-1}) ν 3046, 2969, 2880, 1697 (C=O), 1592, 1507, 1450, 1396, 1359, 1343, 1257；^1H NMR ($CDCl_3$, 400 MHz) δ 5.58 (s, 2H, CH_2), 7.16 (s, 1H, ArH), 7.36 (t, *J* =7.8 Hz, 1H, ArH), 7.43 (t, *J* =7.8 Hz, 2H, ArH), 7.75～7.78 (m, 2H, ArH), 7.79 (d, *J* =9.0 Hz, 1H, ArH), 7.84 (d, *J* =8.4 Hz, 1H, ArH), 7.91 (dd, *J* =1H, ArH), 7.94 (d, *J* =7.8 Hz, 2H, ArH), 8.87 (s, 1H, ArH), 9.30 (dd, *J* =7.8 Hz, 2.4 Hz,1H, ArH)；^{13}C NMR ($CDCl_3$, 100 MHz) δ 70.49, 106.26, 112.86, 115.15, 121.43, 127.52, 128.43, 128.47, 128.51, 128.56, 128.65, 129.23, 132.54, 136.42, 144.05, 148.08, 149.04, 150.52, 151.68, 156.95, 180.33。Anal. Calcd for $C_{23}H_{15}NO_2$: C, 81.88%; H, 4.48%; N, 4.15%。Found: C, 82.03%; H, 4.72%; N, 4.04%。

(*Z*)-9-(2-甲氧基苯甲叉基)-9,11-二氢-8*H*-苯并[*h*]吡喃并[3,4-*b*]喹啉-8-酮 (**3d'**)：黄色固体，产率 75%，熔点 196～198 ℃；IR (KBr, cm^{-1}) ν 3057, 2978, 2840, 1655 (C=O), 1612, 1508, 1447, 1381, 1346, 1276；^1H NMR ($CDCl_3$, 400 MHz) δ 3.85 (s, 3H, OMe), 5.51 (s, 2H, CH_2), 6.85 (d, *J* =8.4 Hz, 1H, ArH), 6.98 (d, *J* =7.8 Hz, 1H, ArH), 7.27 (s, 1H, ArH), 7.62～7.86 (m, 6H, ArH), 8.27 (d, *J* =8.4 Hz, 1H, ArH), 8.84 (s, 1H, ArH), 9.27 (d, *J* =8.4 Hz, 1H, ArH)；^{13}C NMR ($CDCl_3$, 100 MHz) δ 55.55, 69.72, 115.07, 116.16, 117.06, 123.98, 124.13, 125.74, 126.04, 126.19, 127.74, 128.29, 128.90, 129.73, 130.17, 130.95, 135.14, 135.23, 135.75, 148.84, 149.24, 156.00, 159.77, 181.20。Anal. Calcd for $C_{24}H_{17}NO_3$: C, 78.46%; H, 4.66%; N, 3.81%。Found: C, 78.38%; H, 4.81%; N, 4.07%。

(*Z*)-9-(3-甲氧基苯甲叉基)-9,11-二氢-8*H*-苯并[*h*]吡喃并[3,4-*b*]喹啉-8-酮 (**3e'**)：黄色固体，产率 78%；熔点 208～210 ℃；IR (KBr, cm^{-1}) ν 3046, 2917, 2853, 1666 (C=O), 1593, 1496, 1446, 1403, 1374, 1351, 1263；^1H NMR ($CDCl_3$, 400 MHz) δ 3.89 (s, 3H, OMe), 5.58 (s, 2H, CH_2), 6.94 (dd, *J* =8.4 Hz, 2.4 Hz,1H, ArH), 7.13 (s, 1H, ArH), 7.36 (t, *J* = 9.6 Hz, 1H, ArH), 7.51 (d, *J* = 9.6 Hz, 1H, ArH), 7.56 (s, 1H, ArH), 7.76～7.80 (m, 3H, ArH), 7.85 (d, *J* =9.6 Hz, 1H,

ArH)，7.93 (dd, J=8.4 Hz, 2.4 Hz,1H, ArH)，8.88 (s, 1H, ArH)，9.31 (dd, J=8.4 Hz, 2.4 Hz,1H, ArH)；^{13}C NMR ($CDCl_3$，100 MHz) δ 55.44，70.15，110.44，110.78，120.45，121.47，122.74，127.12，128.11，128.18，128.22，128.27，128.46，128.94，130.30，132.10，136.33，148.74，149.65，151.47，156.93，158.15，181.08。Anal. Calcd for $C_{24}H_{17}NO_3$：C，78.46%；H，4.66%；N，3.81%。Found：C，78.27%；H，4.35%；N，4.07%。

(*Z*)-9-(4-乙氧基苯甲叉基)-9,11-二氢-8*H*-苯并[*h*]吡喃并[3,4-*b*]喹啉-8-酮 (**3f'**)：黄色固体，产率 84%；熔点 237～238 ℃；IR (KBr, cm^{-1}) ν 3049，2911，2852，1670 (C═O)，1591，1494，1444，1405，1349，1227；^{1}H NMR ($CDCl_3$，400 MHz) δ 1.38 (t, J=8.4 Hz, 3H, 4-OCH_2CH_3)，4.03 (q, J=8.4 Hz, 2H, 4-OCH_2CH_3)，5.50 (s, 2H, CH_2)，6.88 (d, J=9.6 Hz, 2H, Ben-H)，7.08 (s, 1H, ArH)，7.68～7.71 (m, 2H, ArH)，7.73 (d, J=9.6 Hz, 1H, ArH)，7.79 (d, J=9.6 Hz, 1H, ArH)，7.84 (d, J=10.2 Hz, 2H, Ben-H)，7.87 (d, J=9.0 Hz, 1H, ArH)，8.82 (s, 1H, ArH)，9.25 (d, J=9.0 Hz, 1H, ArH)；^{13}C NMR ($CDCl_3$，100 MHz) δ 15.05，63.79，69.75，114.86，117.72，124.48，125.71，126.11，126.24，126.73，127.71，128.29，128.82，129.98，131.03，132.99，135.12，135.66，147.48，149.12，156.25，159.98，181.31。Anal. Calcd for $C_{25}H_{19}NO_3$：C，78.72%；H，5.02%；N，3.67%。Found：C，78.45%；H，4.83%；N，3.85%。

(*Z*)-9-(2,4-二甲基苯甲叉基)-9,11-二氢-8*H*-苯并[*h*]吡喃并[3,4-*b*]喹啉-8-酮 (**3g'**)：黄色固体，产率 72%；熔点 214～215 ℃；IR (KBr, cm^{-1}) ν 3045，2921，2856，1668 (C═O)，1585，1494，1445，1404，1349，1280；^{1}H NMR ($CDCl_3$，400 MHz) δ 2.35 (s, 3H, Me)，2.47 (s, 3H, Me)，5.51 (s, 2H, CH_2)，7.06 (s, 1H, ArH)，7.09 (d, J=8.4 Hz, 1H, ArH)，7.37 (s, 1H, ArH)，7.75～7.77 (m, 2H, ArH)，7.91 (d, J=8.4 Hz, 1H, ArH)，7.78 (d, J=9.0 Hz, 1H, ArH)，7.83 (d, J=9.0 Hz, 1H, ArH)，8.14 (d, J=8.4 Hz, 1H, ArH)，8.85 (s, 1H, ArH)，9.29 (d, J=8.4 Hz, 1H, ArH)；^{13}C NMR ($CDCl_3$，100 MHz) δ 19.21，21.46，70.71，120.33，124.96，126.13，126.89，127.05，127.37，127.44，128.11，128.20，128.40，129.01，129.31，129.88，131.33，131.59，134.41，142.97，143.37，144.88，147.26，148.82，152.97。Anal. Calcd for $C_{25}H_{19}NO_2$：C，82.17%；H，5.24%；N，3.83%。Found：C，82.31%；H，5.44%；N，3.66%。

(*Z*)-9-(3-溴苯甲叉基)-9,11-二氢-8*H*-苯并[*h*]吡喃并[3,4-*b*]喹啉-8-酮 (**3h'**)：黄色固体，产率 79%；熔点 211～213 ℃；IR (KBr, cm^{-1}) ν 3053，2919，2858，1676 (C═O)，1605，1493，1443，1404，1347，1271，1226；^{1}H NMR ($CDCl_3$，400 MHz) δ 6.19 (s, 2H, CH_2)，7.44 (t, J=9.6 Hz, 1H, ArH)，7.52 (s, 1H, ArH)，7.66 (d, J=8.4 Hz, 1H, ArH)，7.98 (d, J=7.8 Hz, 1H, ArH)，8.21 (t, J=7.8 Hz, 1H, ArH)，8.22 (s, 1H, ArH)，8.29 (t, J=7.8 Hz, 1H, ArH)，8.32 (d, J=9.0 Hz, 1H, ArH)，8.40 (d, J=7.8 Hz, 1H, ArH)，8.48 (d, J=9.0 Hz, 1H, ArH)，9.15 (d, J=8.4 Hz, 1H, ArH)，9.90 (s, 1H, ArH)；^{13}C NMR ($CDCl_3$，100 MHz) δ 71.41，

119.44, 121.37, 126.24, 126.73, 127.09, 127.17, 127.26, 127.61, 127.92, 128.54, 128.81, 128.91, 129.36, 129.59, 130.33, 138.10, 143.86, 146.88, 147.56, 149.72, 155.54, 180.26。Anal. Calcd for $C_{23}H_{14}BrNO_2$: C, 66.36%; H, 3.39%; N, 3.36%。Found: C, 66.52%; H, 3.54%; N, 3.51%。

(*Z*)-9-(4-氟苯甲叉基)-9,11-二氢-8*H*-苯并[*h*]吡喃并[3,4-*b*]喹啉-8-酮 (**3i'**)：黄色固体，产率80%；熔点243～244 ℃；IR (KBr, cm^{-1}) ν 3052, 2934, 2852, 1676 (C═O), 1602, 1483, 1441, 1402, 1347, 1276, 1244; ^1H NMR ($CDCl_3$, 400 MHz) δ 5.66 (s, 2H, CH_2), 7.53 (t, *J*=7.6 Hz, 1H, ArH), 7.65 (t, *J*=7.6 Hz, 1H, ArH), 7.72 (s, 1H, ArH), 7.74～7.78 (m, 3H, ArH), 7.85 (d, *J*=7.6 Hz, 1H, ArH), 7.89 (d, *J*=7.6 Hz, 1H, ArH), 7.94 (d, *J*=7.2 Hz, 1H, ArH), 8.18 (d, *J*=7.6 Hz, 1H, ArH), 9.25 (s, 1H, ArH), 9.31 (d, *J*=7.6 Hz, 1H, ArH); ^{13}C NMR ($CDCl_3$, 100 MHz) δ 69.47, 116.98, 123.94, 125.50, 125.78, 125.95, 127.47, 128.03, 128.57, 128.64, 129.00, 129.80, 130.72, 130.90, 133.77, 134.90, 135.50, 148.47, 149.00, 155.81, 181.02。Anal. Calcd for $C_{23}H_{14}FNO_2$: C, 77.74%; H, 3.97%; N, 3.94%。Found: C, 77.48%; H, 4.16%; N, 3.70%。

(*Z*)-9-(2-吡啶基甲叉基)-9,11-二氢-8*H*-苯并[*h*]吡喃并[3,4-*b*]喹啉-8-酮 (**3j'**)：红色固体，产率74%；熔点205～206 ℃；IR (KBr, cm^{-1}) ν 3063, 2911, 2858, 1667 (C═O), 1595, 1495, 1440, 1402, 1343, 1270, 1238; ^1H NMR ($CDCl_3$, 400 MHz) δ 6.16 (s, 2H, CH_2), 7.36 (td, *J*=7.8 Hz, 1.2 Hz, 1H, ArH), 7.53 (t, *J*=7.8 Hz, 1H, ArH), 7.74 (d, *J*=7.8 Hz, 1H, ArH), 8.06 (s, 1H, ArH), 8.21 (t, *J*=7.8 Hz, 1H, ArH), 8.28～8.33 (m, 3H, ArH), 8.40 (d, *J*=7.8 Hz, 1H, ArH), 8.43 (dd, *J*=7.8, 1.2 Hz, 1H, ArH), 8.48 (d, *J*=7.8 Hz, 1H, ArH), 9.91 (s, 1H, ArH); ^{13}C NMR ($CDCl_3$, 100 MHz) δ 75.57, 117.05, 119.35, 124.49, 126.38, 133.16, 133.75, 133.93, 133.96, 134.00, 134.47, 136.38, 137.76, 138.24, 138.35, 141.40, 143.78, 144.54, 144.57, 156.94, 161.55, 186.13。Anal. Calcd for $C_{23}H_{14}BrNO_2$: C, 66.36%; H, 3.39%; N, 3.36%。Found: C, 66.47%; N, 3.10%; N, 3.55%。

(*Z*)-9-(2-呋喃基甲叉基)-9,11-二氢-8*H*-苯并[*h*]吡喃并[3,4-*b*]喹啉-8-酮 (**3k'**)：黄色固体，产率71%；熔点195～196 ℃；IR (KBr, cm^{-1}) ν 3046, 2969, 2880, 1695 (C═O), 1592, 1507, 1449, 1396, 1359, 1267, 1221; ^1H NMR ($CDCl_3$, 400 MHz) δ 5.64 (s, 2H, CH_2), 7.15 (dd, *J*=9.6 Hz, 3.6 Hz, 1H, ArH), 7.48 (d, *J*=3.6 Hz, 1H, ArH), 7.51 (s, 1H, ArH), 7.56 (d, *J*=8.4 Hz, 1H, ArH), 7.79～7.82 (m, 3H, ArH), 7.87 (d, *J*=9.6 Hz, 1H, ArH), 7.95 (dd, *J*=8.4 Hz, 2.4 Hz, 1H, ArH), 8.89 (s, 1H, ArH), 9.33 (dd, *J*=8.4 Hz, 3.6 Hz, 1H, ArH); ^{13}C NMR ($CDCl_3$, 100 MHz) δ 70.11, 116.78, 121.28, 126.91, 127.22, 128.19, 128.24, 128.29, 128.42, 128.52, 128.63, 128.91, 128.98, 130.77, 132.24, 133.74, 136.19, 148.82, 149.71, 151.61, 156.76, 181.18。Anal. Calcd for $C_{21}H_{13}NO_3$: C, 77.05%; H, 4.00%; N, 4.28%。Found: C, 77.21%; H, 3.76%; N, 4.53%。

5.3 结果与讨论

5.3.1 吡喃并[3,4-b]喹啉-4(3H)-酮的合成

起始化合物 2-氯甲基喹啉-3-甲酸乙酯（**1a-1c**）首先与 2-羟基乙酸乙酯进行 Williamson 反应，该反应使用 NaOEt 作为碱催化剂在回流的苯介质中进行，如图 5-4 所示。该反应进行得非常彻底，薄层色谱（TLC）分析显示，在 4h 内反应原料几乎完全转化为相应的双酯化合物 **A**。尽管这一反应也可以在其他反应条件下进行，如 K_2CO_3/DMF 体系，但后处理比使用 NaOEt/Benzene 复杂。随后，减压蒸馏除去溶剂苯，再向其内直接加入干燥的甲苯和 NaOEt 进行分子内的 Claisen 酯缩合反应，“一锅法”的合成方式得到缩合产物 **B**，其收率分别为 83%、81%和 78%。最后，对所得的中间体 **B** 进行脱羧处理，发现使用 18%的盐酸溶液最适合热脱羧反应，在回流 6 h 后，分别以 78%、74%和 77%的收率得到目标化合物的前提产物吡喃并[3,4-b]喹啉-4(3H)-酮(**2a-2c**)，而进一步增加或减少 HCl 浓度对反应产品的收率并不会提高。

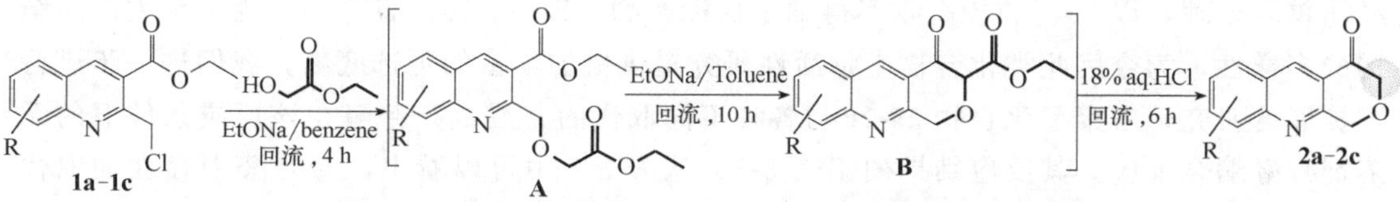

图 5-4 吡喃并[3,4-b]喹啉-4(3H)-酮（**2a-2c**）的合成路线

Figure 5-4 The synthetic route for 1H-pyrano[3,4-b]quinolin-4(3H)-ones (**2a-2c**)

5.3.2 芳甲叉基吡喃并[3,4-b]喹啉-4(3H)-酮的合成条件探究

有了所需的前体化合物 **2a-2c**，我们的注意力转向了它们与各种芳香醛的羟醛缩合反应。考虑到当前的环境问题，越来越多的研究工作开始集中在开发可持续和环境友好的羟醛缩合反应过程，以取代那些高效但有些过时的方法。因此，遵循绿色化学反应路线，我们非常热衷于探索无溶剂的羟醛缩合反应，以实现目标化合物的绿色合成。为此，我们以化合物 **2a** 与 1.1 倍量苯甲醛的无溶剂反应为例进行了一系列的优化实验，结果如表 5-1 所示：

表 5-1 在不同催化剂条件下化合物 3a 与苯甲醛的无溶剂反应结果

Table 5-1 The results for solvent-free reaction of 3a with benzaldehyde using different catalysts

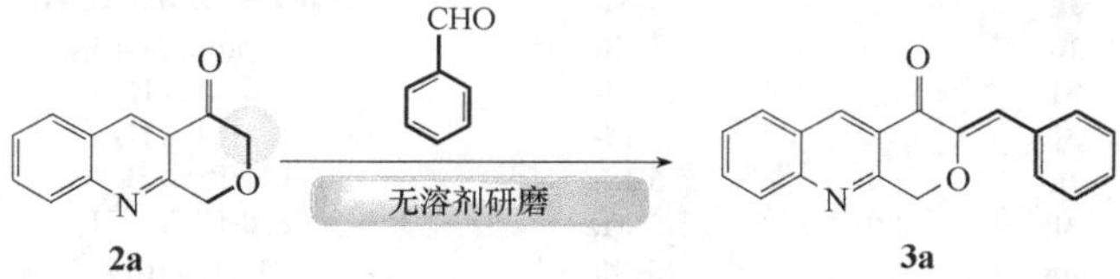

Entry	催化剂	温度/℃	时间/h	收率/%[a]
1	p-TSA	80	1.0	11
2	$KHSO_4$	90	5.0	痕量

续表

Entry	催化剂	温度/℃	时间/h	收率/%[a]
3	$Mg(HSO_4)_2$	60	2.0	痕量
4	$Yb(OTf)_3$	90	2.0	0
5	$Ba(OH)_2$	室温	1.0	24
6	NaOH	室温	1.0	61
7	K_2CO_3	室温	1.5	13[b]
8	Cs_2CO_3	室温	1.5	18[b]
9	EtONa	室温	1.5	24[b]
10	**KOH**	室温	**1.0**	**89**[b]
11	KOH	室温	1.0	88[c]
12	KOH	室温	3.0	83[d]
13	KOH	室温	1.0	77[e]
14	KOH	回流	5.0	61[f]

[a] 分离收率；
[b] 考察的催化剂的用量为 1.5 倍量；
[c] KOH 的用量为 1.0 倍量；
[d] KOH 的用量为 0.8 倍量；
[e] KOH 的用量为 2.0 倍量；
[f] 该反应在乙醇溶液中进行。

通过这一简单的优化，我们很高兴地发现，使用 1.0 倍量 KOH 作为碱催化剂可以有效地促进该反应的进行。研磨反应 1.0 h 后，TLC 板上只观察到一个新的产品点。最后，经简单后处理，以 89%的较高收率得到了目标产物（Entry 10，表 5-1）。为了扩大产品结构的多样性，为今后此类化合物生物活性研究提供更加丰富的可选底物，我们进一步进行了扩展性研究，考察了化合物 **2a-2c** 与各种不同取代的芳醛或杂芳醛在该反应条件下的无溶剂羟醛缩合反应，其反应结果列于表 5-2。从表 5-2 中可以看出，芳香醛中存在的取代基的电子效应和空间位阻效应对产物收率并没有明显影响。而且，各种杂芳醛和二茂铁醛也同时适合于该反应条件，均以较好收率获得了目标化合物。

表 5-2 合成(*Z*)-芳甲叉基-1*H*-吡喃并[3,4-*b*]喹啉-4(3*H*)-酮的收率 (3a-3k')

Table 5-2 The yields of (*Z*)-3-arylidene-1*H*-pyrano[3,4-*b*]quinolin-4(3*H*)-ones (**3a-3k'**)

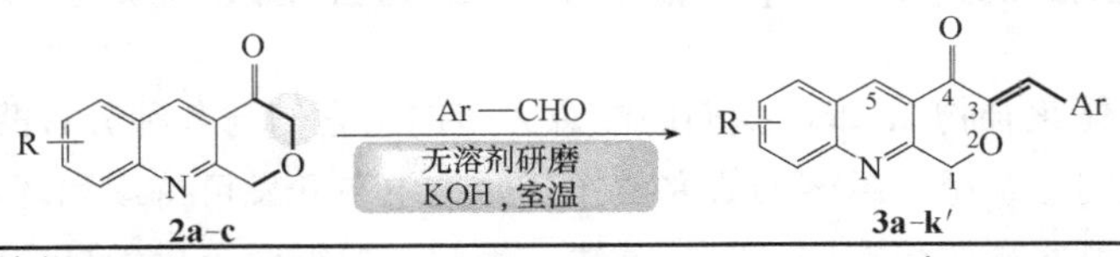

Entry	化合物 3a-3k'	R	Ar	收率/%[a]
1	**3a**	5-Me	Ph	88
2	**3b**	5-Me	$2\text{-}MeC_6H_4$	84
3	**3c**	5-Me	$4\text{-}MeC_6H_4$	87
4	**3d**	5-Me	$4\text{-}MeOC_6H_4$	88
5	**3e**	5-Me	$3,4\text{-}DiMeOC_6H_3$	85
6	**3f**	5-Me	$2,4,5\text{-}TriMeOC_6H_2$	81
7	**3g**	5-Me	$3,4,5\text{-}TriMeOC_6H_2$	82
8	**3h**	5-Me	piperonyl	85
9	**3i**	5-Me	$2\text{-}ClC_6H_4$	84
10	**3j**	5-Me	$4\text{-}ClC_6H_4$	91
11	**3k**	5-Me	$4\text{-}BrC_6H_4$	87
12	**3l**	5-Me	$2,6\text{-}DiClC_6H_3$	82
13	**3m**	5-Me	1-Naphthyl	83
14	**3n**	5-Me	2-Naphthyl	85
15	**3o**	5-Ph	Ph	86
16	**3p**	5-Ph	$2\text{-}MeC_6H_4$	81
17	**3q**	5-Ph	$4\text{-}MeC_6H_4$	87

续表

Entry	化合物 3a-3k'	R	Ar	收率/%[a]
18	**3r**	5-Ph	2-MeOC_6H_4	84
19	**3s**	5-Ph	3-MeOC_6H_4	88
20	**3t**	5-Ph	3,4,5-TriMeOC_6H_2	82
21	**3u**	5-Ph	2-ClC_6H_4	85
22	**3v**	5-Ph	4-BrC_6H_4	88
23	**3w**	5-Ph	1-Naphthyl	79
24	**3x**	5-Ph	2-Furyl	81
25	**3y**	5-Ph	2-Thienyl	75
26	**3z**	5-Ph	2-Pyridyl	77
27	**3a'**	5-Me	ferrocenyl	76
28	**3b'**	5-Ph	ferrocenyl	73
29	**3c'**	8,9-benzo[*h*]	Ph	83
30	**3d'**	8,9-benzo[*h*]	2-MeOC_6H_4	75
31	**3e'**	8,9-benzo[*h*]	3-MeOC_6H_4	78
32	**3f'**	8,9-benzo[*h*]	4-EtOC_6H_4	84
33	**3g'**	8,9-benzo[*h*]	2,4-DiMeC_6H_3	72
34	**3h'**	8,9-benzo[*h*]	3-BrC_6H_4	79
35	**3i'**	8,9-benzo[*h*]	4-FC_6H_4	80
36	**3j'**	8,9-benzo[*h*]	4-Pyridyl	74
37	**3k'**	8,9-benzo[*h*]	2-Furyl	71

[a] Isolated yields。

5.3.3 目标化合物的结构表征

所有新合成的化合物 **3a-3k'** 的结构均已通过核磁共振氢谱（^{1}H NMR）和核磁共振碳谱（^{13}C NMR）进行结构表征得以确认。下面我们以化合物 **3c'** 为例加以说明。图 5-5 为

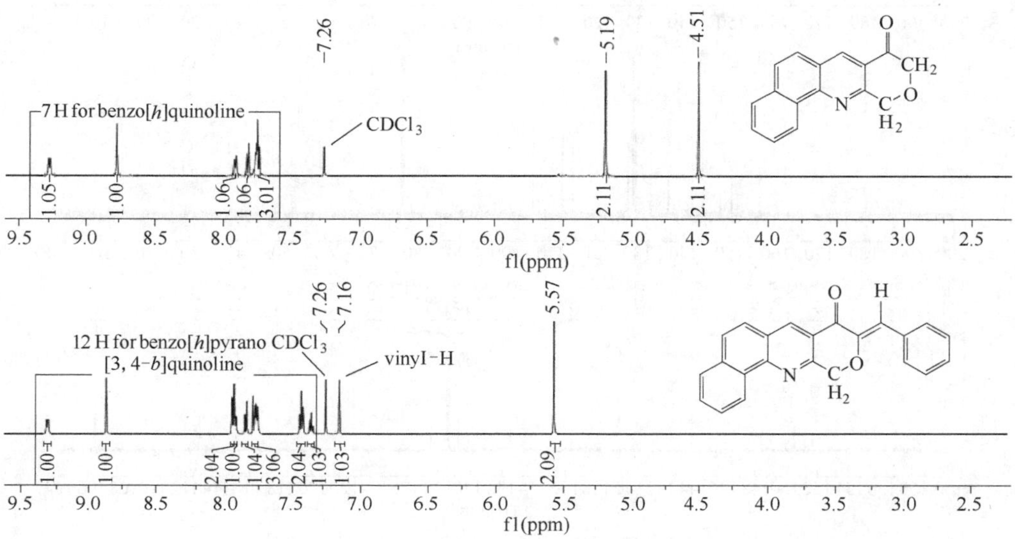

图 5-5 化合物 **2c** 和 **3c'** 的 ^{1}H NMR

Figure 5-5 The ^{1}H NMR spectra of compounds **2c** and **3c'**

化合物 **3c'**反应前后的核磁共振氢谱的对比图。从中我们能够清晰地观察到在前体化合物 2c 的氢谱图在 δ=4.51 ppm 和 5.19 ppm 处分别出现两个两质子的单峰信号，很容易归属为羰基 α-位的亚甲基氢和与喹啉环相连的亚甲基氢的吸收峰；而在产品 3c'的氢核磁谱图中，仅在 δ=5.58 ppm 处出现一个较为尖锐的两质子单峰，无疑为与喹啉环相连的亚甲基氢的吸收峰，而羰基 α-位的亚甲基氢的吸收峰消失，说明已进行了反应；产品谱图中最明显的一个特点是在 δ=7.16 ppm 新出现一个氢质子的单峰，无疑是新生的乙烯基上氢的吸收峰；同时在芳环区域出现 12 个氢吸收峰，比前体化合物在该区域多出 5 个氢，这与其结构完全匹配。这样，通过该化合物的核磁共振氢谱分析，证明所得化合物结构与我们预想的分子相一致。

图 5-6 为化合物 **3c'**反应前后的核磁共振碳谱的对比图。从中我们能够清晰地观察到前体化合物的碳谱图在脂肪区域 δ=70.43 ppm 和 73.46 ppm 处分别出现两个碳的信号峰，很容易归属为羰基 α-位的亚甲基碳和与喹啉环相连的亚甲基碳的吸收峰；而在产品的碳核磁谱图中，仅在 δ=70.49 ppm 处出现一个碳信号峰，同时在芳环区域 δ 106.2～156.9 ppm 出现 19 个碳信号峰，这与芳甲叉基加苯并喹啉环碳的个数完全一致，这些可充分说明羰基 α-位的亚甲基发生了反应，将引入了芳甲叉基；另外，原来反应物中羰基碳在 δ=193.94 ppm 处出现信号峰，而在产品的碳谱中，羰基碳的化学位移移动到 δ=180.33 ppm，这说明该羰基碳发生了共轭，从而引起了位移的变化，进一步验证了结构的正确性。

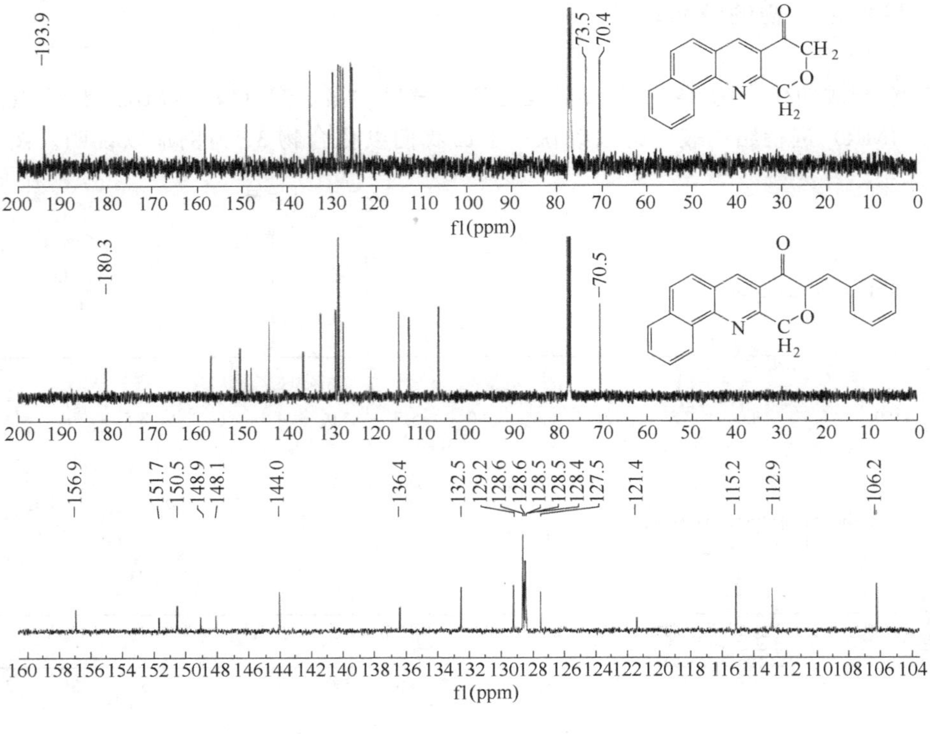

图 5-6 化合物 **2c** 和 **3c'**的 ^{13}C NMR

Figure 5-6 The ^{13}C NMR spectra of compounds **2c** and **3c'**

理论上，由于外环双键的存在，这些新合成的 α-芳甲叉基环酮类化合物可以由 E-式和/或 Z-式构型存在。虽然核磁共振氢谱和碳谱能确认其结构，但不能完全确定其具体的构型。为此，我们对所合成的化合物进行了单晶培养，从中测定了化合物（**3r**）的晶体与结构数据，从而得到其单晶衍生图（如图 5-7 所示）。从而，确定此类化合物环外的 C═C 双键的空间构型是以 *Z*-式存在。其可能的原因是，在这种类型的羟醛缩合反应中形成的(*Z*)-异构体可能比(*E*)-异构体在热力学上更稳定。

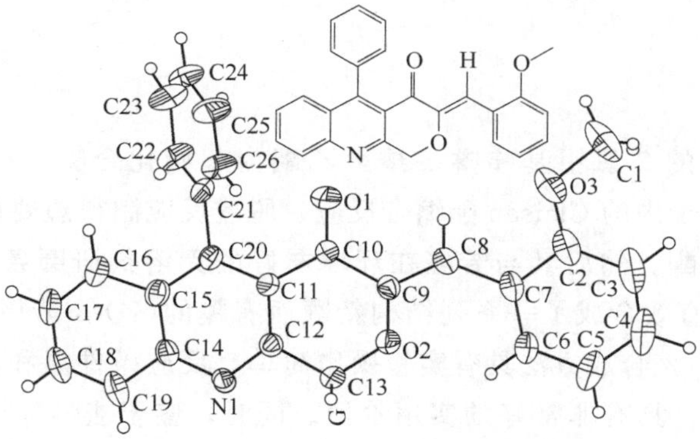

图 5-7　化合物 **3r** 的单晶衍射图

Figure 5-7　The ORTEP diagram for compound **3r**

表 5-3　化合物 3r 的晶体与结构数据

Table 5-3　Crystal data and structure refinement for **3r**

化合物	**3r**
化学式	$C_{26}H_{19}NO_3$
分子量	393.42
温度/K	273.15
晶系	斜方晶系
空间群	Iba2
a/Å	17.6515(4)
b/Å	33.6121(5)
c/Å	6.67960(10)
α/(°)	90
β/(°)	90
γ/(°)	90
体积/Å^3	3963.03(12)
单位晶胞中所含分子个数 Z	8
单胞密度 ρ_{calc}/g·cm^{-3}	1.319
衍射线波长 μ/mm^{-1}	0.693
单胞中电子的数目 F(000)	1648.0
晶体尺寸/mm^3	0.4 × 0.12 × 0.08
铜激发 α 射线波长	CuKα (λ=1.54178)
数据收集的 2θ 角度范围/(°)	9.348 to 153.75
衍射指标(h,k,l)范围	$-20\leqslant h\leqslant 22, -42\leqslant k\leqslant 39, -8\leqslant l\leqslant 6$
收集衍射数据	10436
独立衍射数据	3198[R_{int}=0.0435, R_{sigma}=0.0418]
数据数目/使用限制数目/参数数目	3198/1/272

续表

化合物	3r
基于 F^2 精修的吻合程度	1.045
可观察衍射的吻合因子[$I>=2\sigma(I)$]	$R_1=0.0628$，$wR_2=0.1769$
所有数据的吻合因子[all data]	$R_1=0.0675$，$wR_2=0.1864$
精修后残余电子密度的峰/谷值/e Å^{-3}	0.64/−0.44
绝对构型因子	0.0(2)

5.4 本章小结

本章以各种取代的 2-氯甲基喹啉-3-羧酸乙酯为起始化合物，经与羟基乙酸乙酯的 Williamson 反应、分子内的 Claisen 酯缩合反应、脱羧反应制得想要的前体化合物吡喃并[3,4-*b*]喹啉-4(3*H*)-酮。然后其与芳醛在环境友好的无溶剂研磨条件下进行的 Claisen-Schmidt 缩合反应，有效合成了一系列结构新颖而有趣的(*Z*)-3-芳甲叉基-1*H*-吡喃并[3,4-*b*]喹啉-4(3*H*)-酮。该合成方法具有实验操作简单、反应条件温和、环境友好、产率高和产物纯度好等优点，具有非常好的实用价值。同时，鉴于喹啉环体系和 α-芳甲叉基环酮结构在同一分子框架中的协同作用，这些新合成的化合物可能具有潜在的生物活性。我们目前正在进一步研究其生物活性及其在构建更为复杂的喹啉类衍生物中的应用。

5.5 参考文献

[1] (a) Huang L, Wall M E, Wani M C, et al. New compounds with DNA strand-scission activity from the combined leaf and stem of Uvaria hamiltonii [J]. *Journal of Natural Products*, **1998**, 61 (4): 446-450; (b) Haudecoeur R, Boumendjel A. Recent advances in the medicinal chemistry of aurones [J]. *Current Medicinal Chemistry*, **2012**, 19 (18): 2861-2875.

[2] (a) Wall M E, Wani M C, Manikumar G, et al. Plant antimutagens, 6. Intricatin and intricatinol, new antimutagenic homoisoflavonoids from Hoffmanosseggia intricata [J]. *Journal of Natural Products*, **1989**, 52 (4): 774-778; (b) Desideri N, Bolasco A, Fioravanti R, et al. Homoisoflavonoids: natural scaffolds with potent and selective monoamine oxidase-B inhibition properties [J]. *Journal of Medicinal Chemistry*, **2011**, 54 (7): 2155-2164.

[3] Zheng G, Shen J, Zhan Y, et al. Design, synthesis and in vitro and in vivo antitumour activity of 3-benzylideneindolin-2-one derivatives, a novel class of small-molecule inhibitors of the MDM2-p53 interaction [J]. *European Journal of Medicinal Chemistry*, **2014**, 81: 277-288.

[4] Lawrence N J, Rennison D, McGown A T, et al. The total synthesis of an aurone isolated from *Uvaria hamiltonii*: aurones and flavones as anticancer agents [J]. *Bioorganic & Medicinal Chemistry Letters*, **2003**, 13 (21): 3759-3763.

[5] Thomas M G, Lawson C, Allanson N M, et al. A series of 2 (*Z*)-2-benzylidene-6,7-dihydroxybenzofuran-3[2*H*]-ones as inhibitors of chorismate synthase [J]. *Bioorganic & Medicinal Chemistry Letters*, **2003**, 13 (3): 423-426.

[6] Foroumadi A, Samzadeh-Kermani A, Emami S, et al. Synthesis and antioxidant properties of substitu-

ted 3-benzylidene-7-alkoxychroman-4-ones [J]. *Bioorganic & Medicinal Chemistry Letters*, **2007**, 17 (24): 6764-6769.

[7] (a) Millemaggi A, Taylor R J K. 3-Alkenyl-oxindoles: Natural products, pharmaceuticals, and recent synthetic advances in tandem/telescoped approaches [J]. *European Journal of Organic Chemistry*, **2010**, 2010 (24): 4527-4547; (b) Vicini P, Geronikaki A, Incerti M, et al. 2-Heteroarylimino-5-benzylidene-4-thiazolidinones analogues of 2-thiazolylimino-5-benzylidene-4-thiazolidinones with antimicrobial activity: synthesis and structure-activity relationship [J]. *Bioorganic & Medicinal Chemistry*, **2008**, 16 (7): 3714-3724; (c) Prakasham A P, Saxena A K, Luqman S, et al. Synthesis and anticancer activity of 2-benzylidene indanones through inhibiting tubulin polymerization [J]. *Bioorganic & Medicinal Chemistry*, **2012**, 20 (9): 3049-3057; (d) Grover J, Raghu M, Hazra R, et al. Organocatalytic γ'[C(sp^3)-H] Functionalization of Ynones: An Unusual Approach for the Cyclopentannulation of Benzothiophenes [J]. *Synthesis*, **2018**, 50 (07): 1462-1470; (e) Yempala T, Sriram D, Yogeeswari P, et al. Molecular hybridization of bioactives: synthesis and antitubercular evaluation of novel dibenzofuran embodied homoisoflavonoids via Baylis-Hillman reaction [J]. *Bioorganic & Medicinal Chemistry Letters*, **2012**, 22 (24): 7426-7430; (f) Tang L, Xu D, Tian M, et al. A mitochondria-targetable far-red emissive fluorescence probe for highly selective detection of cysteine with a large Stokes shift [J]. *Journal of Luminescence*, **2019**, 208: 502-508.

[8] Hofmann B, Barzen S, Rödl C B, et al. A class of 5-benzylidene-2-phenylthiazolinones with high potency as direct 5-lipoxygenase inhibitors [J]. *Journal of Medicinal Chemistry*, **2011**, 54 (6): 1943-1947.

[9] Priyadarshani G, Nayak A, Amrutkar S M, et al. Scaffold-Hopping of aurones: 2-arylideneimidazo [1, 2-*a*] pyridinones as topoisomerase IIα-inhibiting anticancer agents [J]. *ACS Medicinal Chemistry Letters*, **2016**, 7 (12): 1056-1061.

[10] Arasakumar T, Mathusalini S, Gopalan S, et al. Biologically active perspective synthesis of heteroannulated 8-nitroquinolines with green chemistry approach [J]. *Bioorganic & Medicinal Chemistry Letters*, **2017**, 27 (7): 1538-1546.

[11] (a) R Solomon V, Lee H. Quinoline as a privileged scaffold in cancer drug discovery [J]. *Current Medicinal Chemistry*, **2011**, 18 (10): 1488-1508; (b) Hoekstra W J, Patel H S, Liang X, et al. Discovery of novel quinoline-based estrogen receptor ligands using peptide interaction profiling [J]. *Journal of Medicinal Chemistry*, **2005**, 48 (6): 2243-2247.

[12] (a) Abdullah M I, Mahmood A, Madni M, et al. Synthesis, characterization, theoretical, anti-bacterial and molecular docking studies of quinoline based chalcones as a DNA gyrase inhibitor [J]. *Bioorganic Chemistry*, **2014**, 54: 31-37; (b) Hayat F, Moseley E, Salahuddin A, et al. Antiprotozoal activity of chloroquinoline based chalcones [J]. *European Journal of Medicinal Chemistry*, **2011**, 46 (5): 1897-1905.

[13] (a) Gao W, Xing X, Li Y, et al. A novel construction of quino-fused tropone skeleton: first synthesis of 12*H*-benzo[4,5]cyclohepta[1,2-*b*]quinolin-12-one derivatives [J]. *Tetrahedron* **2014**, 70 (12): 2180-2189; (b) Gao W, Fu X, Zhang X, et al. A new entry to synthesis of neocryptolepine related skeletons. An unexpected behavior of 3-acety-2-ethoxyindole and isatins [J]. *Tetrahedron Letters*, **2016**, 57 (37): 4145-4148; (c) Li Y, Wang Y, Zou H. A general three-step one-pot synthesis of novel (E)-6-chloro-2-(aryl/hetarylvinyl) quinoline-3-carboxylic acids [J]. *Molecular Diversity*, **2017**, 21 (2): 463-473; (d) Gao W, Li Z, Xu Q, et al. First synthesis of novel 2, 4-bis ((*E*)-styryl) quin-

oline-3-carboxylate derivatives and their antitumor activity [J]. *RSC Advances*, **2018**, 8 (68): 38844-38849.

[14] (a) Chen J R, Li X Y, Xing X N, et al. Sterically and electronically tunable and bifunctional organocatalysts: Design and application in asymmetric aldol reaction of cyclic ketones with aldehydes [J]. *Journal of Organic Chemistry*, **2006**, 71 (21): 8198-8202; (b) Lian J J, Lin C C, Chang H K, et al. Thermal and metal-catalyzed cyclization of 1-substituted 3, 5-dien-1-ynes via a [1, 7]-hydrogen shift: Development of a tandem aldol condensation-dehydration and aromatization catalysis between 3-en-1-yn-5-al units and cyclic ketones [J]. *Journal of the American Chemical Society*, **2006**, 128 (30): 9661-9667; (c) Sabitha G, Reddy G S K K, Reddy K B, et al. Iodotrimethylsilane-mediated cross-Aldol condensation: A facile synthesis of α,α'-bis(substituted benzylidene) cycloalkanones [J]. *Synthesis*, **2004**, 2004 (2): 263-266; (d) Vashchenko V, Kutulya L, Krivoshey A. Simple and effective protocol for Claisen-Schmidt condensation of hindered cyclic ketones with aromatic aldehydes [J]. *Synthesis*, **2007**, 2007 (14): 2125-2134.

[15] (a) Hamaguchi W, Masuda N, Isomura M, et al. Design and synthesis of novel benzimidazole derivatives as phosphodiesterase 10A inhibitors with reduced CYP1A2 inhibition [J]. *Bioorganic & Medicinal Chemistry*, **2013**, 21 (24): 7612-7623; (b) Li J, Jin H, Zhou H, et al. Synthesis and in vitro biological evaluation of pyrazole group-containing analogues for PDE10A [J]. *MedChemComm*, **2013**, 4 (2): 443-449.

[16] (a) Wang Y, Chang M, Zhang H, et al. Convenient synthesis of 12-methyl [1] benzoxepino[3,4-*b*] quinolin-13 (6*H*)-ones [J]. *Chemistry of Heterocyclic Compounds*, **2018**, 54 (6): 650-657; (b) Li Y, Zou H. A Simple and Facile Synthesis of 4-Phenylquinoline-fused Pyrrolidin-2-ones [J]. *Journal of Heterocyclic Chemistry*, **2018**, 55 (1): 346-350.

[17] Chang M Q, Gao F, Li Y, et al. Synthesis and keto-enol tautomerism of ethyl 4-oxo-3,4-dihydro-1*H*-pyrano[3,4-b]quinoline-3-carboxylate [J]. *Chemical Papers*, **2013**, 67 (4): 437-443.

[18] Mestres R. A green look at the aldol reaction [J]. *Green Chemistry*, **2004**, 6 (12): 583-603.

[19] Karimi-Jaberi Z, Pooladian B. A facile synthesis of α,α'-bis(substituted benzylidene) cycloalkanones catalyzed by *p*-TSA under solvent-free conditions [J]. *Green Chemistry Letters and Reviews*, **2012**, 5 (2): 187-193.

[20] Cai X, Xie B, Guo H. Synthesis of α,α'-bis(R-benzylidene) cycloalkanones catalyzed by potassium hydrogen sulfate under solvent-free conditions [J]. *Chemical Papers*, **2006**, 60 (4): 318-320.

[21] Salehi P, Khodaei M M, Zolfigol M A, et al. Solvent-free crossed aldol condensation of ketones with aromatic aldehydes mediated by magnesium hydrogensulfate [J]. *Monatshefte für Chemie/Chemical Monthly*, **2002**, 133 (10): 1291-1295.

[22] Wang L, Sheng J, Tian H, et al. A convenient synthesis of α,α'-bis(substituted benzylidene) cycloalkanones catalyzed by Yb ($OTf)_3$ under solvent-free conditions [J]. *Synthesis*, **2004**, 2004 (18): 3060-3064.

[23] Kumar S. An improved one-pot and eco-friendly synthesis of aurones under solvent-free conditions [J]. *Green Chemistry Letters and Reviews*, **2014**, 7 (1): 95-99.

[24] (a) Raston C L, Scott J L. Chemoselective, solvent-free aldol condensation reaction [J]. *Green Chemistry*, 2000, 2 (2): 49-52; (b) Rahman A F M, Ali R, Jahng Y, et al. A facile solvent free Claisen-Schmidt reaction: Synthesis of α,α'-bis-(substituted-benzylidene) cycloalkanones and α,α'-bis-(substituted-alkylidene) cycloalkanones [J]. *Molecules*, **2012**, 17 (1): 571-583.

[25] Martins M A P, Frizzo C P, Moreira D N, et al. Solvent-free heterocyclic synthesis [J]. *Chemical Reviews*, **2009**, 109 (9): 4140-4182.

[26] (a) Hawkins I, Handy S T. Synthesis of aurones under neutral conditions using a deep eutectic solvent [J]. *Tetrahedron*, **2013**, 69 (44): 9200-9204; (b) Zhao X, Liu J, Xie Z, et al. A one-pot synthesis of aurones from substituted acetophenones and benzaldehydes: A concise synthesis of aureusidin [J]. *Synthesis* **2012**, 44 (14): 2217-2224; (c) Tiwari K N, Monserrat J P, Hequet A, et al. In vitro inhibitory properties of ferrocene-substituted chalcones and aurones on bacterial and human cell cultures [J]. *Dalton Transactions*, **2012**, 41 (21): 6451-6457.

[27] Gabillet S, Lecercle D, Loreau O, et al. Phosphine-catalyzed tandem α-O-addition and transesterification of oxgen pronucleophiles on arylpropiolates: A new route to dioxygenated heterocyles [J]. *Synthesis*, **2007**, 2007 (04): 515-522.

[28] Afzal O, Kumar S, Haider M R, et al. A review on anticancer potential of bioactive heterocycle quinoline [J]. *European Journal of Medicinal Chemistry*, **2015**, 97: 871-910.

[29] Alsayari A, Muhsinah A B, Hassan M Z, et al. Aurone: A biologically attractive scaffold as anticancer agent [J]. *European Journal of Medicinal Chemistry*, **2019**, 166: 417-431.

[30] Kumar D, Kumar N M, Akamatsu K, et al. Synthesis and biological evaluation of indolyl chalcones as antitumor agents [J]. *Bioorganic & Medicinal Chemistry Letters*, **2010**, 20 (13): 3916-3919.

[31] Andreani A, Burnelli S, Granaiola M, et al. Antitumor activity of substituted *E*-3-(3,4,5-trimethoxybenzylidene)-1,3-dihydroindol-2-ones [J]. *Journal of Medicinal Chemistry*, **2006**, 49 (23): 6922-6924.

[32] Tron G C, Pirali T, Sorba G, et al. Medicinal chemistry of combretastatin A4: present and future directions [J]. *Journal of Medicinal Chemistry*, **2006**, 49 (11): 3033-3044.

[33] Eyberger A L, Dondapati R, Porter J R. Endophyte fungal isolates from Podophyllum peltatum produce podophyllotoxin [J]. *Journal of Natural Products*, **2006**, 69 (8): 1121-1124.

[34] Hillard E, Vessières A, Thouin L, et al. Ferrocene-mediated proton-coupled electron transfer in a series of ferrocifen-type breast-cancer drug candidates [J]. *Angewandte Chemie*, **2006**, 118 (2): 291-296.

[35] Tiwari K N, Monserrat J P, de Montigny F, et al. Synthesis and structural characterization of ferrocenyl-substituted aurones, flavones, and flavonols [J]. *Organometallics*, **2011**, 30 (20): 5424-5432.

[36] Chen J F, Liu Z Q. Ferrocenyl-appended aurone and flavone: which possesses higher inhibitory effects on DNA oxidation and radicals? [J]. *Chemical Research in Toxicology*, **2015**, 28 (3): 451-459.

第6章

2,4-二芳氧甲基喹啉-3-羧酸的合成

6.1 引言

许多天然产物的基本组成单位是喹啉环，并且它们具有非常重要的药理活性。很多具有特效功能的喹啉类化合物被广泛地用于抗疟疾、抗高血压和作为血小板源生长因子受体酪氨酸激酶（PDGF-RTK）的抑制剂。因此，喹啉类衍生物的研究、合成与药理性质的探索越来越受到化学工作者的重视。

本章在前章的研究基础上，通过一定的创新和改进设计了一种有效而又简便地合成一系列 2,4-二芳氧甲基喹啉-3-羧酸类化合物的方法。以邻氨基苯乙酮（**1**）为起始化合物，首先与氯乙酰乙酸乙酯在三甲基氯硅烷（TMSCl）催化下进行 Freidlander 缩合反应，得到相应的 2-氯甲基-4-甲基喹啉-3-甲酸乙酯（**2**）；然后将 2-氯甲基-4-甲基喹啉-3-甲酸乙酯的 4-甲基进行自由基溴化反应，得到结构有趣的双卤甲基取代的喹啉衍生物（**3**）；最后将中间体（**3**）与苯酚及取代苯酚通过“一锅法”反应，合成得到一系列结构新颖的 2,4-二芳氧甲基喹啉-3-羧酸类化合物（**4a-4k**），如图 6-1 所示。

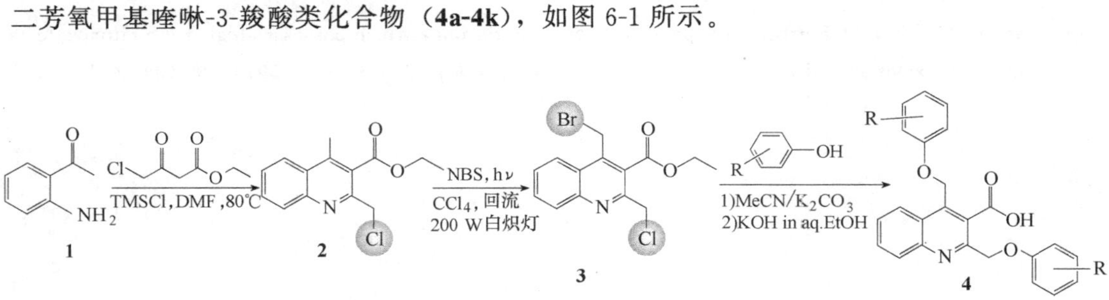

图 6-1　2,4-二芳氧甲基喹啉-3-羧酸类化合物（**4**）的合成路线

Figure 6-1　The synthetic route for 2,4-bis (aroxymethyl) quinoline-3-carboxylic acids (**4**)

6.2 实验部分

6.2.1 试剂与仪器

2-氯甲基-4 甲基-3-喹啉甲酸乙酯（**1**）	自制
乙醇	分析纯，天津市大茂化学试剂厂
碳酸钾	分析纯，沈阳试剂一厂
乙腈	分析纯，天津市大茂化学试剂一厂
乙酸乙酯	分析纯，天津市大茂化学试剂厂
石油醚	分析纯，天津市大茂化学试剂厂
四氯化碳	分析纯，天津市大茂化学试剂厂
氢氧化钾	分析纯，天津市大茂化学试剂厂
过氧化苯甲酰	山东邹平恒泰化工有限公司
无水硫酸钠	分析纯，天津市标准科技有限公司
无水氯化铝	分析纯，天津市光复科技发展有限公司
无水氯化钠	分析纯，天津市光复科技发展有限公司
DF-101S 集热式恒温加热磁力搅拌器	郑州长城科工贸有限公司
旋转蒸发仪 RE-52AA	上海亚荣生化仪器厂
WRS-1B 数字熔点仪	上海精密科学仪器有限公司
液相色谱/质谱联用仪	美国 Agilent 公司，1100 Series LC/MSD
核磁共振仪	瑞士 Bruker 公司 ARX-500

6.2.2 2-氯甲基-4-甲基喹啉-3-甲酸乙酯（2）的制备

将邻氨基苯乙酮（**1**）（68.0 g，500 mmol）和 4-氯乙酰乙酸乙酯（99.0 g，600 mmol）溶解在 750 mL 干燥的 DMF 中，滴加 TMSCl（217.0 g，2000 mmol）于混合溶液中，90 ℃条件下反应 5 h，冷却至室温，旋蒸出三甲基氯硅烷，倒入冰水中搅拌，抽滤固体，柱色谱（石油醚与乙酸乙酯的体积比为 10：1）提纯，得黄色晶体，收率：91%，m. p：49.9～50.8 ℃。

6.2.3 4-溴甲基-2-氯甲基喹啉-3-甲酸乙酯（3）的合成

取 2-氯甲基-4-甲基喹啉-3-甲酸乙酯（**2**）（5.0 mmol，1.315 g）溶解在 40 mL 四氯化碳中，200 W 钨丝灯光照下分批加入 NBS（6.0 mmol）于混合液中，最后加入 5～6 粒 BPO 作为引发剂，加热回流，TLC 检测反应，结束后旋蒸出四氯化碳，在柱色谱中以石油醚与乙酸乙酯的体积比为 30：1 作为淋洗剂分离出化合物 4-溴甲基-2-氯甲基喹啉-3-甲酸乙酯（**3**），白色絮状固体，收率：50.6%，m.p：89.9～90.7 ℃。^{1}H NMR（400 MHz，$CDCl_3$）δ8.06（d，J=8.0 Hz，1H，ArH），8.01（d，J=8.0 Hz，1H，ArH），7.73（t，J=8.4 Hz，1H，ArH），7.56（t，J=8.0 Hz，1H，ArH），5.00（s，2H，$ArCH_2$），4.93（s，2H，$ArCH_2$），4.50（q，J=7.2 Hz，2H，$\underline{CH_2}CH_3$），1.44（t，J=7.2 Hz，3H，$CH_2\underline{CH_3}$）；^{13}C NMR（101 MHz，$CDCl_3$）δ 166.84，153.52，147.43，142.10，131.25，130.31，130.27，128.58，128.42，123.87，62.70，46.23，32.66，14.10。

6.2.4 2,4-二芳氧甲基喹啉-3-甲酸（4）的合成

将4-溴甲基-2-氯甲基喹啉-3-甲酸乙酯（**3**）（0.5 mmol，0.171 g），各种苯酚及取代苯酚（1.1 mmol）和无水碳酸钾（5 mmol，0.414 g）溶入15 mL乙腈中，加热回流通过TLC监测反应，待原料完全反应完后把乙腈旋蒸出，然后再直接加入溶有2.0 g KOH的70%的乙醇溶液15 mL，继续加热回流，通过TLC监控，冷却至室温，用1 mol/L的稀HCl酸化，析出的固体经抽滤得固体粗产品，粗产品经乙醇重结晶得产物**4a-4k**。

2,4-二-苯氧甲基喹啉-3-甲酸(**4a**)：米白色粉末固体，^{1}H NMR（400 MHz，DMSO-d_6）δ 13.77（s，1H），8.26（d，J=8.4 Hz，1H），8.14（d，J=8.4 Hz，1H），7.89（t，J=7.6 Hz，1H），7.74（t，J=7.6 Hz，1H），7.40～7.22（m，4H），7.09（d，J=8.2 Hz，2H），7.04（d，J=8.4 Hz，2H），7.01（s，1H），6.96（t，J=8.3 Hz，1H），5.62（s，2H），5.45（s，2H）；^{13}C NMR（101 MHz，DMSO-d_6）δ 168.72，158.55，153.80，146.75，140.00，131.23，129.92，128.56，125.79，125.38，121.65，115.13，71.16，63.70，31.13，19.01，13.91。

2,4-二((2-甲氧基苯氧基)甲基)喹啉-3-甲酸(**4b**)：白色粉末固体，IR（KBr，cm^{-1}）ν：3446，3070，2954，2503，1923，1706，1591，1502，1249，1031，748，576；^{1}H NMR（400 MHz，DMSO-d_6）δ 13.78（s，1H），8.25（d，J=8.4 Hz，1H），8.10（d，J=8.3 Hz，1H），7.87（t，J=7.5 Hz，1H），7.73（t，J=7.5 Hz，1H），7.16（d，J=7.7 Hz，1H），7.07（d，J=7.7 Hz，1H），6.97（d，J=6.9 Hz，3H），6.92（d，J=4.7 Hz，2H），6.83（t，J=7.3 Hz，1H），5.55（s，2H），5.39（s，2H），3.72（s，3H），3.68（s，3H）；^{13}C NMR（101 MHz，DMSO-d_6）δ 168.54，153.83，149.95，149.89，148.18，148.00，146.87，140.03，131.24，129.78，128.78，128.53，126.13，125.74，122.56，122.25，121.13，121.04，114.92，114.78，112.93，112.81，72.08，64.81，56.00，55.85。

2,4-二((4-甲氧基苯氧基)甲基)喹啉-3-甲酸(**4c**)：茶黄色粉末固体，^{1}H NMR（400 MHz，DMSO-d_6）δ 13.71（s，1H），8.23（d，J=8.3 Hz，1H），8.09（d，J=8.3 Hz，1H），7.85（t，J=7.4 Hz，1H），7.71（t，J=7.4 Hz，1H），6.97（dd，J=20.7，8.7 Hz，4H），6.90～6.79（m，4H），5.52（s，2H），5.35（s，2H），3.68（s，3H），3.65（s，3H）；^{13}C NMR（101 MHz，DMSO-d_6）δ 168.76，154.42，153.92，152.56，146.71，140.10，131.13，129.79，128.51，125.79，125.42，116.20，114.99，71.81，64.40，55.77，19.00。

2,4-二((2-甲基苯氧基)甲基)喹啉-3-甲酸(**4d**)：茶黄色粉末固体，^{1}H NMR（400

MHz，DMSO-d_6）δ 13.71（s，1H），8.32（d，J=8.3 Hz，1H），8.15（d，J=7.8 Hz，1H），7.90（t，J=8.2 Hz，1H），7.76（t，J=8.2 Hz，1H），7.19（d，J=3.6 Hz，2H），7.14（t，J=5.8 Hz，3H），7.08（d，J=7.9 Hz，1H），6.88（ddd，J=18.2 Hz，9.8 Hz，4.7 Hz，2H），5.64（s，2H），5.46（s，2H），2.16（s，3H），2.05（s，3H）；^{13}C NMR（101 MHz，DMSO-d_6）δ 168.76，156.65，153.99，146.80，140.59，131.29，130.99，129.88，128.45，127.37，126.55，125.89，125.40，121.36，121.01，111.98，111.46，71.16，63.62，16.40。

2,4-二((2-氟苯氧基)甲基)喹啉-3-甲酸(**4e**)：米白色粉末固体，^{1}H NMR（400 MHz，DMSO-d_6）δ 13.85（s，1H），8.27（d，J=8.3 Hz，1H），8.12（d，J=8.3 Hz，1H），7.89（t，J=7.4 Hz，1H），7.75（t，J=7.4 Hz，1H），7.38（t，J=8.2 Hz，1H），7.29～7.13（m，4H），7.09（t，J=7.6 Hz，1H），6.96（dd，J=20.5 Hz，4.5 Hz，2H），5.67（s，2H），5.50（s，2H）；^{13}C NMR（101 MHz，DMSO-d_6）δ 168.44，153.56，153.14，151.01，146.85，146.41，139.69，131.42，129.89，128.78，128.58，125.89，125.59，124.98，122.38，122.04，116.59，115.92，115.64，71.94，64.75；MS（ESI，m/z）：422.0 [M+H]$^+$。

2,4-二((4-溴苯氧基)甲基)喹啉-3-甲酸(**4f**)：米白色粉末固体，IR（KBr，cm^{-1}）ν 3448，3068，2895，2544，1967，1706，1577，1487，1286，1045，856，817，763，513；^{1}H NMR（400 MHz，DMSO-d_6）δ 13.75（s，1H），8.24（d，J=7.7 Hz，1H），8.10（d，J=7.7 Hz，1H），7.87（d，J=6.4 Hz，1H），7.73（s，1H），7.46（t，J=9.7 Hz，4H），7.01（dd，J=27.4，7.2 Hz，4H），5.59（s，2H），5.42（s，2H）；^{13}C NMR（101 MHz，DMSO-d_6）δ 168.65，157.82，153.39，146.71，139.76，132.62，131.33，129.84，128.69，128.47，125.68，125.32，117.49，113.17，71.43，64.08。

2,4-二((2-叔丁基苯氧基)甲基)喹啉-3-甲酸(**4g**)：米白色粉末固体，IR（KBr，cm^{-1}）ν 3568，3246，2958，1942，1718，1579，1489，1442，1290，1224，1093，748；^{1}H NMR（400 MHz，DMSO-d_6）δ 13.85（s，1H），8.22（d，J=8.3 Hz，1H），8.15（d，J=7.9 Hz，1H），7.89（t，J=7.6 Hz，1H），7.74（t，J=7.7 Hz，1H），7.29（t，J=8.1 Hz，2H），7.24（d，J=8.2 Hz，2H），7.21～7.11（m，2H），6.99～6.86（m，2H），5.62（s，2H），5.47（s，2H），1.26（s，9H），1.10（s，9H）；^{13}C NMR（101 MHz，DMSO-d_6）δ 168.51，157.71，153.71，147.13，140.11，138.11，137.68，131.32，129.90，128.61，127.65，126.77，126.00，125.65，121.23，113.47，112.77，71.44，63.72，56.46，34.75，30.24，29.95，19.00。MS（ESI，m/z）：498.0 [M+H]$^+$。

2,4-二((4-叔丁基苯氧基)甲基)喹啉-3-甲酸(**4h**)：白色粉末固体，IR（KBr，cm^{-1}）ν 3565，3250，2960，1958，1724，1489，1442，1295，1236，1089，752；^{1}H NMR（400 MHz，DMSO-d_6）δ 13.68（s，1H），8.25（d，J=8.3 Hz，1H），8.13（d，J=8.2 Hz，1H），7.88（t，J=7.9 Hz，1H），7.73（t，J=7.6 Hz，1H），7.31（dd，J=13.2 Hz，8.8 Hz，4H），7.00（d，J=8.8 Hz，2H），6.95（d，J=8.8 Hz，2H），5.57（s，2H），5.42（s，2H），1.25（d，J=9.8 Hz，18H）；^{13}C NMR（101 MHz，DMSO-d_6）δ 168.68，156.32，154.02，146.73，143.79，140.08，131.19，129.81，128.54，126.57，125.81，125.42，114.55，71.17，63.69，34.26，31.76。MS（ESI，m/z）：498.0 [M+H]$^+$。

2,4-二((2,4-二叔丁基苯氧基)甲基)喹啉-3-甲酸(**4i**)：浅黄色粉末固体，^{1}H NMR (400 MHz, DMSO-d_6) δ 13.80 (s, 1H), 8.19 (d, J=8.2 Hz, 1H), 8.11 (d, J=8.2 Hz, 1H), 7.85 (t, J=7.2 Hz, 1H), 7.70 (t, J=7.0 Hz, 1H), 7.37～7.16 (m, 4H), 7.14 (s, 2H), 6.98～6.83 (m, 2H), 5.58 (s, 2H), 5.44 (s, 2H), 1.22 (s, 9H), 1.07 (s, 9H); ^{13}C NMR (101 MHz, DMSO-d_6) δ 168.52, 157.72, 153.71, 147.13, 140.09, 138.11, 137.68, 131.30, 129.91, 128.73, 128.51, 127.65, 126.77, 126.00, 125.64, 121.23, 113.47, 112.77, 71.43, 63.73, 56.46, 34.74, 30.24, 29.95, 19.00。

2,4-二((4-叔丁基-2氟苯氧基)甲基)喹啉-3-甲酸(**4j**)：白色粉末固体，^{1}H NMR (400 MHz, DMSO-d_6) δ 13.88 (s, 1H), 8.28 (d, J=8.4 Hz, 1H), 8.14 (d, J=8.3 Hz, 1H), 7.90 (t, J=7.6 Hz, 1H), 7.76 (t, J=7.6 Hz, 1H), 7.30 (t, J=8.9 Hz, 1H), 7.25 (dd, J=5.3 Hz, 2.2 Hz, 1H), 7.22 (dd, J=5.3 Hz, 2.2 Hz, 1H), 7.17 (dd, J=9.8 Hz, 8.1 Hz, 2H), 7.07 (dd, J=8.6 Hz, 1.4 Hz, 1H), 5.65 (s, 2H), 5.49 (s, 2H), 1.24 (d, J=10.5 Hz, 18H); ^{13}C NMR (101 MHz, DMSO-d_6) δ 168.47, 153.45, 153.03, 150.61, 146.83, 145.55, 145.18, 143.95, 139.69, 131.34, 129.88, 128.68, 125.91, 125.46, 121.36, 115.28, 115.06, 113.84, 71.99, 64.81, 34.60, 34.34, 31.48。

2,4-二((4-叔丁基-2氯苯氧基)甲基)喹啉-3-甲酸(**4k**)：白色颗粒固体，IR (KBr, cm^{-1}) ν 3419, 3072, 2962, 2576, 1718, 1506, 1261, 1062, 881, 763; ^{1}H NMR (400 MHz, DMSO-d_6) δ 13.90 (s, 1H), 8.28 (d, J=8.4 Hz, 1H), 8.12 (d, J=8.3 Hz, 1H), 7.88 (t, J=7.5 Hz, 1H), 7.74 (t, J=7.6 Hz, 1H), 7.39 (d, J=4.8 Hz, 2H), 7.34 (s, 2H), 7.26 (d, J=8.7 Hz, 1H), 7.19 (d, J=8.7 Hz, 1H), 5.67 (s, 2H), 5.50 (s, 2H), 1.24 (d, J=9.5 Hz, 18H); ^{13}C NMR (101 MHz, DMSO-d_6) δ 168.45, 153.33, 151.70, 146.81, 145.42, 145.04, 139.46, 131.24, 129.84, 128.57, 127.39, 126.04, 125.52, 125.22, 121.54, 114.27, 113.98, 71.81, 64.89, 56.45, 34.41, 31.48, 19.00。

6.3 结果与讨论

6.3.1 4-溴甲基-2-氯甲基喹啉-3-甲酸乙酯 (3) 的合成

首先，按照文献的合成方法，邻氨基苯乙酮 (**1**) 与氯乙酰乙酸乙酯在三甲基氯硅烷 (TMSCl) 催化下进行 Freidlander 缩合反应，得到相应的 2-氯甲基-4-甲基喹啉-3-羧酸乙酯 (**2**)。然后，将反应物 **2** 溶解在四氯化碳中，以 200 W 白炽灯光照作为引发条件，与 NBS 进行自由基溴化反应。为了减少二溴代副产物的生成，分五批加入 NBS，使反应液中产生的 Br_2 的浓度保持在较低的浓度。在光诱导作用下慢慢生成的溴自由基导致溶液变为褐色，溴自由基反应完全后，溶液又会变为无色的状态。待溶液变为无色之后开始加入第二份，依此类推，只要溶液由褐色变为无色之后便开始加入 NBS。在分批加入 NBS 的同时，温度也要缓慢升高，直至达到轻微的回流状态。最终以 52%的收率得到了一溴代的产物 4-溴甲基-2-氯甲基喹啉-3-甲酸乙酯 (**3**) (如图 6-2 所示)。另外，我们也尝试改变光照条件或使用其他引发剂，但反应不完全，有 20%左右原料需要回收。

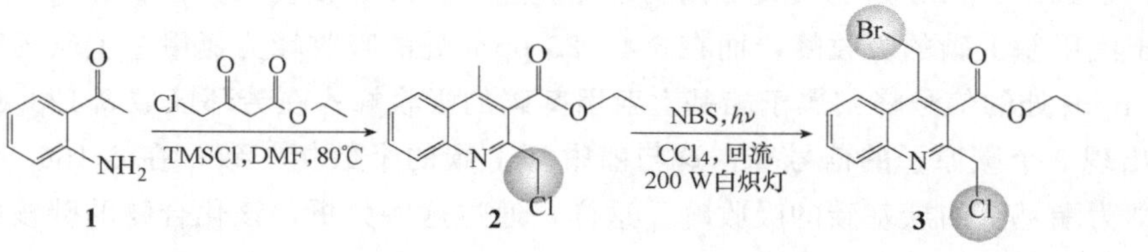

图 6-2　4-溴甲基-2-氯甲基喹啉-3-甲酸乙酯(**3**)的合成路线

Figure 6-2　The synthetic route for ethyl 4-bromomethyl-2-chloromethylquinoline-3-carboxylate (**3**)

6.3.2　4-溴甲基-2-氯甲基喹啉-3-甲酸乙酯（3）的结构表征

合成的双卤甲基喹啉化合物 **3** 的结构很容易通过核磁谱图（^{1}H NMR 和^{13}C NMR）得以证实。如图 6-3 的^{1}H NMR 图所示，在 δ 1.44 ppm 和 4.50 ppm 处分别出现的三个氢质子的三重峰和两个氢质子的四重峰，归属于乙酯基上乙基氢；在 δ 4.93 ppm 和 5.00 ppm 处分别出现两个比较尖锐的两个氢质子的单峰，则应归属于两个卤甲基上的氢；在芳环区域 δ 7.56～8.06 出现四个氢质子，分别为两个三重峰和两个双重峰，无疑为喹啉环上的四个氢。通过这些分析可知，所测化合物的核磁氢谱图与我们所预想的结构完全一致。

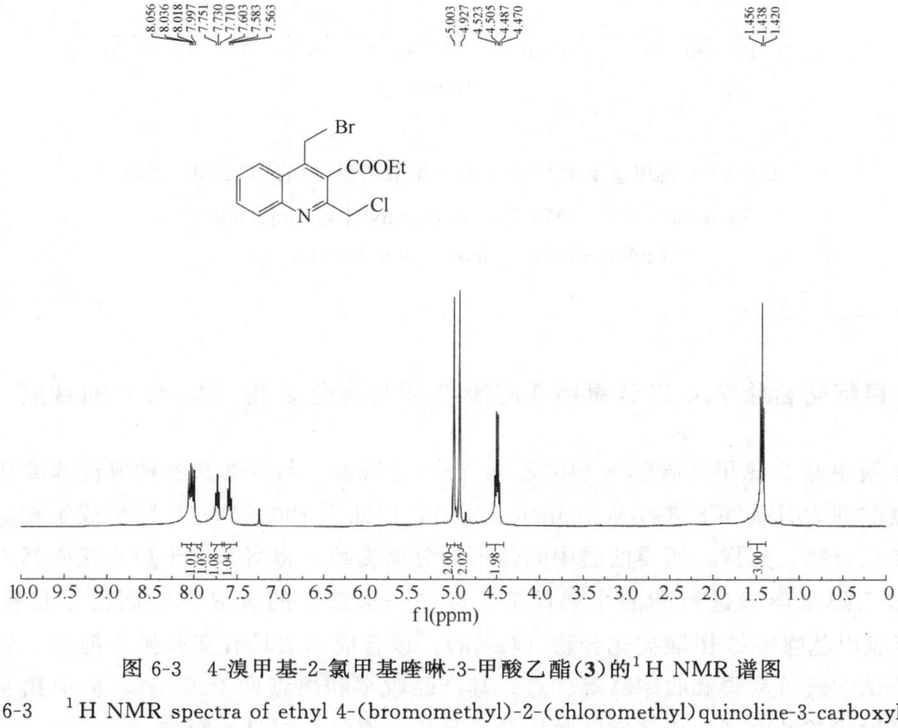

图 6-3　4-溴甲基-2-氯甲基喹啉-3-甲酸乙酯(**3**)的^{1}H NMR 谱图

Figure 6-3　^{1}H NMR spectra of ethyl 4-(bromomethyl)-2-(chloromethyl)quinoline-3-carboxylate (**3**)

为了更进一步证实其结构，我们又对其进行了^{13}C NMR谱图表征，其谱图如图6-4所示，在δ 14.10 ppm处的吸收峰归属于酯基上甲基碳的吸收峰；在δ 32.66 ppm处的信号峰属于溴甲基上碳的吸收峰，而在δ 46.23 ppm处的吸收峰为氯甲基上碳的吸收峰；在δ 62.69 ppm处的信号峰归属于酯基上亚甲基碳的吸收峰；在芳环区域δ 123.87～153.52 ppm处出现9个碳原子的信号峰，这与喹啉环上碳的个数相一致；在δ 166.84ppm处的信号峰则为酯基上的羰基碳的吸收峰。这样，通过这些分析，该化合物的碳核磁谱图数据与我们所预想的结构完全一致。

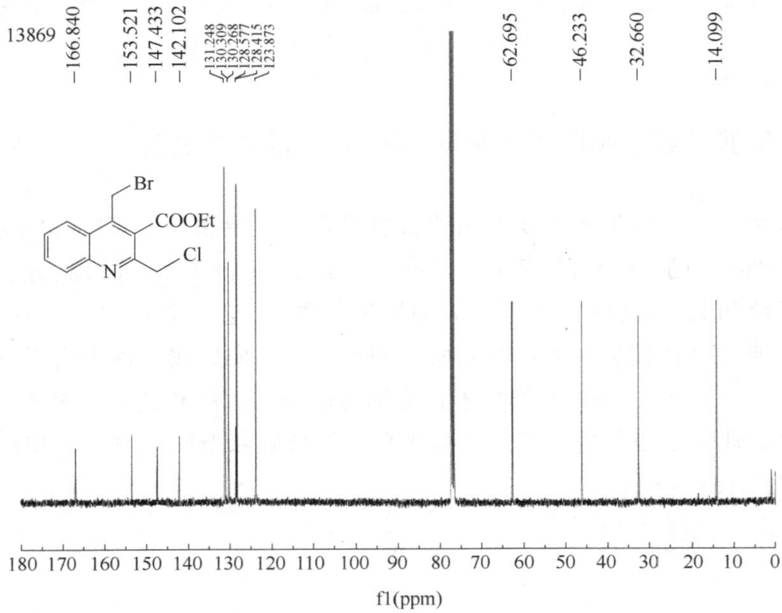

图6-4　4-溴甲基-2-氯甲基喹啉-3-甲酸乙酯(**3**)的^{13}C NMR谱图

Figure 6-4　^{13}C NMR spectra of ethyl 4-(bromomethyl)-2-(chloromethyl)quinoline-3-carboxylate (**3**)

6.3.3　目标化合物2,4-二芳氧甲基喹啉-3-甲酸类化合物（4a-4k）的合成

以4-溴甲基-2-氯甲基喹啉-3-甲酸乙酯（**3**）为底物，与苯酚及各种取代苯酚在乙腈为溶剂、碳酸钾为碱条件下进行Williamson反应，以几乎100%的转化率生成了相应的喹啉甲基醚类化合物。这样，所得的醚中间体不经分离提纯，将溶剂旋干后直接向其内加入氢氧化钾的乙醇水溶液进行酯的水解反应，以"一锅法"的合成方式制得了目标化合物2,4-二芳氧甲基喹啉-3-甲酸类化合物（**4a-4k**）。该合成方法具有实验操作简便、后处理方便、反应试剂廉价易得和收率高等优点，其产品收率和熔点列于表6-1，从中我们可以看出，各种取代基的电子效应和空间效应对产品的收率没有明显的影响。

表 6-1　2,4-二-苯氧甲基喹啉-3-甲酸类衍生物（4a-4k）的产率和熔点

Table 6-1　Yields and milting points of 2,4-bis(phenoxymethyl)quinoline-3-carboxylic acid (4a-4k)

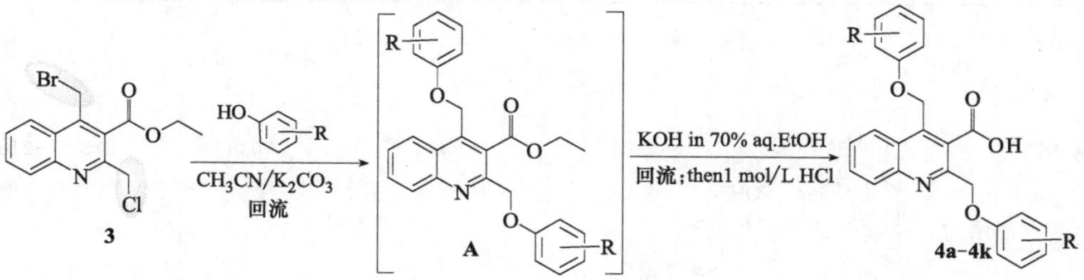

Entry	化合物	4a-4k	收率/%	熔点/℃[a]
1	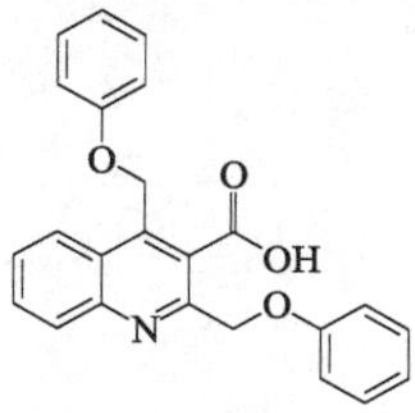	**4a**	72.7	165.4～167.3
2	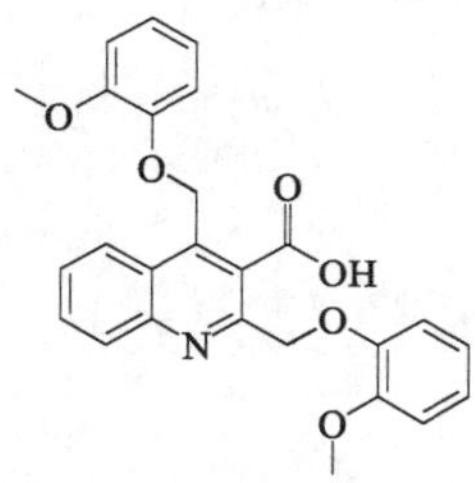	**4b**	72.0	153.4～154.9
3	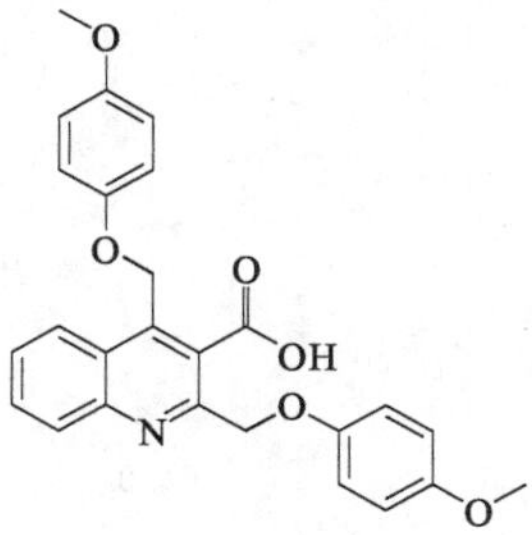	**4c**	73.8	190.1～191.5
4	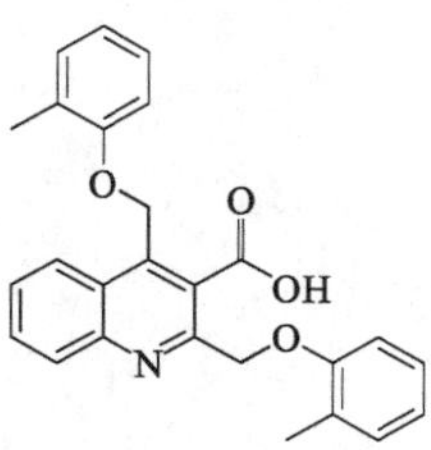	**4d**	68.4	175.7～176.1
5	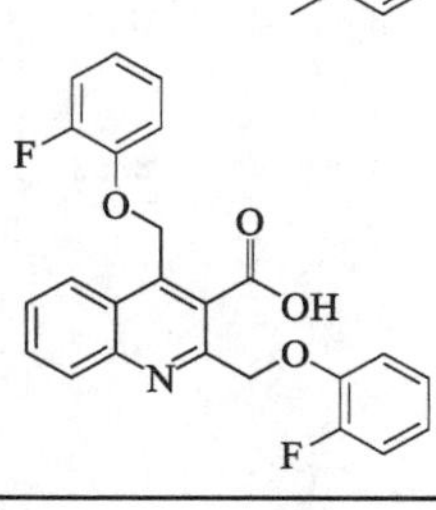	**4e**	80.2	175.4～176.6

续表

Entry	化合物	4a-4k	收率/%	熔点/℃[a]
6	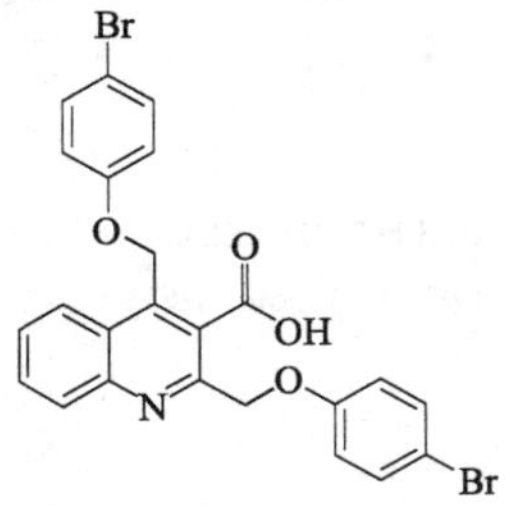	4f	70.8	218.0～218.8
7	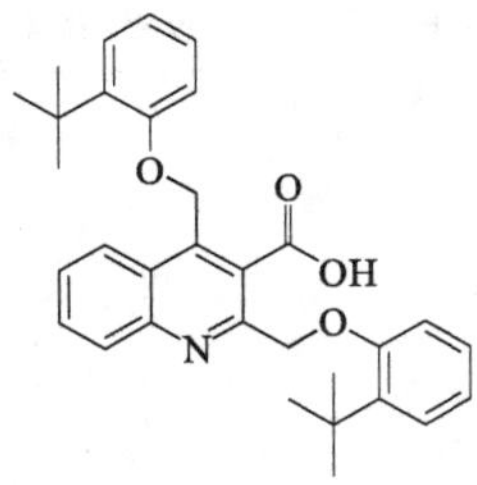	4g	79.1	178.4～178.8
8	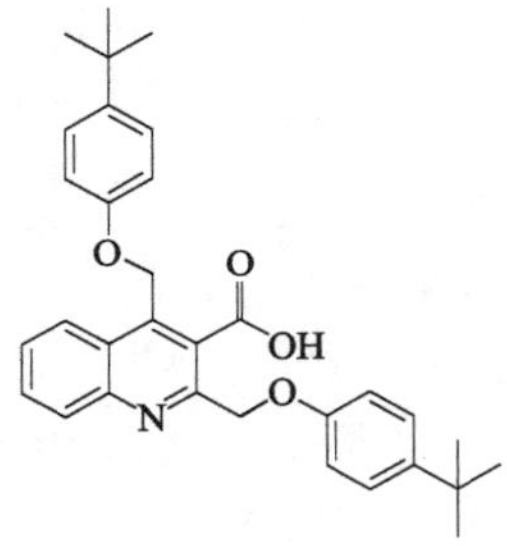	4h	87.6	204.1～205.0
9	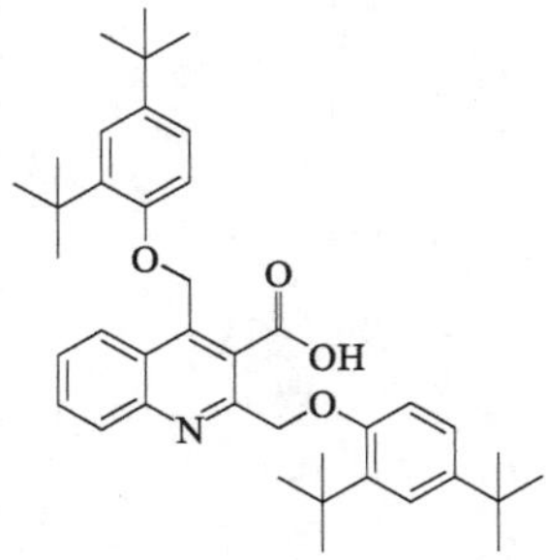	4i	64.9	203.1～203.8
10	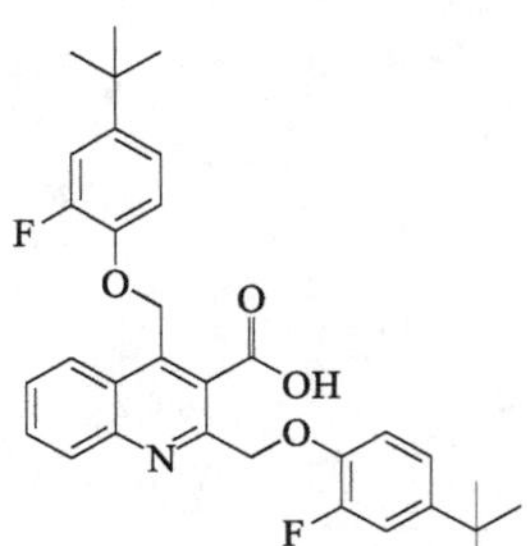	4j	83.3	178.4～180.3

续表

Entry	化合物	4a-4k	收率/%	熔点/℃[a]
11	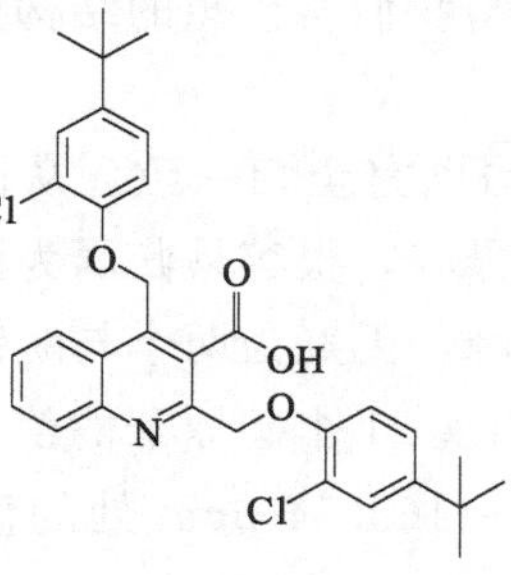	**4k**	75.8	176.6～178.7

[a] Isolated yields。

6.3.4　2,4-二芳氧甲基喹啉-3-甲酸类化合物（4a-4k）的结构表征

我们所合成的目标化合物均为未见文献报道的喹啉类衍生物，通过对其^{1}H NMR和^{13}C NMR谱图分析证明了所合成的这些化合物与我们预想的结构相一致（表征数据见实验部分）。这里我们以产物**4b**为例来进行表征说明。图 6-5 为化合物的^{1}H NMR谱图，在化学位移δ＝3.68 ppm 和 3.72 ppm 处分别出现两个较为尖锐的三个氢质子（3H）的单峰信号，归属为甲氧基上的氢质子；在δ＝5.39 ppm 和 5.55 ppm 处也分别出现两个较为尖锐的两个氢质子（2H）的单峰信号，则为与醚键相连的两个亚甲基上的氢；在芳环区域δ 6.81～7.17 ppm 处出现八个氢质子的信号峰，则应归属为苯环上的 8 个氢；而在

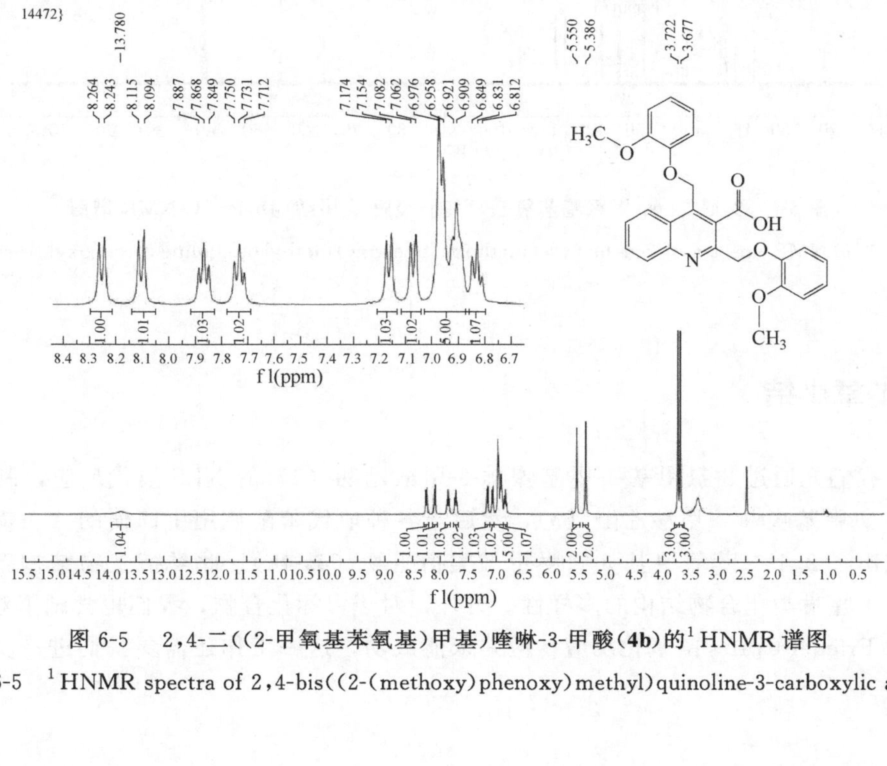

图 6-5　2,4-二((2-甲氧基苯氧基)甲基)喹啉-3-甲酸(**4b**)的^{1}HNMR 谱图

Figure 6-5　^{1}HNMR spectra of 2,4-bis((2-(methoxy)phenoxy)methyl)quinoline-3-carboxylic acid (**4b**)

δ 7.71～8.26 ppm 范围内出现四个氢质子信号峰，分别为两个三重峰和两个双重峰，归属为喹啉环上的四个氢；在 δ＝13.78 ppm 处出现一个较宽的单峰信号，说明此处的氢质子为羧基上的氢。这样，所测化合物的氢核磁谱图与我们所预想的结构完全一致，证实了其结构。

进一步，其^{13}C NMR 谱图与我们所预想的结构也完全相一致。从图 6-6 中我们可以看出，在 δ＝55.85 ppm 和 56.00 ppm 处的两个信号峰，很容易归属为两个甲氧基碳吸收峰；在 δ＝64.81 ppm 和 72.08 ppm 处的两个信号峰，无疑为两个与醚键相连的亚甲基碳的吸收峰；在芳环区域 δ 112.81～153.83 ppm 处出现 21 个碳原子的信号峰，这与两个苯环和一个喹啉环上的碳的个数之和完全一致；在 δ＝168.54 ppm 处的信号峰则为羧酸碳的信号峰。

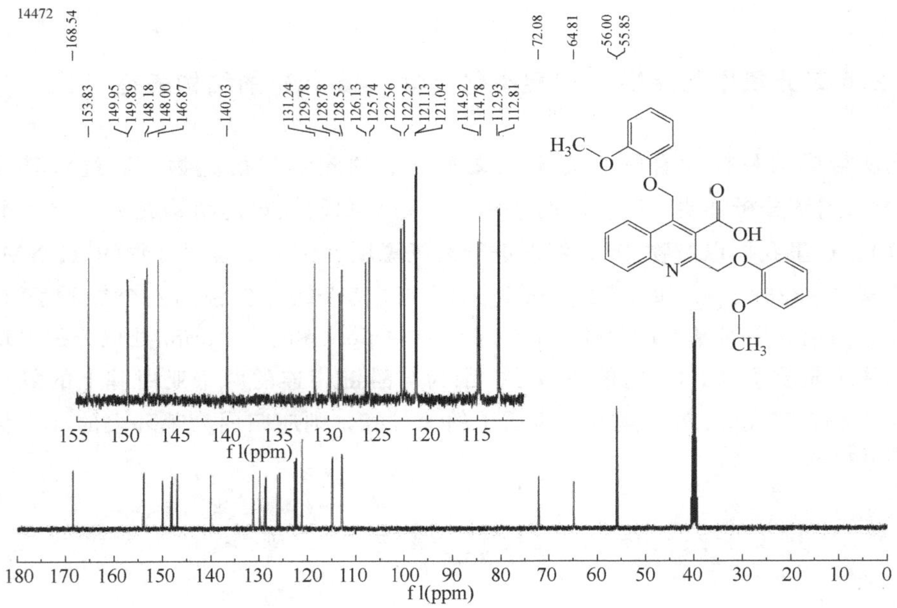

图 6-6　2,4-二((2-甲氧基苯氧基)甲基)喹啉-3-甲酸(**4b**)的^{13}C NMR 谱图

Fig 6-6　^{13}C NMR spectra of 2,4-bis((2-(methoxy)phenoxy)methyl)quinoline-3-carboxylic acid (**4b**)

6.4 本章小结

本章我们先通过 2-氯甲基-4-甲基喹啉-3-甲酸乙酯（**2**）的 NBS 溴代反应，制备出 4-溴甲基-2-氯甲基喹啉-3-甲酸乙酯（**3**），然后与各种取代苯酚使用了简便的“一锅法”成功地合成出了 2,4-二苯氧甲基-3-喹啉甲酸类衍生物（**4a-4k**）。此类衍生物结构新颖，进一步丰富了喹啉类化合物结构的多样性。另外，对于目标化合物，我们也尝试了对其进行分子内的 Friedel-Crafts 酰基化反应，但并未能成功，这一工作还需要我们进一步地去探索研究。

6.5 参考文献

[1] Mizuno M, Inagaki A, Yamashita M, et al. Process development of a disease-modifying antirheumatic drug, TAK-603, based on optimization of Friedel-Crafts reaction and selective substitution of a triazole ring [J]. *Tetrahedron*, **2006**, 62 (17): 4065-4070.

[2] 吴利欢，杨定乔. 2-(取代哌嗪-1-甲基)-3-喹啉甲酸乙酯及其衍生物的合成、表征及晶体结构 [J]. *有机化学*, **2009**, 29 (7): 1122-1128.

[3] Bose D S, Idrees M, Jakka N M, et al. Diversity-oriented synthesis of quinolines via Friedlander annulation reaction under mild catalytic conditions [J]. *Journal of Combinatorial Chemistry*, **2010**, 12 (1): 100-110.

[4] Muscia G C, Cazorla S I, Frank F M, et al. Synthesis, trypanocidal activity and molecular modeling studies of 2-alkylaminomethylquinoline derivatives [J]. *European Journal of Medicinal Chemistry*, **2011**, 46 (9): 3696-3703.

[5] Li Y, Zhang C, Sun M, et al. Facile synthesis of 10-tert-butyl[1]benzoxepino[3,4-*b*][1,3] dioxolo[4,5-*g*]quinolin-12(6*H*)-ones[J]. *Journal of Heterocyclic Chemistry*, **2009**, 46 (6): 1190-1194.

[6] 高文涛，张朝花，李阳，等. 新型萘并氧杂（卓）并喹啉酮和萘并吖啶二酮的合成及其荧光性质的研究 [J]. *有机化学*, **2009**, 29 (9): 1423-1428.

[7] Gao W, Zhang C, Li Y. A novel one-pot three-step synthesis of 2-(1-Benzofuran-2-yl) quinoline-3-carboxylic acid derivatives [J]. *Journal of the Brazilian Chemical Society*, **2010**, 21 (5): 806-812.

[8] Gao W, Liu J, Jiang Y, et al. First synthesis of 2-(benzofuran-2-yl)-6,7-methylene dioxyquinoline-3-carboxylic acid derivatives [J]. *Beilstein Journal of Organic Chemistry*, **2011**, 7 (1): 210-217.

[9] Gao W, Jiang Y, Li Y, et al. A Novel and Facile Synthesis of 2-(Benzofuran-2-yl) benzo [h] quinoline-3-carboxylic Acid Derivatives [J]. *Chinese Journal of Chemistry*, **2012**, 30 (4): 822-826.

[10] Xu L, Xu Y, Zhu W, et al. A highly selective and sensitive fluorescence "turn-on" probe for Ag^+ in aqueous solution and live cells [J]. *Dalton Transactions*, **2012**, 41 (24): 7212-7217.

[11] Darbost U, Penin V, Jeanneau E, et al. A calixarene-based copper-centered redox switch as a data storage prototype [J]. *Chemical Communications*, **2009**, 44 (15): 6774-6776.

[12] Jourden J L M, Daniel K B, Cohen S M. Investigation of self-immolative linkers in the design of hydrogen peroxide activated metalloprotein inhibitors [J]. *Chemical Communications*, **2011**, 47 (28): 7968-7970.

第7章 2,4-二-(2-苯并呋喃基)喹啉-3-羧酸类化合物的合成

7.1 引言

苯并呋喃类化合物及其衍生物作为一类重要的分子骨架结构广泛地存在于自然界中，其结构具有很好的生物和药理活性，因此引起了广大科学界工作者的注意。它们具有抗菌、抗真菌、抗惊厥、抗发炎、抗肿瘤等活性。2-苯并呋喃作为苯并呋喃类化合物的一种，经常被用于重要的中间体合成或者药物研发的基本结构。因此，近年来许多课题组都致力于合成2-芳基取代的苯并呋喃类似物，报道了含有2-芳基苯并呋喃结构骨架的化合物在医药领域的应用，如用于抗病毒、抗真菌、抑制血栓形成等，在疾病的治疗方面具有良好的发展前景。

我们一直从事2-苯并呋喃类化合物的合成，报道了一些在聚乙二醇-400作用下"一锅法"合成（苯并[*b*]呋喃-2-酰基）二茂铁衍生物。也报道了超声波辅助下新型2,6-二-(苯并呋喃-2-甲酰基）吡啶衍生物的简便合成等。

根据前期工作所积累的经验以及文献的报道，我们利用上一章的4-溴甲基-2-氯甲基喹啉-3-甲酸乙酯（**3**）与水杨醛或邻羟基苯乙酮（**4**）在超声波作用下，成功地"一锅法"合成一系列2,4-二(2-苯并呋喃基)喹啉-3-羧酸类化合物化合物（**5**），其反应过程分别如图7-1所示。

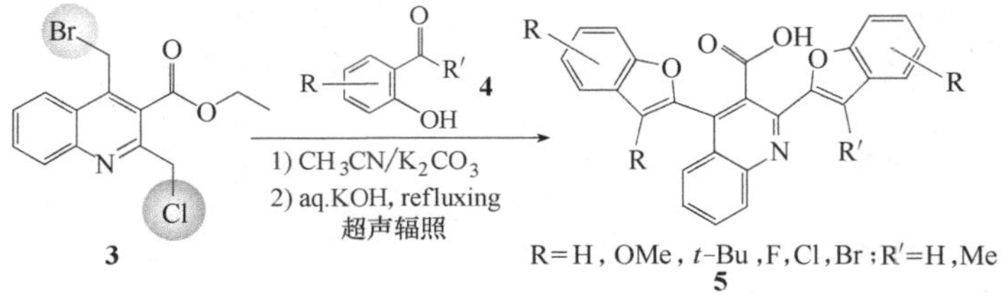

图7-1 2,4-二-(2-苯并呋喃基)喹啉-3-羧酸类化合物(**5**)的合成路线

Figure 7-1 The synthetic route for 2,4-bis(benzo[*b*]furan-2-yl)quinoline-3-carboxylic acids (**5**)

7.2　实验部分

7.2.1　试剂与仪器

4-溴甲基-2-氯甲基-3-喹啉甲酸乙酯	见第六章合成
三氯甲烷	分析纯，天津市恒兴化学试剂制造有限公司
乙醇	分析纯，天津市大茂化学试剂厂
碳酸钾	分析纯，沈阳试剂一厂
乙腈	分析纯，天津市大茂化学试剂一厂
聚乙二醇-400	分析纯，沈阳试剂一厂
水杨醛	分析纯，天津市大茂化学试剂厂
5-氯水杨醛	分析纯，上海晶纯生化科技股份有限公司
5-溴水杨醛	分析纯，上海晶纯生化科技股份有限公司
氢氧化钾	分析纯，天津市大茂化学试剂厂
无水硫酸钠	分析纯，天津市标准科技有限公司
DF-101S 集热式恒温加热磁力搅拌器	郑州长城科工贸有限公司
旋转蒸发仪 RE-52AA	上海亚荣生化仪器厂
WRS-1B 数字熔点仪	温度计未校正，上海精密科学仪器有限公司
红外光谱仪	美国 Varian 公司
核磁共振仪	瑞士 Bruker 公司 ARX-400
高分辨率质谱仪	Apex Ⅲ (7.0 T) FTICR

7.2.2　2,4-二-(2-苯并呋喃基)喹啉-3-甲酸类化合物（**5a-5h**）的合成

将 4-溴甲基-2-氯甲基喹啉-3-甲酸乙酯（**3**）(0.170 g，1 mmol) 溶于乙腈 15 mL 中，依次加入水杨醛或取代水杨醛（**4**）(2.2 mmol)，5 滴聚乙二醇-400 和无水碳酸钾 (0.552 g，4 mmol)。在 90 ℃下超声反应 6 h，然后减压蒸出乙腈得到干燥固体。再加入 10 mL 60%KOH 乙醇水溶液，90 ℃下超声反应，TLC 监测反应。反应结束后冷却至室温，倒入少量的冰水中，用 1 mol/L 稀盐酸调 pH 至 3～4 左右，抽滤，干燥，用乙醇重结晶得到化合物 2,4-二-(2-苯并呋喃基)喹啉-3-甲酸类化合物（**5**）。

2,4-二-(2-苯并呋喃基)喹啉-3-甲酸(**5a**)：黄色固体，产率：74.8%；m. p. >300 ℃；^{1}H NMR (400 MHz，DMSO-d_6) δ 14.01 (s，1H)，8.25 (d，J=8.3 Hz，1H)，8.08～7.91 (m，2H)，7.84 (s，2H)，7.75 (d，J=7.3 Hz，2H)，7.69 (d，J=8.7 Hz，2H)，7.47 (s，1H)，7.46 (s，1H)，7.44 (s，1H)，7.43～7.38 (m，1H)，7.38～7.33 (m，1H)；^{13}C NMR (100 MHz，DMSO-d_6) δ 168.83，155.31，155.16，153.47，149.28，147.47，144.45，134.46，131.96，129.96，129.42，128.33，127.60，126.63，126.41，126.11，

124.66，124.13，124.06，122.75，122.41，112.00，110.59，108.68。HR-MS（ESI，m/z）：Calcd. For $C_{26}H_{15}NO_4$ [M+H]$^+$ 406.1074；Found 406.1083。

2,4-二-(2-(5-氯)-苯并呋喃基)喹啉-3-甲酸(**5b**)：黄色固体，产率：64.3%；m. p. >300 ℃；^{1}H NMR (400 MHz，DMSO-d_6) δ 8.32 (d，J=7.8 Hz，1H)，8.02 (s，1H)，7.98 (s，5H)，7.52 (s，1H)，7.40 (d，J=7.6 Hz，1H)，7.21 (s，2H)，7.06 (s，1H)；^{13}C NMR (100 MHz，DMSO-d_6) δ 168.33，155.27，155.11，153.52，151.13，125.46，125.37，125.29，124.62，124.47，123.91，123.78，122.90，122.55，122.43，121.68，120.32，116.68，115.32，109.88，105.46，105.12。HR-MS（ESI，m/z）：Calcd. For $C_{26}H_{13}Cl_2NO_4$ [M+H]$^+$ 474.0295；Found 474.0002。

2,4-二-(2-(5-叔丁基)-苯并呋喃基)喹啉-3-甲酸(**5c**)：黄色固体，产率：65.5%；m. p. >300 ℃；^{1}H NMR (400 MHz，DMSO-d_6) δ 13.92 (s，1H)，8.24 (d，J=8.4 Hz，1H)，8.01 (d，J=8.5 Hz，1H)，7.94 (t，J=7.5 Hz，1H)，7.82 (s，1H)，7.81 (s，1H)，7.73 (t，J=7.5 Hz，1H)，7.67 (s，1H)，7.64 (s，1H)，7.60 (d，J=8.8 Hz，1H)，7.54 (s，1H)，7.51 (s，1H)，7.38 (s，1H)，1.39 (s，9H)，1.37 (s，9H)；^{13}C NMR (100 MHz，DMSO-d_6) δ 168.82，153.62，153.50，149.39，147.47，146.66，144.59，134.60，131.85，129.90，129.24，128.10，128.04，127.52，126.43，124.66，124.56，123.94，118.59，118.32，111.32，111.30，110.76，108.91，34.99，32.02，31.98，31.13。HR-MS（ESI，m/z）：Calcd. For $C_{34}H_{31}NO_4$ [M+H]$^+$ 518.2326；Found 518.2321。

2,4-二-(2-(5-甲氧基)-苯并呋喃基)喹啉-3-甲酸(**5d**)：黄色固体，产率：67.9%；m. p. >300 ℃；^{1}H NMR (400 MHz，DMSO-d_6) δ 8.12～8.05 (m，1H)，7.94 (s，1H)，7.87～7.80 (m，1H)，7.70 (s，1H)，7.65～7.59 (m，1H)，7.55 (d，J=2.7 Hz，1H)，7.55～7.50 (m，1H)，7.40 (s，1H)，7.26 (d，J=10.1 Hz，2H)，7.01～6.88 (m，2H)，3.79 (s，6H)；^{13}C NMR (100 MHz，DMSO-d_6) δ 169.35，156.15，156.09，154.85，153.61，149.94，149.76，145.13，138.34，129.76，129.69，129.51，129.05，129.03，127.76，126.03，125.74，114.77，113.80，112.32，112.17，109.81，109.57，104.34，104.16，56.08，55.99。HR-MS（ESI，m/z）：Calcd. For $C_{28}H_{19}NO_6$ [M+H]$^+$ 466.1285；Found 466.1279。

2,4-二-(2-(5-溴)-苯并呋喃基)喹啉-3-甲酸(**5e**)：黄色固体，产率：65.1%；m. p. >300 ℃；^{1}H NMR (400 MHz，DMSO-d_6) δ 8.11 (d，J=7.1 Hz，1H)，7.92 (s，1H)，7.74 (s，5H)，7.68 (s，1H)，7.58 (d，J=6.5 Hz，1H)，7.49 (s，1H)，7.36 (s，2H)；^{13}C NMR (100 MHz，DMSO-d_6) δ 169.41，155.27，153.71，153.52，153.30，130.55，129.87，129.79，129.62，128.47，127.92，125.98，125.90，125.55，125.13，121.68，121.42，113.49，113.30，109.99，109.47，109.12。HR-MS（ESI，m/z）：Calcd. For $C_{26}H_{13}Br_2NO_4$ [M+H]$^+$ 561.9284。Found 561.9290。

2,4-二-(2-(3-氟-5-叔丁基)-苯并呋喃基)喹啉-3-甲酸(**5f**)：黄色固体，产率：64.4%；m. p. >300 ℃；^{1}H NMR (400 MHz，DMSO-d_6) δ 8.26 (s，1H)，8.01 (d，J=8.5 Hz，1H)，7.96 (dd，J=8.3 Hz，1.3 Hz，1H)，7.80～7.75 (m，1H)，7.74 (d，J=2.9 Hz，

1H), 7.64 (d, J =1.6 Hz, 1H), 7.62 (d, J =1.4 Hz, 1H), 7.49 (d, J =2.9 Hz, 1H), 7.45 (dd, J=8.9 Hz, 1.5 Hz, 1H), 7.42 (dd, J =8.9 Hz, 1.5 Hz, 1H), 1.38 (s, 9H), 1.36 (s, 9H); ^{13}C NMR (100 MHz, DMSO-d_6) δ 168.79, 154.30, 151.02, 149.08, 148.91, 148.47, 148.36, 147.02, 144.23, 131.50, 130.00, 129.89, 129.39, 126.19, 124.96, 124.14, 123.60, 117.74, 117.55, 115.38, 115.35, 111.17, 109.71, 35.18, 31.81, 31.76。HR-MS (ESI, m/z): Calcd. For $C_{34}H_{29}F_2NO_4$ $[M+H]^+$ 554.2138; Found 554.2144。

2,4-二-(2-(3-氯-5-叔丁基)-苯并呋喃基)喹啉-3-甲酸(**5g**):黄色固体,产率:66.9%; m.p. >300 ℃;^{1}H NMR (400 MHz, DMSO-d_6) δ 8.25 (d, J=8.6 Hz, 1H), 7.93 (t, J=7.6 Hz, 2H), 7.81 (s, 1H), 7.76 (s, 1H), 7.73 (d, J=7.5 Hz, 1H), 7.70 (s, 1H), 7.58 (s, 1H), 7.55 (s, 1H), 7.50 (s, 1H), 1.38 (s, 9H), 1.35 (s, 9H);^{13}C NMR (100 MHz, DMSO-d_6) δ 168.79, 154.30, 151.02, 149.08, 148.91, 148.47, 148.36, 147.02, 144.23, 131.46, 130.00, 129.89, 129.38, 126.19, 124.96, 124.14, 123.60, 117.74, 117.55, 115.35, 111.17, 109.72, 35.24, 35.18, 31.81, 31.76。HR-MS (ESI, m/z): Calcd. For $C_{34}H_{29}Cl_2NO_4$$[M+H]^+$ 586.1547; Found 586.1538。

2,4-二-(2-(3-溴-5-叔丁基)-苯并呋喃基)喹啉-3-甲酸(**5h**):黄色固体,产率:68.1%; m.p. >300 ℃;^{1}H NMR (400 MHz, DMSO-d_6) δ 8.27 (d, J=8.1 Hz, 1H), 7.96 (t, J=7.7 Hz, 2H), 7.83 (d, J=1.5 Hz, 1H), 7.79 (d, J=1.4 Hz, 1H), 7.77 (s, 2H), 7.71 (d, J=1.4 Hz, 1H), 7.69 (d, J=1.5 Hz, 1H), 7.51 (s, 1H), 1.38 (s, 9H), 1.36 (s, 9H); ^{13}C NMR (100 MHz, DMSO-d_6) δ 168.46, 154.18, 150.68, 150.57, 150.33, 148.86, 148.81, 147.31, 144.23, 133.93, 131.93, 130.03, 129.61, 129.48, 129.39, 128.60, 127.02, 126.51, 126.25, 124.84, 118.33, 118.13, 111.42, 109.99, 109.55, 103.23, 35.22, 31.84, 31.80。HR-MS (ESI, m/z): Calcd. For $C_{34}H_{29}Br_2NO_4$ $[M+H]^+$ 674.0536; Found 674.0547。

7.2.3　2,4-二-(3-甲基苯并呋喃-2-基)喹啉-3-羧酸类化合物(5i-5k)的合成

将 4-溴甲基-2-氯甲基喹啉-3-甲酸乙酯(**3**)(0.170 g, 1 mmol)溶于乙腈 15 mL 中,依次加入 2-羟基苯乙酮或者取代 2-羟基苯乙酮(**4i-4k**)(2.2 mmol),5 滴聚乙二醇-400 和无水碳酸钾(0.552 g, 4 mmol)。在 90 ℃下超声反应 6h,然后减压蒸出乙腈得到干燥固体。再加入 10 mL 60% KOH 乙醇溶液,90 ℃下超声反应,TLC 监测反应。反应结束后冷却至室温,倒入少量的冰水中,用 1 mol/L 稀盐酸调 pH 至 3~4 左右,抽滤,干燥,用乙醇重结晶得到化合物 2,4-二(3-甲基苯并呋喃-2-基)喹啉-3-羧酸类化合物(**5i-5k**)。

2,4-二-(3-甲基苯并呋喃-2-基)喹啉-3-甲酸衍生物(**5i**):浅黄色固体,产率 70.5%; m.p. >300 ℃;^{1}H NMR (400 MHz, DMSO-d_6) δ 13.47 (s, 1H), 8.24 (d, J=8.4 Hz, 1H), 7.95 (t, J=8.1 Hz, 1H), 7.83~7.76 (m, 2H), 7.71 (t, J=7.6 Hz, 1H), 7.66 (d, J=8.0 Hz, 1H), 7.62 (d, J=8.2 Hz, 1H), 7.53 (d, J=8.1 Hz, 1H), 7.46~7.43 (m, 1H), 7.43~7.40 (m, 1H), 7.39 (s, 1H), 7.36 (d, J=7.5 Hz, 1H), 2.73

(s, 3H), 2.14 (s, 3H); ^{13}C NMR (100 MHz, DMSO-d_6) δ 168.30, 154.84, 153.86, 148.50, 147.20, 146.66, 145.05, 135.23, 131.93, 130.24, 129.88, 129.60, 129.39, 129.29, 126.44, 126.29, 125.68, 125.10, 123.56, 123.43, 121.07, 120.60, 117.80, 116.90, 111.76, 111.65, 9.79, 9.00。HR-MS (ESI, m/z): Calcd. For $C_{28}H_{19}NO_4$ $[M+H]^+$ 434.1387; Found 434.1382。

2,4-二-(5-溴-3-甲基苯并呋喃-2-基)喹啉-3-甲酸衍生物(**5j**): 浅黄色固体，产率63.5%; m.p. >300 ℃; ^{1}H NMR (400 MHz, DMSO-d_6) δ 13.55 (s, 1H), 8.25 (d, J=8.4 Hz, 1H), 8.03 (s, 2H), 7.96 (t, J=7.6 Hz, 1H), 7.73 (t, J=7.5 Hz, 1H), 7.64 (t, J=9.0 Hz, 2H), 7.57 (d, J=7.3 Hz, 1H), 7.55 (d, J=5.3 Hz, 1H), 7.52 (d, J=8.6 Hz, 1H), 2.69 (s, 3H), 2.12 (s, 3H); ^{13}C NMR (100 MHz, DMSO-d_6) δ 168.30, 154.84, 153.86, 148.50, 147.20, 146.66, 145.05, 135.23, 131.93, 130.24, 129.88, 129.60, 129.39, 129.29, 126.44, 126.29, 125.68, 125.10, 123.56, 123.43, 121.07, 120.60, 117.80, 116.90, 111.76, 111.65, 9.79, 9.00。HR-MS (ESI, m/z): Calcd. For $C_{28}H_{17}Br_2NO_4$ $[M+H]^+$ 589.9597; Found 591.9640。

2,4-二-(5-甲基-3-甲基苯并呋喃-2-基)喹啉-3-甲酸衍生物(**5k**): 浅黄色固体，产率68.1%; m.p. >300 ℃; ^{1}H NMR (400 MHz, DMSO-d_6) δ 13.42 (s, 1H), 8.22 (d, J=8.5 Hz, 1H), 7.94 (t, J=7.6 Hz, 1H), 7.70 (t, J=7.4 Hz, 1H), 7.59 (d, J=9.9 Hz, 2H), 7.56~7.49 (m, 2H), 7.40 (d, J=8.4 Hz, 1H), 7.24 (d, J=8.4 Hz, 2H), 2.70 (s, 3H), 2.48 (s, 3H), 2.46 (s, 3H), 2.10 (s, 3H); ^{13}C NMR (100 MHz, DMSO-d_6) δ 168.30, 154.84, 153.86, 148.50, 147.20, 146.66, 145.05, 135.23, 131.93, 130.24, 129.88, 129.60, 129.39, 129.29, 126.44, 126.29, 125.68, 125.10, 123.56, 123.43, 121.07, 120.60, 117.80, 116.90, 111.76, 111.65, 18.57, 17.47, 9.79, 9.00。HR-MS (ESI, m/z): Calcd. For $C_{30}H_{23}NO_4$ $[M+H]^+$ 462.1700; Found 462.1702。

7.3 结果与讨论

7.3.1 2,4-二-(2-苯并呋喃基)喹啉-3-甲酸合成方法研究

我们课题组一直在从事2-苯并呋喃类化合物的合成工作。按第三章的“三步一锅法”的合成方式，将4-溴甲基-2-氯甲基喹啉-3-甲酸乙酯和水杨醛溶于乙腈中，加入碳酸钾作为碱性催化剂，加入少量PEG-400作为添加剂，来进行这一反应。但反应进行得并不很顺利，始终有大量的反应原料剩余，所得产品的收率并不令人满意，仅为53%，没有达到预期的效果。为了进一步提高反应的产率，我们又尝试了使用超声波辅助方法。结果表明，超声辅助能够很好地促进反应的进行，不仅缩短了反应时间，而且产品收率提高了22%，达到了75%，反应过程如图7-2所示。整个反应主要分为三步进行，首先4-溴甲基-2-氯甲基喹啉-3-甲酸乙酯中的氯甲基和溴甲基与水杨醛的羟基发生Williamson反应生成醚。接着在KOH碱性条件下首先发生Knoevenagel类反应生成呋喃环，同时酯基碱性

水解生成盐，最后在稀盐酸条件下酸化生成酸。

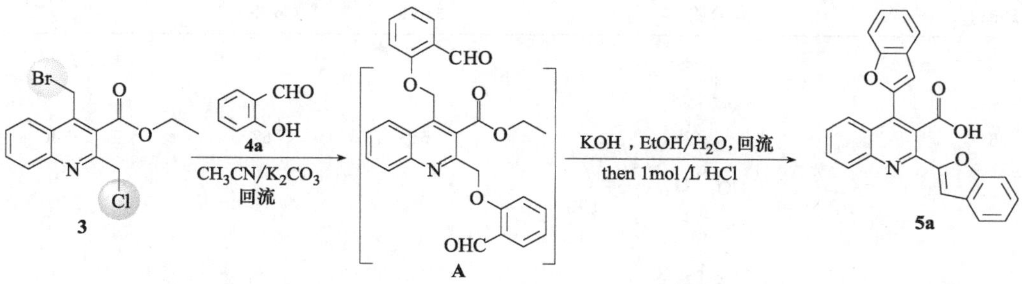

图 7-2　2,4-二卤甲基喹啉(**3**)与水杨醛(**4a**)的反应过程

Figure 7-2　The reaction procedure for 2,4-bis(halomethyl)quinoline (**3**) and salicylaldehyde (**4a**)

依照以上反应过程，我们又对该反应进行了扩展性研究，尝试使用各种不同取代的水杨醛和邻羟基苯乙酮作为反应物来考察这一反应的普适性，其反应结果如表 7-1 所示。由表 7-1 可以看出，4-溴甲基-2-氯甲基喹啉-3-甲酸乙酯与不同取代的水杨醛和邻羟基苯乙酮反应进行的都很顺利，均已较好的收率得到了目标产品。从取代基的电子效应来看，无论是吸电子基团还是供电子基团，对产品的收率均没有明显的影响。但当有强的吸电子基团，如硝基（—NO_2）或氰基（—CN）存在时，反应进行得比较复杂，副产物较多，从中并没有分离出目标化合物。对这一问题还有待进一步的研究。

表 7-1　合成 2,4-二-(2-苯并呋喃基)喹啉-3-羧酸类化合物的收率和熔点

Table 7-1　Yields and melting points of 2,4-bis(benzo[*b*]furan-2-yl)quinoline-3-carboxylic acids

Entry	化合物	5a-5k	收率/%	m. p. /℃
1	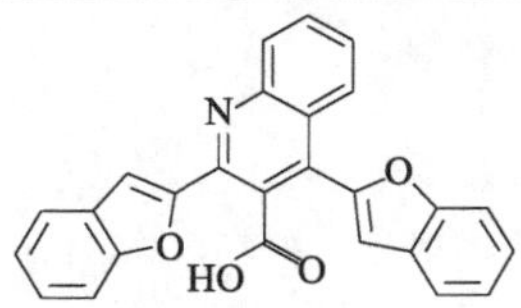	**5a**	74.8	>300
2	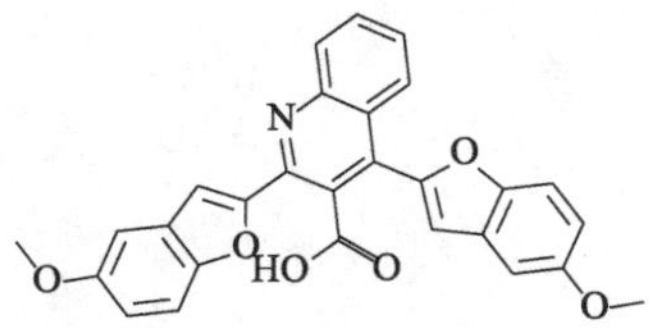	**5b**	64.3	>300
3	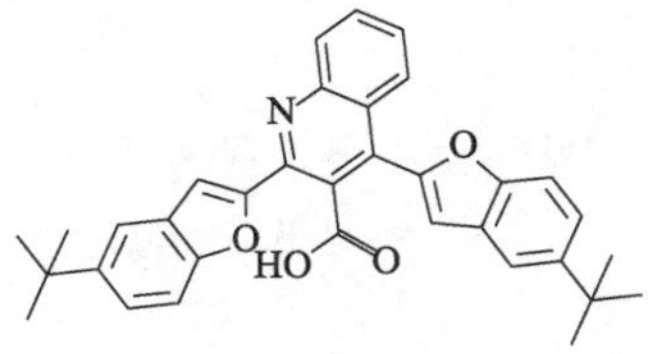	**5c**	65.1	>300
4	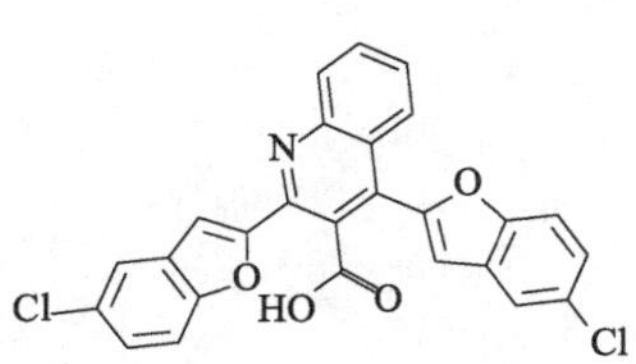	**5d**	68.1	>300

续表

Entry	化合物	5a-5k	收率/%	m. p. /℃
5	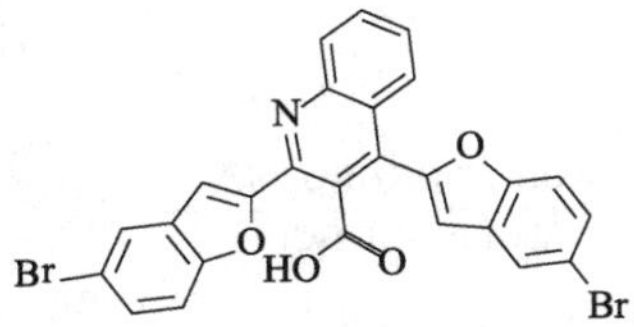	**5e**	67.9	>300
6	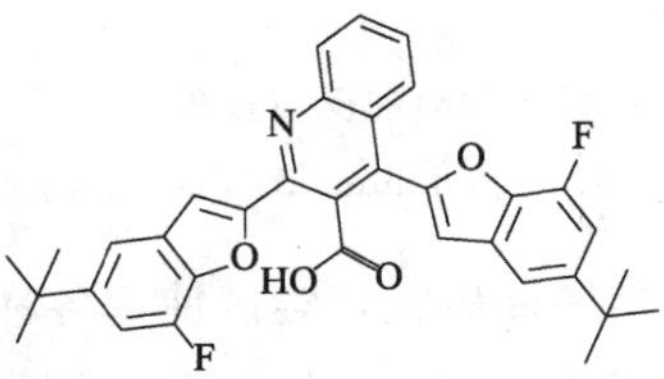	**5f**	65.5	>300
7	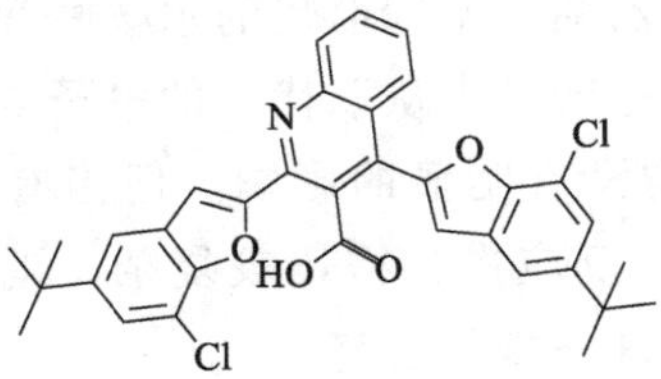	**5g**	64.4	>300
8	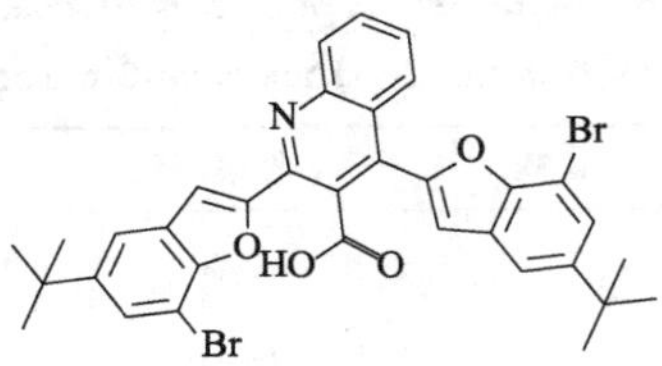	**5h**	66.9	>300
9	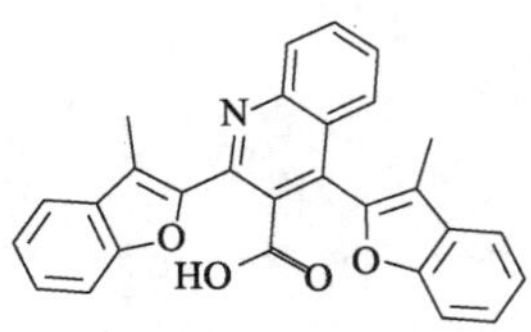	**5i**	70.5	>300
10	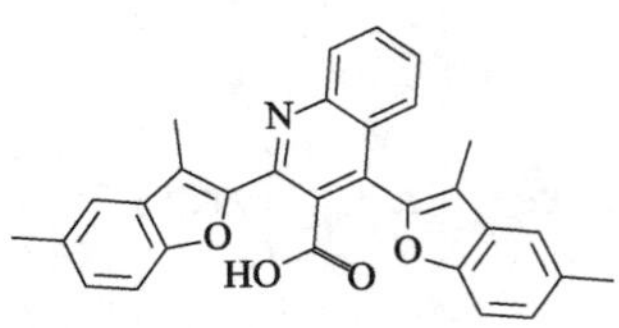	**5j**	63.5	>300
11	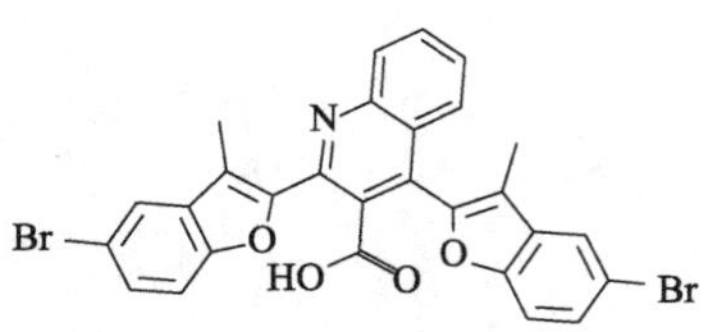	**5k**	66.1	>300

7.3.2　2，4-二-(2-苯并呋喃基)喹啉-3-羧酸的结构表征

所合成的目标化合物均为未见文献报道的喹啉类衍生物，其结构均已通过核磁共振氢谱（^{1}H NMR）和核磁共振碳谱（^{13}C NMR）的谱图数据得以证实（表征数据见实验部分）。以产物 **5c** 为例来加以表征说明，其核磁共振氢谱如图 7-3 所示，从图可以看出，在化学位移值 δ=1.37 ppm 和 1.39 ppm 处出现两个较为尖锐的九个氢质子单峰信号，这无疑是两个叔丁基的氢吸收峰；在化学位移值 δ=7.73 ppm 处的三重峰（t，J=7.6 Hz，1H），7.94 ppm 处的三重峰（t，J=7.6 Hz，1H），8.01 ppm 处的双重峰（d，J=8.8 Hz，1H）和 8.24 ppm 处的双重峰（d，J=8.4 Hz，1H），应该归属于喹啉环上四个氢质子的吸收峰；在 δ 7.38～7.82 ppm 芳香区域内出现九个氢质子吸收峰，这正好与两个新生成的苯并呋喃环上氢的个数完全一致；在化学位移值 δ=13.92 ppm 处出现一个较宽较小的钝峰则是喹啉 3 位上羧酸的氢。这样，通过核磁共振氢谱的初步判断，该结构与我们预想的结构是一致的。

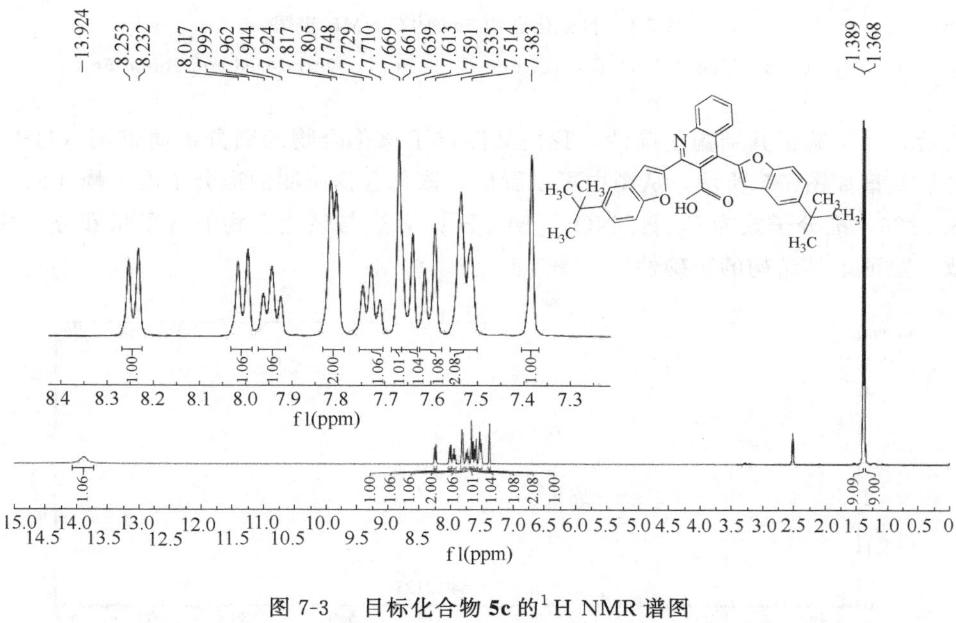

图 7-3　目标化合物 **5c** 的^{1}H NMR 谱图

Figure 7-3　The ^{1}H NMR spectrum of the newly-synthesized compound **5c**

进一步，从核磁共振碳谱（如图 7-4）中我们可以看出，在化学位移值 δ=31.13、31.98、32.02、34.99 ppm 处出现的四个碳的信号峰，这无疑是产品结构中两个叔丁基碳的吸收峰；δ=168.82 ppm 处出现碳的信号峰，很容易判断为羧酸上羰基（C═O）碳的吸收峰；而在芳环区域 δ 108.91～153.62 ppm 处出现 23 个碳信号峰，很容易归属为喹啉环和两个苯并呋喃环上碳的吸收峰。通过以上的判断，进一步证明该化合物与我们预想的结构相一致。

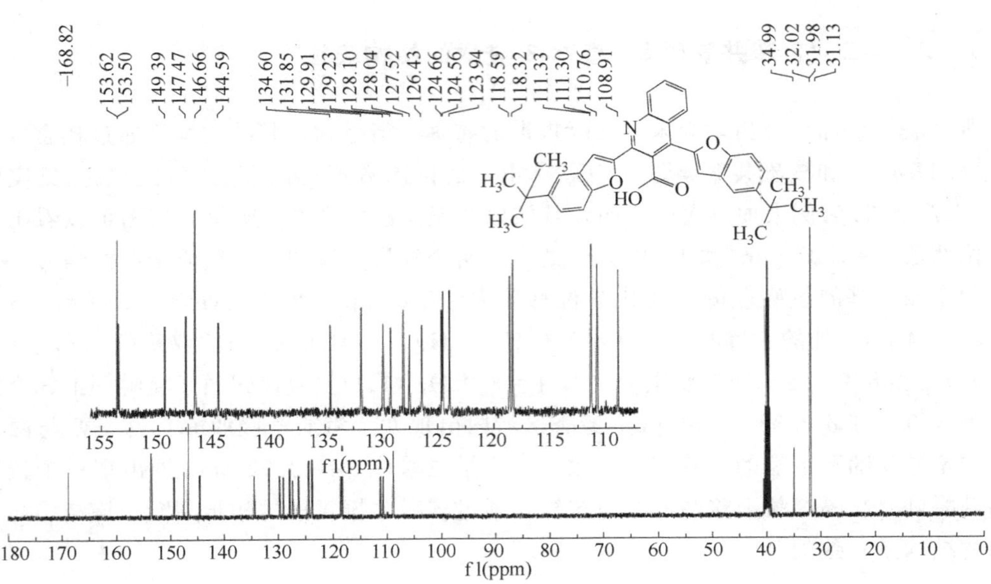

图 7-4 目标化合物 **5c** 的 ^{13}C NMR 谱图

Figure 7-4 The ^{13}C NMR spectrum of the newly-synthesized compound **5c**

最后，为了验证其结构正确性，我们又测定了该化合物的高分辨质谱图（HR-MS），其高分辨质谱如图 7-5 所示，从图中可以看出，该化合物所测的准分子离子峰 $[M+H]^+$ 为 518.2326，准分子式为 $C_{34}H_{32}NO_4$ $[M+H]^+$，这与该化合物的分子量和分子式完全相一致，验证了其结构的正确性。

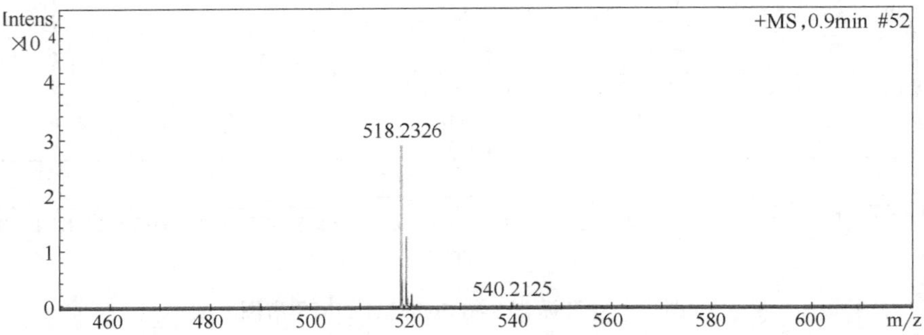

Sum Formula	Sigma	m/z	Err[ppm]	Mean Err[ppm]	Err[mDa]	rdb	N Rule	e⁻
C 34 H 32N 1 O 4	0.028	518.2326	−0.08	1.54	−0.04	19.50	ok	even

图 7-5 目标化合物 **5c** 的高分辨质谱图

Figure 7-5 The HRMS spectrum of the newly-synthesized compound **5c**

总之，通过以上谱图数据的分析，充分证实了化合物 **5c** 的结构与我们所预想的相一致。类似地，本系列的化合物结构都是通过这样的方法进行确认的，得到的化合物的结构也都是与我们预想的结构是相一致的。

7.4 本章小结

本章以 4-溴甲基-2-氯甲基喹啉-3-甲酸乙酯为底物，在超声波辅助作用下首先与水杨醛及取代水杨醛反应以较好的收率（64.3%～74.8%）合成得到了一系列结构有趣的 2,4-二-(2-苯并呋喃基)-3-喹啉甲酸类化合物 **5a-5h**。按照同样的合成方法，我们又以邻氨基苯乙酮为反应物替换水杨醛，进一步合成得到了 2,4-二-(3-甲基苯并呋喃-2-基)喹啉-3-甲酸类化合物 **5i-5k**。鉴于喹啉环体系和两个苯并呋喃环结构在同一分子框架中的协同作用，这些新合成的化合物可能具有潜在的生物活性。我们目前正在进一步研究其生物药理活性及其在构建更为复杂的喹啉类衍生物中的合成应用。

7.5 参考文献

[1] Li Y, Zou H. A Simple and Facile Synthesis of 4-Phenylquinoline-fused Pyrrolidin-2-ones [J]. *Journal of Heterocyclic Chemistry*, **2018**, 55 (1): 346-350.

[2] Li Y, Wang Y, Zou H. A general three-step one-pot synthesis of novel (*E*)-6-chloro-2-(aryl/hetarylvinyl)quinoline-3-carboxylic acids [J]. *Molecular Diversity*, **2017**, 21 (2): 463-473.

[3] Li Y. A facile synthesis and application of ethyl 6-(bromomethyl)-[1,3]dioxolo[4,5-*g*]quinoline-7-carboxylate [J]. *Research on Chemistry Intermediate*, **2015**, 41 (7): 4977-4985.

[4] Gao W, Xing X, Li Y, et al. A novel construction of quino-fused tropone skeleton: first synthesis of 12*H*-benzo[4,5]cyclohepta[1,2-*b*]quinolin-12-one derivatives [J]. *Tetrahedron*, **2014**, 70 (12): 2180-2189.

[5] Gao W, Liu J, Jiang Y, et al. First synthesis of 2-(benzofuran-2-yl)-6,7-methylene dioxyquinoline-3-carboxylic acid derivatives [J]. *Beilstein Journal of Organic Chemistry*, **2011**, 7 (1): 210-217.

[6] Ryabukhin S V, Volochnyuk D M, Plaskon A S, et al. Chlorotrimethylsilane-mediated Friedländer synthesis of polysubstituted quinolines [J]. *Synthesis*, **2007**, 2007 (5): 1214-1224.

[7] Degtyarenko A S, Tolmachev A A, Volovenko Y M, et al. Chlorotrimethylsilane-mediated Friedländer synthesis of 2-(α-chloroalkyl) quinoline derivatives [J]. *Synthesis*, **2007**, 2007 (8): 3891-3895.

[8] Wu J, Xia H G, Gao K. Molecular iodine: a highly efficient catalyst in the synthesis of quinolines via Friedländer annulation [J]. *Organic & Biomolecular Chemistry*, **2006**, 4 (1): 126-129.

[9] Luche J L. Synthetic Organic Sonochemistry [M]. Plenum Press, New York, 1998.

[10] Williamson A W. XXII.—On etherification [J]. *Journal of Chemistry Society*, **1852**, 4 (3): 229-239.

[11] Dermer O C. Metallic Salts of Alcohols and Alcohol Analogs [J]. *Chem Review*, **1934**, 14 (3): 385-430.

[12] Aikins J A, Haurez M, Rizzo J R, et al. Synthesis of a peroxime proliferator activated receptor (PPAR) α/γ agonist via stereocontrolled Williamson ether synthesis and stereospecific SN2 reaction of S-2-chloro propionic acid with phenoxides [J]. *Journal of Organic Chemistry*, **2005**, 70 (12): 4695-4705.

[13] Shibatomi K, Kotozaki M, Sasaki N, et al. Williamson ether synthesis with phenols at a tertiary ste-

reogenic carbon: Formal enantioselective phenoxylation of β-keto esters [J]. *Chemistry-A European Journal*, **2015**, 21 (40): 14095-14098.

[14] Wang Y, Chang M, Zhang H, et al. Convenient synthesis of 12-methyl [1] benzoxepino-[3,4-*b*]quinolin-13(6*H*)-ones [J]. *Chemistry of Heterocyclic Compounds*, **2018**, 54 (6): 650-657.

[15] Renuka J, Reddy K I, Srihari K, et al. Design, synthesis, biological evaluation of substituted benzofurans as DNA gyraseB inhibitors of Mycobacterium tuberculosis [J]. *Bioorganic & Medicinal Chemistry*, **2014**, 22 (17): 4924-4934.

[16] Wang Y, Chen F, Di H, et al. Discovery of potent benzofuran-derived diapophytoene desaturase (CrtN) inhibitors with enhanced oral bioavailability for the treatment of methicillin-resistant Staphylococcus aureus (MRSA) infections [J]. *Journal of Medicinal Chemistry*, **2016**, 59 (7): 3215-3230.

[17] Xu Z, Zhao S, Lv Z, et al. Benzofuran derivatives and their anti-tubercular, anti-bacterial activities [J]. *European Journal of Medicinal Chemistry*, **2019**, 162: 266-276.

[18] Koga H, Itoh A, Murayama S, et al. Structure-activity relationships of antibacterial 6,7-and 7,8-disubstituted 1-alkyl-1,4-dihydro-4-oxoquinoline-3-carboxylic acids [J]. *Journal of Medicinal Chemistry*, **1980**, 23 (12), 1358-1363.

[19] Suresh N, Nagesh H N, Renuka J, et al. Synthesis and evaluation of 1-cyclopropyl-6-fluoro-1, 4-dihydro- 4-oxo-7-(4-(2-(4-substitutedpiperazin-1-yl) acetyl) piperazin-1-yl) quinoline-3-carboxylic acid derivatives as anti-tubercular and antibacterial agents [J]. *European Journal of Medicinal Chemistry*, **2014**, 71: 324-332.

[20] Kumar G, Sathe A, Krishna V S, et al. Synthesis and biological evaluation of dihydroquinoline carboxamide derivatives as anti-tubercular agents [J]. *European Journal of Medicinal Chemistry*, **2018**, 157: 1-13.

[21] Rodríguez J C, Ruiz M, López M, et al. In vitro activity of moxifloxacin, levofloxacin, gatifloxacin and linezolid against Mycobacterium tuberculosis [J]. *International Journal of Antimicrobial Agents*, **2002**, 20 (6): 464-467.

第 8 章

2,4-二(芳基乙烯基)喹啉-3-甲酸乙酯类化合物的合成

8.1 前言

随着对杂环类药物研究的深入，人们发现具有苯乙烯基的喹啉类衍生物，在药物化学中占有非常重要的位置。苯乙烯喹啉类化合物具有抑制酶活性的作用，由于它能阻止HIV-1的复制，且毒性小，因此被看作一类重要的HIV酶抑制剂和一种典型的苯乙烯基喹啉类抑制剂。苯乙烯基喹啉衍生物在材料方面也有着广泛的应用，苯乙烯基喹啉染料是乙烯型染料的重要组成部分，其在发光材料及变色材料等领域都有着独特的功能。

在过去的几年中，我们实验组一直在进行这方面的合成与研究，也取得了一定的成果。例如，以2-氯甲基喹啉-3-甲酸乙酯为底物，首先与亚磷酸三乙酯发生磷叶立德反应，接着与芳醛发生Wittig-Horner反应，然后碱性条件下水解得到2-苯乙烯基-3-喹啉甲酸，最后在PPA作用下发生闭环。为此，在前期研究工作基础上，本章我们继续以4-溴甲基-2-氯甲基喹啉-3-甲酸乙酯（**3**）为底物，首先与亚磷酸三乙酯发生Arbuzov反应得到磷叶立德中间体（**4**），接着该中间体不经分离提纯，直接与各种芳醛（**5**）发生Horner-Wadsworth-Emmons反应（简称为HWE反应），从而使用“两步一锅法”合成得到2,4-二-(芳乙烯基)喹啉-3-甲酸乙酯衍生物（**6**）。反应过程如图8-1所示。

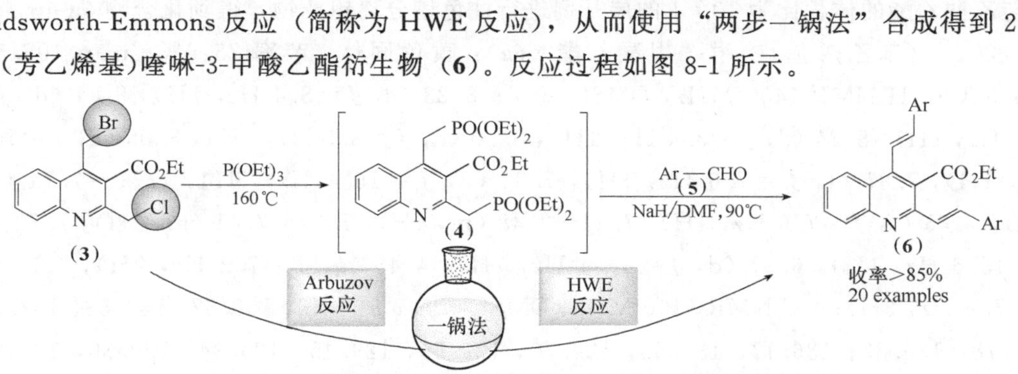

图 8-1 “两步一锅法”合成2,4-二(芳基乙烯基)喹啉-3-甲酸乙酯类化合物(**6**)

Figure 8-1 . Two-step one-pot synthesis of ethyl 2,4-bis(arylvinyl)quinoline-3-carboxylate (**6**)

8.2 实验部分

8.2.1 试剂与仪器

三氯甲烷	天津市恒兴化学试剂制造有限公司
亚磷酸三乙酯	99.8%，天津市大茂化学试剂厂
N,*N*-二甲基甲酰胺	分析纯，天津市大茂化学试剂厂
苯甲醛	分析纯，天津市大茂化学试剂厂
乙醇	分析纯，天津市大茂化学试剂厂
氢化钠	分析纯，天津市大茂化学试剂一
乙酸乙酯	分析纯，天津市大茂化学试剂厂
石油醚	分析纯，天津市大茂化学试剂厂
氢氧化钾	分析纯，天津市大茂化学试剂厂
旋转蒸发仪 RE-52AA	郑州长城科工贸有限公司
WRS-1B 数字熔点仪	上海精密科学仪器有限公司
核磁共振仪	瑞士 Bruker 公司 ARX-600

8.2.2 2,4-二(芳乙烯基)喹啉-3-甲酸乙酯类化合物 6a-6w 的合成

将 4-溴甲基-2-氯甲基喹啉-3-甲酸乙酯（**3**）（0.341 g，1 mmol）溶解在 2 mL 亚磷酸三乙酯（11.7 mmol）中，160 ℃条件下回流 8 h。反应完毕，减压条件下旋蒸出亚磷酸三乙酯得到反应的中间体 **4**，将其溶解在 15 mL 干燥的 DMF 中，然后依次加入芳香醛 1.1 mmol、60% NaH 0.044 g。室温搅拌 1 h，然后在 90 ℃下反应 2 h，TLC 监控进程。待反应结束后，冷却至室温，倒入冰水中，用 1 mol/L HCl 酸化，抽滤，干燥。用石油醚与乙酸乙酯的体积比为 10∶1 的展开剂进行柱色谱分离粗产物，得到化合物 **6a-6w**。

2,4-二(苯乙烯基)喹啉-3-甲酸乙酯（**6a**）：黄色固体，产率 75.6%；m. p. 105.5～106.3 ℃；^{1}H NMR (400 MHz，DMSO-d_6) δ 8.23 (d，J=8.4 Hz，1H)，8.11 (d，J=8.4 Hz，1H)，8.24 (d，J=8.4 Hz，1H)，8.10 (d，J=8.8 Hz，1H)，8.05 (d，J=15.6 Hz，1H)，7.87 (t，J=7.6 Hz，1H)，7.82 (d，J=16.4 Hz，1H)，7.71～7.74 (m，4H)，7.66 (t，J=7.6 Hz，1H)，7.44～7.48 (m，4H)，7.37～7.41 (m，2H)，7.29 (d，J=15.6 Hz，1H)，6.97 (d，J=16.4 Hz，1H)，4.43 (q，J=7.2 Hz，2H)，1.26 (t，J=7.2 Hz，3H)；^{13}C NMR (100 MHz，DMSO-d_6) δ 168.43，150.67，147.58，142.84，137.78，136.33，136.17，131.53，129.70，129.59，129.45，129.34，129.30，125.98，125.85，124.99，124.14，122.81，62.24，14.53。HR-MS (ESI，m/z)：Calcd. For $C_{28}H_{24}NO_2[M+H]^+$ 406.1802；Found 406.1804。

2,4-二(4-氯苯乙烯基)喹啉-3-甲酸乙酯(**6b**)：淡黄色固体，产率 75.9%；m.p. 112.3～113.2 ℃；^{1}H NMR (400 MHz, DMSO-d_6) δ 8.21 (d, J=8.3 Hz, 1H), 8.10 (d, J=8.4 Hz, 1H), 7.99 (d, J=8.5 Hz, 1H), 7.91～7.82 (m, 2H), 7.69 (t, J=6.7 Hz, 5H), 7.64 (dd, J=8.2 Hz, 3.7 Hz, 4H), 7.31 (d, J=15.5 Hz, 1H), 6.95 (d, J=16.5 Hz, 1H), 4.41 (q, J=7.0 Hz, 2H), 1.23 (t, J=7.1 Hz, 3H)；^{13}C NMR (100 MHz, DMSO-d_6) δ 168.25, 150.50, 147.56, 142.77, 136.47, 135.60, 135.44, 134.91, 132.32, 132.20, 131.61, 129.87, 129.70, 129.53, 127.74, 126.01, 125.80, 125.00, 124.95, 123.85, 122.68, 122.46, 62.28, 14.52。HR-MS (ESI, m/z)：Calcd. For $C_{28}H_{21}Cl_2NO_2$[M+H]$^+$ 474.1022；Found 474.1020。

2,4-二(2-氯苯乙烯基)喹啉-3-甲酸乙酯(**6c**)：淡黄色固体，产率 70.8%；m.p. 113.3～113.8 ℃；^{1}H NMR (400 MHz, DMSO-d_6) δ 8.35 (d, J=15.5 Hz, 1H), 8.27 (d, J=8.3 Hz, 1H), 8.20～8.11 (m, 2H), 7.97 (d, J=16.5 Hz, 1H), 7.92 (d, J=7.1 Hz, 2H), 7.69 (s, 1H), 7.57 (d, J=15.5 Hz, 2H), 7.34 (dd, J=11.2 Hz, 16.0 Hz, 6H), 4.44 (q, J=7.1 Hz, 2H), 1.25 (t, J=7.1 Hz, 3H)；^{13}C NMR (100 MHz, DMSO-d_6) δ 168.25, 150.50, 147.56, 142.77, 136.47, 135.60, 135.44, 134.91, 132.32, 132.20, 131.61, 129.87, 129.70, 129.53, 127.74, 126.01, 125.80, 125.00, 124.95, 123.85, 122.68, 122.46, 62.28, 14.52。HR-MS (ESI, m/z)：Calcd. For $C_{28}H_{21}Cl_2NO_2$[M+H]$^+$ 474.1022；Found 474.1029。

2,4-二(4-溴苯乙烯基)喹啉-3-甲酸乙酯(**6d**)：淡黄色固体，产率 76.7%；m.p. 121.5～122.8 ℃；^{1}H NMR (400 MHz, DMSO-d_6) δ 8.20 (d, J=8.2 Hz, 1H), 8.09 (d, J=8.3 Hz, 1H), 7.98 (d, J=15.5 Hz, 1H), 7.85 (dd, J=15.4 Hz, 8.8 Hz, 2H), 7.67 (s, 3H), 7.67～7.57 (m, 6H), 7.31 (d, J=15.5 Hz, 1H), 6.94 (d, J=16.5 Hz, 1H), 4.41 (dd, J=13.5 Hz, 6.6 Hz, 2H), 1.23 (t, J=6.7 Hz, 3H)；^{13}C NMR (100 MHz, DMSO-d_6) δ 168.25, 150.50, 147.56, 142.77, 136.47, 135.60, 135.44, 134.91, 132.32, 132.20, 131.61, 129.87, 129.70, 129.53, 127.74, 126.01, 125.80, 125.00, 124.95, 123.85, 122.68, 122.46, 62.28, 14.52。HR-MS(ESI,m/z)：Calcd. For $C_{28}H_{21}Br_2NO_2$[M+H]$^+$ 562.0012；Found 564.0082。

2,4-二(4-甲基苯乙烯基)喹啉-3-甲酸乙酯(**6e**)：黄色固体，产率 73.2%；m.p. 115.9～116.3 ℃；^{1}H NMR (400 MHz, DMSO-d_6) δ 8.19 (d, J=8.4 Hz, 1H), 8.08 (d, J=8.4 Hz, 1H), 8.00 (d, J=15.5 Hz, 1H), 7.84 (t, J=7.6 Hz, 1H), 7.72 (d, J=16.5 Hz, 1H), 7.64 (d, J=7.6 Hz, 1H), 7.59 (dd, J=7.6 Hz, 2.3 Hz, 4H), 7.23 (dd, J=11.6 Hz, 7.9 Hz, 5H), 6.94 (d, J=16.5 Hz, 1H), 4.41 (q, J=7.1 Hz, 2H), 2.34 (s, 6H), 1.25 (t, J=7.0 Hz, 3H)；^{13}C NMR (100 MHz, DMSO-d_6) δ 168.68, 159.84, 159.59, 151.06, 147.61, 142.78, 137.43, 135.85, 131.34, 129.55, 129.46, 129.04, 128.92, 128.84, 128.68, 127.21, 125.92, 125.59, 124.89, 121.59, 120.10, 115.29, 115.10, 63.62, 63.59, 62.12, 56.45, 19.00, 15.05, 14.56。HR-MS (ESI,m/z)：Calcd. For $C_{30}H_{27}NO_2$[M+H]$^+$ 434.2115；Found 434.2116。

2,4-二(2-甲基苯乙烯基)喹啉-3-甲酸乙酯(**6f**)：黄色固体，产率 70.6%；m.p.

111.8～112.0 ℃；^{1}H NMR（400 MHz，DMSO-d_6）δ 8.29～8.22（m，2H），8.11（d，J=8.4 Hz，1H），7.88（dd，J=13.5 Hz，6.8 Hz，2H），7.68（dd，J=20.2 Hz，12.5 Hz，3H），7.34～7.24（m，6H），7.21（d，J=6.5 Hz，1H），7.17（d，J=5.5 Hz，1H），4.40（q，J=7.0 Hz，2H），2.49（s，3H），2.36（s，3H），1.23（t，J=7.0 Hz，3H）；^{13}C NMR（100 MHz，DMSO-d_6）δ 168.64，150.81，147.51，143.08，137.07，136.37，135.40，135.14，135.08，133.68，131.52，131.18，130.98，129.79，129.36，129.20，127.67，126.95，126.83，126.21，126.15，125.95，125.85，125.38，125.03，123.83，62.27，20.07，19.71，14.43。HR-MS(ESI，m/z)：Calcd. For $C_{30}H_{27}NO_2$[M+H]$^+$ 434.2115；Found 434.2111。

2,4-二(4-甲氧基苯乙烯基)喹啉-3-甲酸乙酯(**6g**)：黄色固体，产率 74.9%；m.p. 140.6～141.3 ℃；^{1}H NMR（400 MHz，DMSO-d_6）δ 8.20（d，J=8.3 Hz，1H），8.06（d，J=8.4 Hz，1H），7.99（d，J=15.5 Hz，1H），7.83（t，J=7.4 Hz，1H），7.67（s，2H），7.65（s，3H），7.61（s，1H），7.12（d，J=15.5 Hz，1H），7.01（d，J=3.4 Hz，2H），6.99（d，J=3.4 Hz，2H），6.93（d，J=16.5 Hz，1H），4.42（q，J=7.1 Hz，2H），3.81（s，6H），1.26（t，J=7.1 Hz，3H）；^{13}C NMR（100 MHz，DMSO-d_6）δ 168.68，160.53，160.29，150.96，147.63，142.81，137.39，135.81，131.31，129.56，129.44，129.06，129.02，128.84，127.20，125.90，125.61，124.89，121.70，120.19，114.88，114.68，62.12，55.67，55.66，14.56。HR-MS（ESI，m/z）：Calcd. For $C_{30}H_{27}NO_4$[M+H]$^+$ 466.2013；Found 466.2018。

2,4-二(2-甲氧基苯乙烯基)喹啉-3-甲酸乙酯(**6h**)：黄色固体，产率 77.2%；m.p. 135.6～136.7 ℃；^{1}H NMR（400 MHz，DMSO-d_6）δ 8.24（t，J=11.8 Hz，2H），8.10（d，J=8.4 Hz，1H），7.85（t，J=8.2 Hz，2H），7.78（d，J=8.7 Hz，1H），7.65（dd，J=8.8 Hz，7.2 Hz，2H），7.38（t，J=7.7 Hz，3H），7.33（d，J=5.5 Hz，1H），7.15～7.08（m，2H），7.04（dd，J=12.2Hz，7.3 Hz，2H），4.42（q，J=7.1 Hz，2H），3.92（s，3H），3.86（s，3H），1.29（t，J=7.1 Hz，3H）；^{13}C NMR（100 MHz，DMSO-d_6）δ 168.70，158.00，157.27，151.16，147.59，142.71，132.39，131.42，131.37，130.90，130.78，129.71，128.51，127.50，127.45，125.82，125.75，124.90，124.80，124.78，124.61，122.79，121.28，121.15，112.11，111.96，62.10，55.99，14.34。HR-MS(ESI，m/z)：Calcd. For $C_{30}H_{27}NO_4$[M+H]$^+$ 466.2013；Found 466.2018。

2,4-二(4-乙氧基苯乙烯基)喹啉-3-甲酸乙酯(**6i**)：黄色固体，产率 83.6%；m.p. 145.6～145.8 ℃；^{1}H NMR（400 MHz，DMSO-d_6）δ 8.20（d，J=8.3 Hz，1H），8.06（d，J=8.4 Hz，1H），7.98（d，J=15.5 Hz，1H），7.83（t，J=7.4 Hz，1H），7.63（d，J=7.7 Hz，5H），7.59（s，1H），7.11（d，J=15.5 Hz，1H），7.04～6.88（m，5H），4.42（q，J=6.9 Hz，2H），4.07（d，J=6.7 Hz，4H），1.34（t，J=6.7 Hz，6H），1.26（t，J=6.9 Hz，3H）；^{13}C NMR（100 MHz，DMSO-d_6）δ 168.68，159.84，159.59，150.97，147.61，142.83，137.43，135.85，131.34，129.55，129.46，129.04，128.92，128.68，127.21，125.92，125.59，124.89，121.59，120.10，115.29，115.10，63.62，63.59，62.12，19.00，15.05，14.56。HR-MS(ESI，m/z)：Calcd. For $C_{32}H_{31}NO_4$[M+

H]$^+$ 494.2326；Found 494.2329。

2,4-二(2,3-二氯苯乙烯基)喹啉-3-甲酸乙酯(**6j**)：黄色固体，产率 66.8%；m.p. 163.5～164.6 ℃；^{1}H NMR (400 MHz, DMSO-d_6) δ 8.28 (d, J=8.3 Hz, 1H), 8.15 (d, J=8.4 Hz, 1H), 8.09 (d, J=15.8 Hz, 1H), 7.90 (t, J=7.5 Hz, 1H), 7.73 (t, J=7.5 Hz, 1H), 7.65 (d, J=16.8 Hz, 1H), 7.59 (d, J=8.0 Hz, 4H), 7.40 (dd, J=15.3 Hz, 7.3 Hz, 3H), 6.94 (d, J=16.8 Hz, 1H), 4.39 (q, J=7.0 Hz, 2H), 1.27 (t, J=7.1 Hz, 3H)；^{13}C NMR (100 MHz, DMSO-d_6) δ 167.85, 149.63, 147.52, 142.06, 134.30, 134.03, 133.45, 133.17, 132.33, 131.86, 131.75, 131.60, 130.80, 130.69, 130.07, 129.70, 129.60, 129.47, 128.49, 126.09, 125.95, 124.99, 62.68, 14.31。HR-MS(ESI, m/z)：Calcd. For $C_{28}H_{19}Cl_4NO_2$[M+H]$^+$ 542.0243；Found 544.0290。

2,4-二(2,6-二氯苯乙烯基)喹啉-3-甲酸乙酯(**6k**)：黄色固体，产率 70.1%；m.p. 160.8～161.0 ℃；^{1}H NMR (400 MHz, DMSO-d_6) δ 8.28 (d, J=8.3 Hz, 1H), 8.15 (d, J=8.4 Hz, 1H), 8.09 (d, J=15.8 Hz, 1H), 7.90 (t, J=7.5 Hz, 1H), 7.73 (t, J=7.5 Hz, 1H), 7.65 (d, J=16.8 Hz, 1H), 7.59 (d, J=8.0 Hz, 4H), 7.40 (dd, J=15.3 Hz, 7.3 Hz, 3H), 6.94 (d, J=16.8 Hz, 1H), 4.39 (q, J=7.0 Hz, 2H), 1.27 (t, J=7.1 Hz, 3H)；^{13}C NMR (100 MHz, DMSO-d_6) δ 167.85, 149.63, 147.52, 142.06, 134.30, 134.03, 133.45, 133.17, 132.33, 131.86, 131.75, 131.60, 130.80, 130.69, 130.07, 129.70, 129.60, 129.47, 128.49, 126.09, 125.95, 124.99, 62.68, 14.31。HR-MS (ESI, m/z)：Calcd. For $C_{28}H_{19}Cl_4NO_2$ [M+H]$^+$ 542.0243；Found 544.0283。

2,4-二(2,4-二甲基苯乙烯基)喹啉-3-甲酸乙酯(**6l**)：黄色固体，产率 75.3%；m.p. 132.5～133.6 ℃；^{1}H NMR (400 MHz, DMSO-d_6) δ 8.26～8.19 (m, 2H), 8.09 (d, J=8.4 Hz, 1H), 7.85 (t, J=7.6 Hz, 1H), 7.79 (d, J=7.9 Hz, 1H), 7.68～7.61 (m, 2H), 7.57 (d, J=7.7 Hz, 1H), 7.19～7.11 (m, 2H), 7.09 (d, J=10.6 Hz, 4H), 4.38 (q, J=7.0 Hz, 2H), 2.44 (s, 3H), 2.32 (s, 3H), 2.30 (s, 6H), 1.22 (t, J=7.1 Hz, 3H)；^{13}C NMR (100 MHz, DMSO-d_6) δ 168.75, 150.95, 147.52, 143.06, 138.93, 138.67, 136.95, 136.23, 135.24, 133.56, 132.33, 132.25, 131.83, 131.60, 131.41, 129.74, 127.63, 127.50, 126.11, 125.87, 125.75, 124.98, 124.31, 122.68, 62.20, 21.27, 21.24, 19.99, 19.61, 14.42。HR-MS(ESI, m/z)：Calcd. For $C_{32}H_{31}NO_2$[M+H]$^+$ 462.2428；Found 462.2425。

2,4-二(2,5-二甲氧基苯乙烯基)喹啉-3-甲酸乙酯(**6m**)：黄色固体，产率 70.6%；m.p. 124.5～125.9 ℃；^{1}H NMR (400 MHz, DMSO-d_6) δ 8.25 (d, J=8.4 Hz, 1H), 8.20 (d, J=15.7 Hz, 1H), 8.09 (d, J=8.4 Hz, 1H), 7.86 (t, J=3.5 Hz, 1H), 7.83 (d, J=5.1 Hz, 1H), 7.65 (t, J=7.5 Hz, 1H), 7.46 (d, J=2.8 Hz, 1H), 7.38 (d, J=15.7 Hz, 1H), 7.29 (d, J=16.7 Hz, 1H), 7.20 (d, J=2.9 Hz, 1H), 7.04 (dd, J=11.7 Hz, 9.1 Hz, 2H), 6.99～6.91 (m, 2H), 4.42 (q, J=7.1 Hz, 2H), 3.87 (s, 3H), 3.86～3.62 (m, 9H), 1.31 (t, J=7.1 Hz, 3H)；^{13}C NMR (100 MHz, DMSO-d_6) δ 168.65, 153.78, 153.64, 152.41, 151.66, 151.15, 147.59, 142.75,

132.10，131.40，131.36，129.69，127.45，125.86，125.82，125.41，125.32，125.25，124.94，123.10，116.12，113.28，113.22，112.14，62.09，56.47，56.38，56.02，55.83，14.34。HR-MS(ESI，*m/z*)：Calcd. For $C_{32}H_{31}NO_6$[M+H]$^+$ 526.2224；Found 526.2221。

2,4-二(3,4-二甲氧基苯乙烯基)喹啉-3-甲酸乙酯(**6n**)：黄色固体，产率 73.8%；m.p. 115.8～116.0 ℃；^{1}H NMR (400 MHz, DMSO-d_6) δ 8.24 (d, *J*=8.4 Hz, 1H), 8.06 (d, *J*=8.4 Hz, 1H), 7.98 (d, *J*=15.4 Hz, 1H), 7.84 (t, *J*=7.5 Hz, 1H), 7.70 (d, *J*=16.4 Hz, 1H), 7.64 (t, *J*=7.6 Hz, 1H), 7.42 (d, *J*=1.2 Hz, 1H), 7.27 (d, *J*=10.5 Hz, 2H), 7.13 (dd, *J*=8.3 Hz, 7.2 Hz, 2H), 7.01 (dd, *J*=11.9 Hz, 8.3 Hz, 2H), 6.93 (d, *J*=16.4 Hz, 1H), 4.44 (q, *J*=7.1 Hz, 2H), 3.87 (s, 3H), 3.85 (s, 3H), 3.81 (s, 3H), 3.81 (s, 3H), 1.31 (t, *J*=7.1 Hz, 3H)；^{13}C NMR (100 MHz, DMSO-d_6) δ 168.68, 151.02, 150.32, 150.13, 149.46, 149.37, 147.66, 142.84, 137.83, 136.22, 131.34, 129.54, 129.32, 129.07, 127.18, 125.99, 125.61, 124.91, 121.96, 121.59, 121.39, 120.37, 112.27, 111.99, 110.61, 109.76, 62.13, 56.06, 55.96, 55.94, 55.86, 14.58。HR-MS(ESI，*m/z*)：Calcd. For $C_{32}H_{31}NO_6$[M+H]$^+$ 526.2224；Found 526.2223。

2,4-二(3,4,5-三甲氧基苯乙烯基)喹啉-3-甲酸乙酯(**6o**)：黄色固体，产率 80.3%；m.p. 125.6～125.9 ℃；^{1}H NMR (400 MHz, DMSO-d_6) δ 8.25 (d, *J*=8.4 Hz, 1H), 8.08 (d, *J*=8.4 Hz, 1H), 7.98 (d, *J*=15.4 Hz, 1H), 7.87 (t, *J*=7.7 Hz, 1H), 7.79 (d, *J*=16.4 Hz, 1H), 7.70～7.64 (m, 1H), 7.21 (d, *J*=15.5 Hz, 1H), 7.04 (s, 2H), 7.02 (s, 2H), 6.93 (d, *J*=16.4 Hz, 1H), 4.48 (q, *J*=7.0 Hz, 2H), 3.86 (s, 12H), 3.71 (s, 6H), 1.36 (t, *J*=7.0 Hz, 3H)；^{13}C NMR (100 MHz, DMSO-d_6) δ 168.44, 153.58, 153.56, 150.82, 147.64, 142.80, 138.87, 138.63, 137.99, 136.35, 132.08, 131.85, 131.50, 129.59, 127.45, 126.06, 125.78, 124.95, 123.62, 122.15, 105.21, 104.99, 62.23, 60.55, 56.44, 56.31, 14.60。HR-MS(ESI，*m/z*)：Calcd. For $C_{34}H_{35}NO_8$[M+H]$^+$ 586.2435；Found 586.2439。

2,4-二(2,4,5-三甲氧基苯乙烯基)喹啉-3-甲酸乙酯(**6p**)：黄色固体，产率 72.5%；m.p. 113.2～114.7 ℃；^{1}H NMR (400 MHz, DMSO-d_6) δ 8.26 (d, *J*=8.3 Hz, 1H), 8.18 (d, *J*=15.6 Hz, 1H), 8.05 (d, *J*=8.4 Hz, 1H), 7.82 (t, *J*=7.3 Hz, 1H), 7.70 (d, *J*=16.6 Hz, 1H), 7.62 (t, *J*=7.3 Hz, 1H), 7.47 (s, 1H), 7.30 (d, *J*=16.6 Hz, 1H), 7.22 (d, *J*=15.6 Hz, 1H), 7.19 (s, 1H), 6.78 (s, 1H), 6.75 (s, 1H), 4.43 (q, *J*=7.1 Hz, 2H), 3.92 (s, 3H), 3.85 (dd, *J*=9.5 Hz, 3.7 Hz, 12H), 3.79 (s, 3H), 1.34 (t, *J*=7.1 Hz, 3H)；^{13}C NMR (100 MHz, DMSO-d_6) δ 168.98, 153.35, 152.47, 151.64, 151.32, 151.29, 147.66, 143.52, 143.30, 142.83, 131.86, 131.25, 131.17, 129.51, 126.91, 125.83, 125.47, 124.83, 122.36, 119.78, 116.26, 115.99, 111.67, 110.48, 98.31, 98.27, 61.93, 56.80, 56.77, 56.65, 56.44, 56.22, 56.19, 14.38。HR-MS (ESI，*m/z*)：Calcd. For $C_{34}H_{35}NO_8$ [M+H]$^+$ 586.2435；Found 586.2436。

2,4-二(1-萘乙烯基)喹啉-3-甲酸乙酯(**6q**)：黄色固体，产率 75.6%；m.p. 170.8～

170.9 ℃；^{1}H NMR (400 MHz, DMSO-d_6) δ 8.86 (d, J=15.3 Hz, 1H), 8.34 (t, J=7.5 Hz, 2H), 8.22 (d, J=8.4 Hz, 1H), 8.19 (d, J=8.1 Hz, 1H), 8.12 (d, J=7.1 Hz, 1H), 8.02 (t, J=6.9 Hz, 4H), 7.97～7.91 (m, 2H), 7.90 (d, J=6.6 Hz, 1H), 7.81 (d, J=16.2 Hz, 1H), 7.72 (d, J=8.3 Hz, 1H), 7.68 (d, J=8.5 Hz, 1H), 7.60 (dt, J=15.5 Hz, 8.6 Hz, 5H), 7.42 (d, J=15.3 Hz, 1H), 4.40 (q, J=7.1 Hz, 2H), 1.19 (t, J=7.1 Hz, 3H)；^{13}C NMR (100 MHz, DMSO-d_6) δ 168.77, 150.77, 147.63, 143.22, 134.70, 133.87, 133.76, 133.46, 133.36, 132.73, 131.63, 131.35, 131.05, 129.90, 129.80, 129.59, 129.20, 129.12, 127.84, 127.37, 127.21, 127.07, 126.71, 126.61, 126.38, 126.29, 126.07, 125.70, 125.20, 124.80, 124.71, 123.68, 123.55, 62.39, 14.42。HR-MS (ESI, m/z): Calcd. For $C_{36}H_{27}NO_2$ $[M+H]^+$ 506.2115; Found 506.2111。

2,4-二(2-萘乙烯基)喹啉-3-甲酸乙酯(**6r**)：黄色固体，产率 74.3%；m.p. 172.9～173.8 ℃；^{1}H NMR (400 MHz, DMSO-d_6) δ 8.29 (d, J=8.3 Hz, 1H), 8.26～8.18 (m, 2H), 8.17～8.09 (m, 2H), 8.06 (d, J=8.6 Hz, 1H), 8.02～7.88 (m, 8H), 7.69 (t, J=7.5 Hz, 1H), 7.58～7.54 (m, 3H), 7.45 (d, J=15.5 Hz, 1H), 7.17 (d, J=16.5 Hz, 1H), 4.48 (q, J=7.0 Hz, 2H), 1.26 (t, J=7.0 Hz, 3H)；^{13}C NMR (100 MHz, DMSO-d_6) δ 168.53, 150.77, 147.67, 142.89, 137.79, 136.27, 133.96, 133.75, 133.63, 133.54, 131.59, 129.76, 129.09, 129.02, 128.88, 128.75, 128.63, 128.21, 128.11, 127.66, 127.23, 127.11, 126.03, 125.87, 125.04, 124.52, 124.01, 123.32, 62.33, 14.53。HR-MS (ESI, m/z): Calcd. For $C_{36}H_{27}NO_2$ $[M+H]^+$ 506.2115; Found 506.2114。

2,4-二(2-(苯并[d][1,3]二氧杂环戊烯-5-基)乙烯基)喹啉-3-甲酸乙酯(**6s**)：黄色固体，产率 75.1%；m.p. 163.3～163.9 ℃；^{1}H NMR (400 MHz, DMSO-d_6) δ 8.21 (d, J=8.3 Hz, 1H), 8.06 (d, J=8.4 Hz, 1H), 7.94 (d, J=15.4 Hz, 1H), 7.84 (t, J=7.2 Hz, 1H), 7.65 (dd, J=19.7 Hz, 12.1 Hz, 2H), 7.51 (s, 1H), 7.35 (s, 1H), 7.21 (d, J=8.9 Hz, 1H), 7.13～7.06 (m, 2H), 6.98 (t, J=8.5 Hz, 2H), 6.89 (d, J=16.4 Hz, 1H), 6.10 (s, 4H), 4.41 (q, J=7.2 Hz, 2H), 1.26 (t, J=7.2 Hz, 3H)；^{13}C NMR (100 MHz, DMSO-d_6) δ 168.51, 150.92, 148.67, 148.47, 148.39, 147.58, 142.77, 137.44, 135.99, 131.38, 130.92, 130.70, 129.56, 127.28, 125.95, 125.63, 124.92, 123.67, 123.34, 122.34, 120.81, 109.10, 108.86, 106.67, 106.22, 101.85, 101.79, 62.17, 14.53。HR-MS(ESI, m/z): Calcd. For $C_{30}H_{23}NO_6$ $[M+H]^+$ 494.1598; Found 494.1596。

2,4-二(2-呋喃乙烯基)喹啉-3-甲酸乙酯(**6t**)：黄色固体，产率 75.3%；m.p. 160.8～161.0 ℃；^{1}H NMR (400 MHz, DMSO-d_6) δ 8.14 (d, J=8.4 Hz, 1H), 8.04 (d, J=8.4 Hz, 1H), 7.88 (d, J=15.6 Hz, 1H), 7.83 (d, J=4.8 Hz, 3H), 7.63 (t, J=7.6 Hz, 1H), 7.45 (d, J=16.4 Hz, 1H), 7.04 (d, J=15.2 Hz, 1H), 6.90 (d, J=12.1 Hz, 1H), 6.88 (s, 1H), 6.79 (d, J=3.2 Hz, 1H), 6.63 (ddd, J=5.0 Hz, 3.3 Hz, 1.8 Hz, 2H), 4.43 (q, J=7.2 Hz, 2H), 1.29 (t, J=7.2 Hz, 3H)；^{13}C NMR (100 MHz, DMSO-d_6) δ 168.47, 152.22, 151.83, 150.20, 147.68, 145.13, 144.75, 141.81,

131.52，129.64，127.61，125.79，125.65，125.46，124.60，123.44，121.23，119.74，114.01，113.02，112.75，112.33，62.27，14.34。HR-MS（ESI，m/z）：Calcd. For $C_{24}H_{19}NO_4$[M+H]$^+$ 386.1387；Found 386.1382。

2,4-二(2-噻吩乙烯基)喹啉-3-甲酸乙酯(**6u**)：黄色固体，产率 70.1%；m.p.163.5～163.8 ℃；^{1}H NMR (400 MHz，DMSO-d_6) δ 8.18 (t，J=15.2 Hz，2H)，8.06 (d，J=8.4 Hz，1H)，7.85 (t，J=7.6 Hz，1H)，7.64 (t，J=5.3 Hz，3H)，7.50 (d，J=3.2 Hz，1H)，7.42 (dd，J=13.0 Hz，9.9 Hz，2H)，7.16 (ddd，J=13.9 Hz，11.0 Hz，8.7 Hz，3H)，6.98 (d，J=15.2 Hz，1H)，4.44 (q，J=7.0 Hz，2H)，1.33 (t，J=7.2 Hz，3H)；^{13}C NMR (100 MHz，DMSO-d_6) δ 168.38，150.20，147.71，141.99，141.41，141.18，131.57，131.21，130.60，129.61，129.30，129.25，128.96，128.65，128.05，127.81，127.61，125.83，125.41，124.67，122.86，121.13，62.29，14.59. HR-MS(ESI，m/z)：Calcd. For $C_{24}H_{19}NO_2S_2$[M+H]$^+$ 418.0930；Found 418.0932。

2,4-二(2-吡啶乙烯基)喹啉-3-甲酸乙酯(**6v**)：黄色固体，产率 77.2%；m.p.170.2～170.8 ℃；^{1}H NMR (400 MHz，DMSO-d_6) δ 8.67 (d，J=4.0 Hz，2H)，8.20 (s，1H)，8.17 (d，J=7.6 Hz，1H)，8.14 (d，J=8.8 Hz，1H)，8.06 (d，J=15.2 Hz，1H)，7.91 (d，J=7.2，1H)，7.88 (s，1H)，7.87～7.81 (m，2H)，7.72(d，J=6.4 Hz，2H)，7.68(d，J=7.2 Hz，2H)，7.37 (dd，J=12.7 Hz，7.9 Hz，2H)，7.10 (d，J=16.2 Hz，1H)，4.42 (q，J=7.1 Hz，2H)，1.25 (t，J=7.1 Hz，3H)；^{13}C NMR (100 MHz，DMSO-d_6) δ 168.24，153.99，153.93，150.38，150.24，150.20，147.66，142.34，137.60，137.59，137.53，135.41，131.70，129.89，128.11，127.50，126.27，126.06，125.81，124.97，124.83，124.10，124.05，123.55，62.31，14.41。HR-MS（ESI，m/z）：Calcd. For $C_{26}H_{21}N_3O_2$[M+H]$^+$ 408.1707；Found 408.1705。

2,4-二(二茂铁乙烯基)喹啉-3-甲酸乙酯(**6w**)：紫色固体，产率 70.5%；m.p.185.7～186.2 ℃；^{1}H NMR (400 MHz，DMSO-d_6) δ 8.18 (d，J=8.4 Hz，1H)，8.04 (d，J=8.4 Hz，1H)，7.82 (d，J=8.4 Hz，1H)，7.80 (s，1H)，7.63 (t，J=7.5 Hz，1H)，7.30 (d，J=16.3 Hz，1H)，6.84 (d，J=16.3 Hz，1H)，6.78 (d，J=15.3 Hz，1H)，4.73 (s，2H)，4.69 (s，2H)，4.56 (q，J=7.0 Hz，2H)，4.46 (s，2H)，4.42 (s，2H)，4.24 (s，5H)，4.19 (s，5H)，1.47 (t，J=7.0 Hz，3H)；^{13}C NMR (100 MHz，DMSO-d_6) δ 168.90，150.97，147.86，142.06，137.70，136.30，131.18，129.47，126.88，125.65，124.59，124.34，121.37，119.10，81.89，81.51，70.51，70.13，69.74，69.56，68.27，67.96，62.10，14.67。HR-MS(ESI，m/z)：Calcd. For $C_{36}H_{31}Fe_2NO_2$[M+H]$^+$ 622.1126；Found 622.1119。

8.3 结果与讨论

8.3.1 2,4-二(芳基乙烯基)喹啉-3-甲酸乙酯衍生物的合成

在该系列化合物的合成过程中，首先以 4-溴甲基-2-氯甲基喹啉-3-甲酸乙酯（**3**）与苯

甲醛（**5a**）的反应为例对其反应条件进行了研究。首先，反应物（**3**）先与亚磷酸三乙酯发生 Arbuzov 反应得到中间体（**4**）（反应过程如图 8-2 所示）。这个过程需要在 160 ℃的高温下进行，反应的时间比较短，两小时即可完成。反应结束后利用减压设备将过量的亚磷酸三乙酯（液体）蒸除，直至有固体析出。然后将中间体（**4**）溶解在干燥的 DMF 中，然后加入苯甲醛和 NaH，使之在碱性较强的条件下发生 Horner-Wadsworth-Emmons 反应。在该反应过程中，先室温搅拌 1 h，接着在 90 ℃温度下反应 4 h。用 TLC 监测反应进程。反应完毕，直接加入 5 mL 10%KOH 水溶液再继续加热回流，欲使喹啉 3-位的酯基水解。但回流 6 h后，酯的水解反应并没有发生。为了让酯基水解，对碱的浓度进行了提高，但是结果证明这个方法行不通。接着尝试了在酸性条件下水解，加入 18%的盐酸溶液，在 120 ℃回流的条件下回流 6 h，但酯基也没有水解。究其原因，可能由于空间位阻比较大。

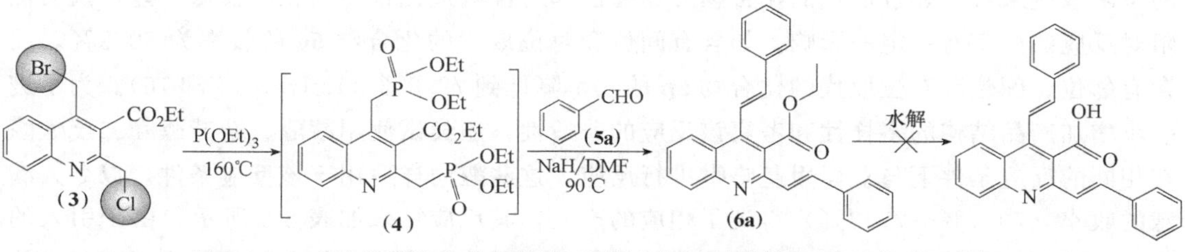

图 8-2　2,4-双卤甲基喹啉-3-甲酸乙酯(3)与苯甲醛的“两步一锅法”反应

Figure 8-2　Two-step one-pot reaction of 2,4-bis(halomethyl)quinoline-3-carboxylate (**3**) with benzaldehyde

这样，我们通过“一锅法”的合成方式，采用 Arbuzov 反应和 Horner-Wadsworth-Emmons 反应有效合成了结构有趣的 2,4-二(苯乙烯基)喹啉-3-甲酸乙酯（**6a**）。类似地，不同取代的苯甲醛也同样适用于这样的反应条件，以较好的收率得到了一系列 2,4-二(芳乙烯基)喹啉-3-甲酸乙酯类化合物，其反应结果如表 8-1 所示。

表 8-1　2,4-二(芳基乙烯基)喹啉-3-甲酸乙酯(6a-6p)的收率和熔点

Table 8-1　Yields and melting points of ethyl 2,4-bi(arylvinyl)quinoline-3-carboxylates(6a-6p)

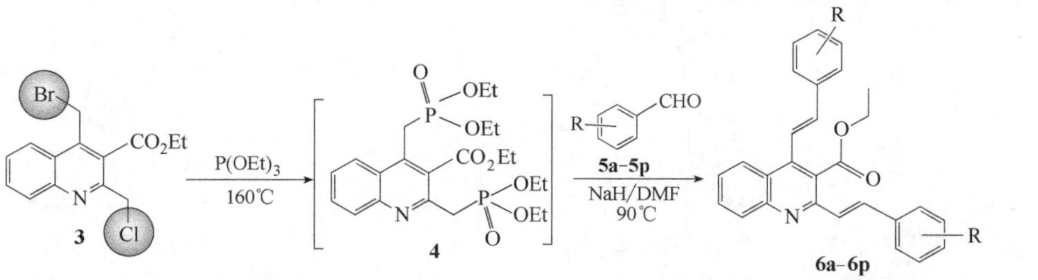

Entry	R	产物	收率/%	m. p. /℃
1	H	**6a**	75.6	105.5～106.3
2	4-Cl	**6b**	75.9	112.3～113.2
3	2-Cl	**6c**	70.8	113.3～113.8
4	4-Br	**6d**	76.7	121.5～122.8
5	4-CH_3	**6e**	73.2	115.9～116.3
6	2-CH_3	**6f**	70.6	111.8～112.0
7	4-OCH_3	**6g**	74.9	140.6～141.3
8	2-OCH_3	**6h**	77.2	135.6～136.7

续表

Entry	R	产物	收率/%	m. p. /℃
9	4-OEt	**6i**	83.6	145.6～145.8
10	2,3-Cl	**6j**	70.8	163.5～164.6
11	2,6-Cl	**6k**	70.1	160.8～161.0
12	2,4-Me	**6l**	75.3	132.5～133.6
13	2,5-OMe	**6m**	70.6	124.5～125.9
14	3,4-OMe	**6n**	73.8	115.8～116.0
15	3,4,5-OMe	**6o**	80.3	125.6～125.9
16	2,4,5-OMe	**6p**	72.5	113.2～114.7

从表 8-1 中可以看出，化合物 **6a-6p** 的产率在 70.1%～83.6%之间。从取代基的电子效应来看，无论是吸电子基团还是供电子基团，对产品的收率没有明显的影响；从取代基的位阻效应来看，邻位取代的化合物要比间位和对位取代化合物的收率要低一些，说明位阻对反应的产率有一定的影响。如含有间位和对位取代的化合物 **6o** 的收率为 80.3%，而含有邻位、间位和对位取代的化合物 **6p** 的收率降低到 72.5%（Entries 15 和 16）。为了进一步增加产品结构的多样性和考察该反应的普适性，还尝试使用萘醛、杂芳醛和二茂铁醛在相同的反应条件下与双卤甲基喹啉进行反应，这些醛同样适用于该反应条件，以令人满意的收率（70.1%～77.2%）得到了相应的产品，其反应结果如表 8-2 所示。由于引入的这些杂环和二茂铁环是生物活性较高的结构单元，因此合成这些化合物是一项很有意义的研究工作，可以为今后药物分子的研究与开发提供很好的可选底物。

表 8-2　2,4-二(杂芳基/二茂铁基乙烯基)喹啉-3-甲酸乙酯的收率和熔点

Table 8-2　Yields and melting points of ethyl 2,4-bi(hetaryl/Ferrocenylvinyl)quinoline-3-carboxylates

Entry	产物	6q-6w	收率/%	m. p. /℃
1	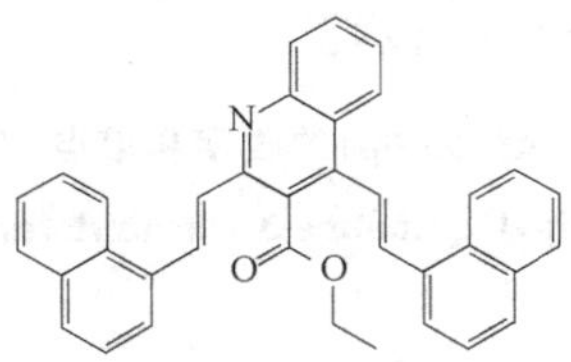	**6q**	75.6	170.8～170.9
2	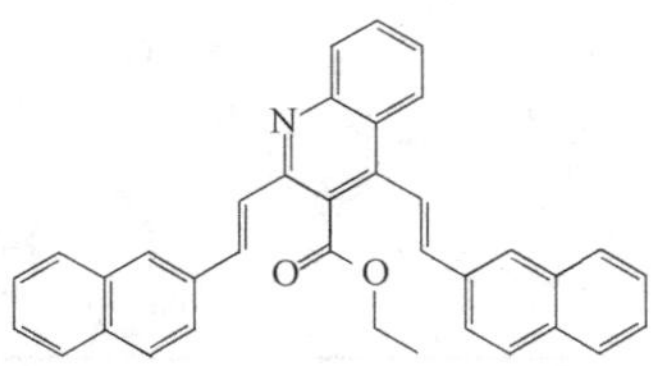	**6r**	74.9	172.9～173.8
3	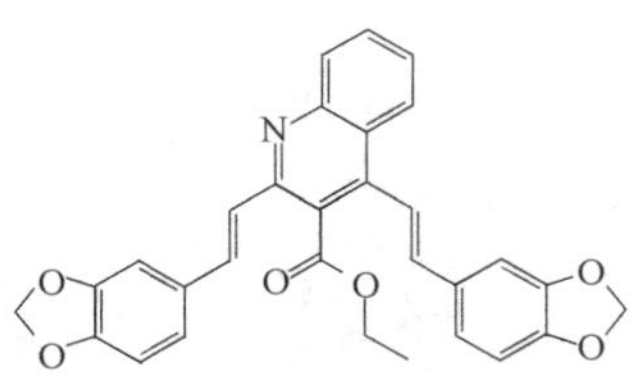	**6s**	75.1	163.3～163.9

续表

Entry	产物	6q-6w	收率/%	m. p. /℃
4	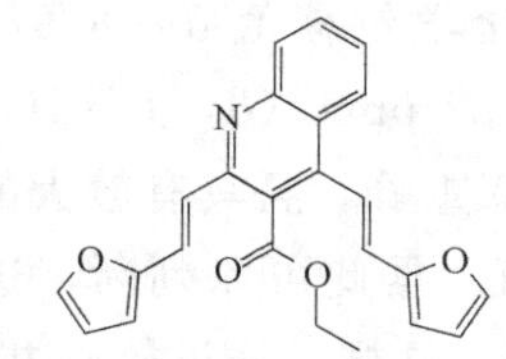	**6t**	75.3	160.8～161.0
5	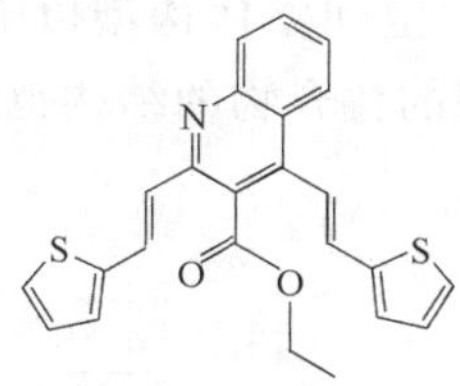	**6u**	70.1	163.5～163.8
6	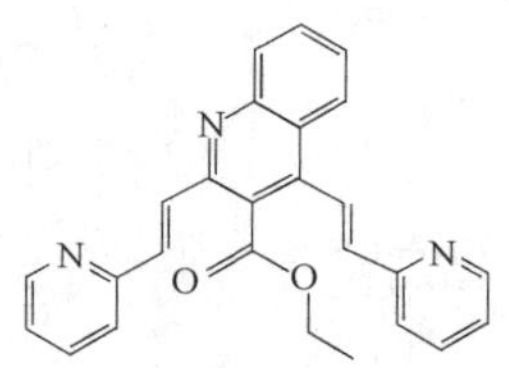	**6v**	77.2	170.2～170.8
7	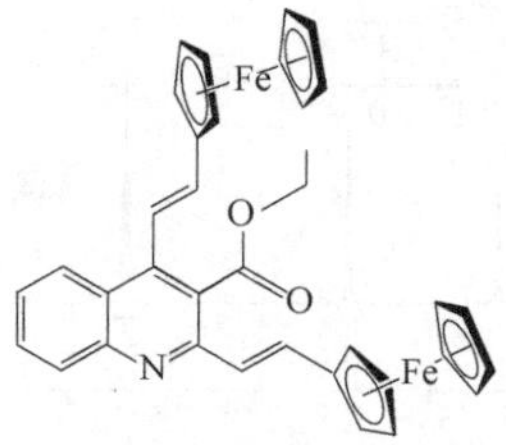	**6w**	70.5	185.7～186.2

8.3.2　目标化合物的结构表征

所合成的目标化合物 **6a-6w** 结果均已通过核磁共振氢谱、核磁共振碳谱和高分辨质谱的表征得以证实，与预想的结构完全一致。以产物 **6a** 为例来进行表征说明。在化合物 **6a** 的 ^{1}H NMR 谱图中（如图 8-3 所示），化学位移 δ=1.26 ppm 和 4.43 ppm 处分别出现一个三质子的三重峰（t，J=7.2 Hz，3H）和一个两质子的四重峰（q，J=7.2 Hz，2H），很容易归属为喹啉环 3-位乙酯基上氢的吸收峰；在化学位移值 δ=7.66 ppm 处的一个氢质子的三重峰（t，J=7.6 Hz，1H），7.87 ppm 处的一个氢质子的三重峰（t，J=7.6 Hz，1H），8.11 ppm 处的一个氢质子的双重峰（d，J=8.4 Hz，1H）和 8.23 ppm 处的一个氢质子的双重峰（d，J=8.4 Hz，1H），应该是喹啉环上四个氢质子的吸收峰；在芳香区域 δ 6.97～8.05 ppm 范围，除喹啉环上氢质子外，还展示 14 个氢质子吸收峰的存在，这正好与两个苯乙烯基上氢的个数完全一致。这样，由这些谱图数据分析可以初步判断所合成的目标化合物与我们预想的结构相一致。但由于环外乙烯基（—CH ═CH—）的存在，产品的结构可能以 *E*-式和/或 *Z*-式的存在。这样，为了明确产品结构的具体构型，我们对该核磁氢谱图做了进一步分析，发现在化学位移值 $\delta=6.97$ ppm（d，1H，$J=16.4$ Hz）、7.29 ppm（d，1H，$J=15.6$ Hz）、7.82 ppm（d，$J=16.4$ Hz，1H）和 8.05 ppm（d，1H，$J=15.6$ Hz）处清楚地显示四个双重峰，且具有较大的耦合常数 J 约为 16.0 Hz，这是乙烯基为 *E*-式构型的典型耦合数值。据此可以判断，这四个双重峰归属于两个乙烯基上的氢吸收峰，且乙烯基为 *E*-式构型。这样，通过核磁共振氢谱的分析，不仅证实了其结构的正确性，而且也表明该化合物结构空间立体构型以 *E*-式存在。本系列的化合物结构都是通过这样的方法进行确认的，得到的化合物的结构也都与预想的结构是相同的。

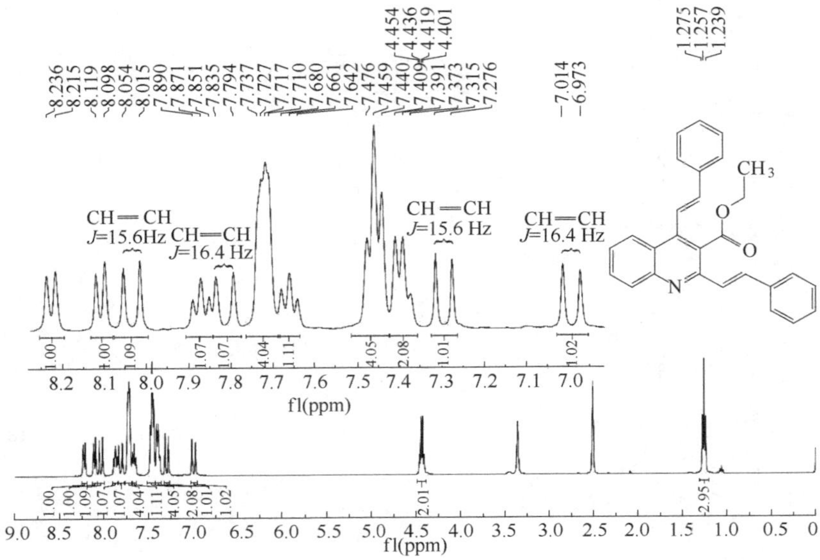

图 8-3 2,4-二(苯乙烯基)喹啉-3-甲酸乙酯(**6a**)的[1]H NMR 谱图

Figure 8-3 ^{1}H NMR spectra of ethyl 2,4-bis(styryl)quinoline-3-carboxylate (**6a**)

为了更进一步证实其结构，我们又对其进行了[13]C NMR 谱图表征，其谱图如图 8-4 所示。从图中可以清楚看到，在脂肪区域 $\delta=14.53$ ppm 和 62.24 ppm 处出现的两个碳信号峰，无疑是喹啉 3-位乙酯基中乙基碳吸收峰；在芳环区域 δ 122.81～150.67 ppm 范围内出现 17 个碳的信号峰，则归属为喹啉环和两个苯乙烯基的碳吸收峰；在 $\delta=168.43$ ppm 处出现的信号峰，明显是酯羰基碳的吸收峰。

最后，我们又通过该化合物的高分辨质谱（HR-MS）进一步证实了其结构。如图 8-5 所示，从中可以看出，所测试的化合物的 $[M+H]^+$ 的准分子离子峰为 m/z 406.1804，准分子式为 $C_{28}H_{24}N_1O_2$，而 **6a** 的 $[M+H]^+$ 计算值为 m/z 406.1802，化学式为 $C_{28}H_{23}N_1O_2$，二者完全相符。这些数据充分证明了所合成化合物结构与我们所设计的结构完全一致。

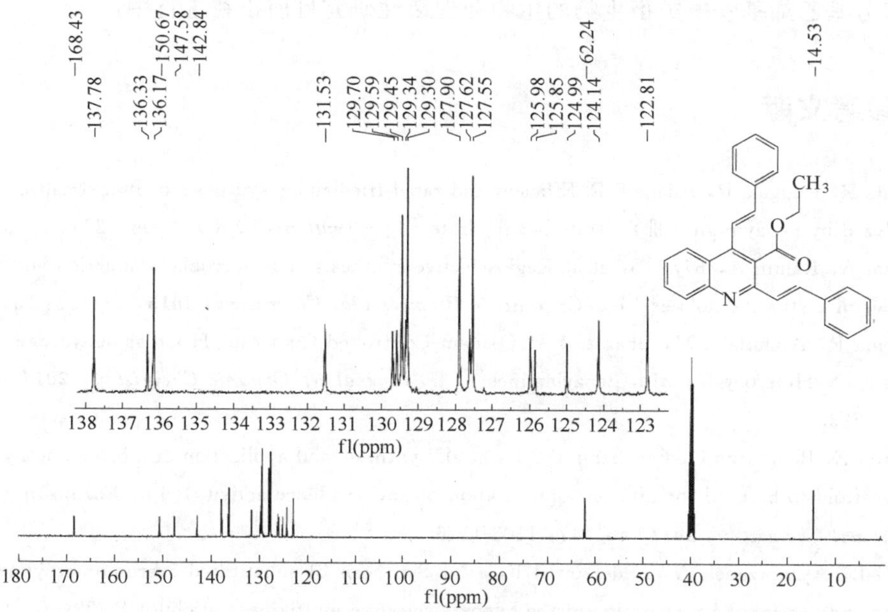

图 8-4　2,4-二(苯乙烯基)喹啉-3-甲酸乙酯(**6a**)的^{13}C NMR 谱图

Figure 8-4　^{13}C NMR spectra of ethyl 2,4-bis(styryl)quinoline-3-carboxylate (**6a**)

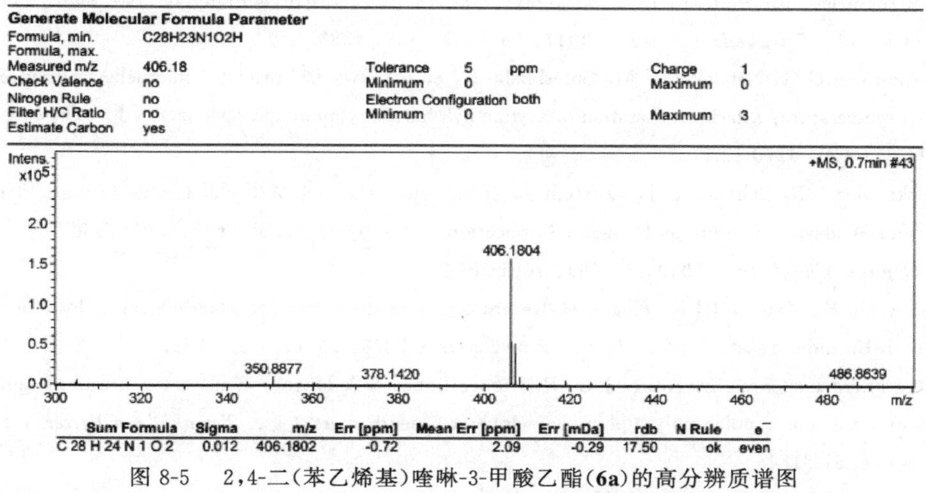

图 8-5　2,4-二(苯乙烯基)喹啉-3-甲酸乙酯(**6a**)的高分辨质谱图

Figure 8-5 HRMS spectra of ethyl 2,4-bis(styryl)quinoline-3-carboxylate (**6a**)

8.4 本章小结

本章继续以 4-溴甲基-2-氯甲基喹啉-3-甲酸乙酯为底物，与亚磷酸三乙酯发生 Arbuzov 反应，得到相应的磷叶立德中间产物，所得中间体不经分离提纯，直接与芳醛或杂芳醛进行 Horner-Wadsworth- Emmons 反应，从而通过“两步一锅法”的合成方式，得到了一系列结构新颖而有趣的 2,4-二（芳基乙烯基）喹啉-3-甲酸乙酯类化合物 **6a-6w**。关

于此类双芳基乙烯基喹啉类衍生物的生物药理活性研究目前正在进行中。

8.5 参考文献

[1] Varala R, Enugala R, Adapa S R. Efficient and rapid friedlander synthesis of functionalized quinolines catalyzed by neodymium (Ⅲ) nitrate hexahydrate [J]. *Synthesis*, **2006**, 2006 (22): 3825-3830.

[2] Kamal A, Rahim A, Riyaz S, et al. Regioselective synthesis, antimicrobial evaluation and theoretical studies of 2-styrylquinolines [J]. *Organic & Biomolecular Chemistry*, **2015**, 13 (5): 1347-1357.

[3] Sharma R, Abdullaha M, Bharate S B. Oxidant-Controlled C-sp_2/sp_3-H Cross-dehydrogenative Coupling of *N*-Heterocycles with Benzylamines [J]. *Journal of Organic Chemistry*, **2017**, 82 (18): 9786-9793.

[4] Chorell E, Bengtsson C, Banchelin T S L, et al. Synthesis and application of a bromomethyl substituted scaffold to be used for efficient optimization of anti-virulence activity [J]. *European Journal of Medicinal Chemistry*, **2011**, 46 (4): 1103-1116.

[5] Lu G L, Ashoorzadeh A, Anderson R F, et al. Synthesis of substituted 5-bromomethyl-4-nitroimidazoles and use for the preparation of the hypoxia-selective multikinase inhibitor SN29966 [J]. *Tetrahedron*, **2013**, 69 (43): 9130-9138.

[6] Amosova S V, Novokshonova I A, Penzik M V, et al. Reaction of 2-bromomethyl-1,3-thiaselenole with thiourea: En route to the first representatives of 2-(organylsulfanyl)-2,3-dihydro-1,4-thiaselenines [J]. *Tetrahedron Letters*, **2017**, 58 (46): 4381-4383.

[7] Rajeshwaran G G, Nandakumar M, Sureshbabu R, et al. Lewis acid-mediated michaelis-arbuzov reaction at room temperature: a facile preparation of arylmethyl/heteroarylmethylphosphonates [J]. *Organic Letters*, **2011**, 13 (6): 1270-1273.

[8] Markiewicz J T, Schauer D J, Löfstedt J, et al. Synthesis of 4-Methyldienoates Using a Vinylogous Horner-Wadsworth-Emmons Reagent. Application to the Synthesis of Trichostatic Acid [J]. *Journal of Organic Chemistry*, **2010**, 75 (6): 2061-2064.

[9] Kobayashi K, Tanaka III K, Kogen H. Recent topics of the natural product synthesis by Horner-Wadsworth-Emmons reaction [J]. *Tetrahedron Letters*, **2018**, 59 (7): 568-582.

[10] Díez-Barra E, García-Martímez J C, Rodríguez-López J. A Horner-Wadsworth-Emmons approach to dipolar and non-dipolar poly (phenylenevinylene) dendrimers [J]. *Tetrahedron Letters*, **1999**, 40 (46): 8181-8184.

[11] Viau L, Maury O, Le Bozec H. New 4,4′-oligophenylenevinylene functionalized-[2,2′]-bipyridyl chromophores: synthesis, optical and thermal properties [J]. *Tetrahedron Letters*, **2004**, 45 (1): 125-128.

[12] Ordóñez M, Hernández-Fernández E, Montiel-Pérez M, et al. A convenient method for the preparation of chiral phosphonoacetamides and their Horner-Wadsworth-Emmons reaction [J]. *Tetrahedron: Asymmetry*, **2007**, 18 (20): 2427-2436.

[13] Aitken R A, Jethwa S J, Richardson N V, et al. Regioselective bromination of 1,4-dimethoxy-2,3-dimethylbenzene and conversion into sulfur-functionalised benzoquinones [J]. *Tetrahedron Letters*, **2016**, 57 (14): 1563-1566.

[14] Ryabukhin S V, Volochnyuk D M, Plaskon A S, et al. Chlorotrimethylsilane-mediated Friedländer

synthesis of polysubstituted quinolines [J]. *Synthesis*, **2007**, 2007 (08): 1214-1224.

[15] Degtyarenko A S, Tolmachev A A, Volovenko Y M, et al. Chlorotrimethylsilane-mediated Friedländer synthesis of 2-(α-chloroalkyl) quinoline derivatives [J]. *Synthesis*, **2007**, 2007 (24): 3891-3895.

[16] Flaherty D P, Walsh S M, Kiyota T, et al. Polyfluorinated bis-styrylbenzene β-amyloid plaque binding ligands [J]. *Journal of Medicinal Chemistry*, **2007**, 50 (20): 4986-4992.

[17] Zhao Q, Sun J, Liu B, et al. Synthesis of stilbene 1,4-distyrylbenzene and 4,4′-distyrylbiphenyl via Horner-Wadsworth-Emmons reaction in phase-transfer catalysis system [J]. *Dyes and Pigments*, **2013**, 99 (2): 339-347.

[18] Kowalski K, Koceva Chya A, Szczupak ukasz, et al. Ferrocenylvinyl-flavones: Synthesis, structure, anticancer and antibacterial activity studies [J]. *Journal of Organometallic Chemistry*, **2013**, 741: 153-161.

第9章

3-溴甲基喹喔啉-2-甲酸乙酯的合成

9.1 引言

喹喔啉类化合物广泛地存在于自然界中，它们在材料化学和药物化学中有着重要应用。喹喔啉环骨架是在天然化合物和合成化合物中的重要结构，是各种化合物的关键核心结构，如大环类抗生素、棘霉素、左旋霉素、放线菌素等。除了生物和药物活性应用外，由喹喔啉单元组成的分子还具有材料科学的许多重要应用。例如，喹喔啉衍生物可用于电致发光材料、有机半导体、染料与电光化学材料等。由此可见，设计合成结构新颖的喹喔啉类化合物对于开发利用新的喹喔啉类衍生物具有重要的意义。

在过去几年中，我们课题组曾以2-甲基喹啉类化合物为底物与NBS进行自由基溴化反应制备反应活性的2-溴甲基喹啉类化合物，然后与各种水杨醛、芳胺和酚等物质反应从而合成一系列喹啉类衍生物。最近Kumar等使用乙酸乙酰乙酯在甲醇为溶剂的条件下，经*N*-溴代丁二酰亚胺（NBS）溴代及与邻苯二胺发生反应，合成出3-甲基喹喔啉-2-甲酸乙酯（**1**）（如图9-1所示）。

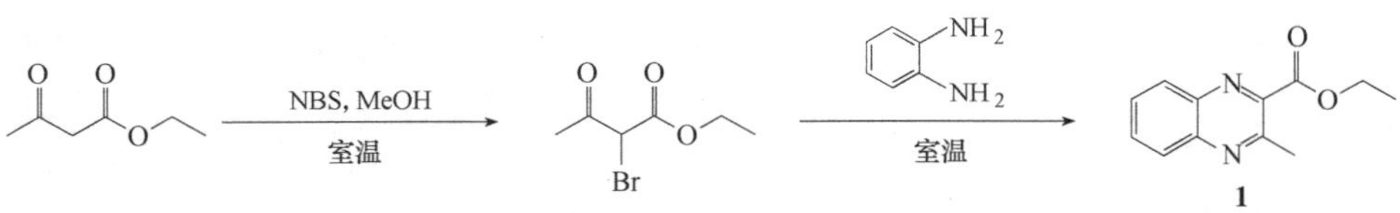

1

图 9-1　3-甲基喹喔啉-2-甲酸乙酯的合成路线（**1**）

Figure 9-1　Synthetic route for ethyl 3-methylquinoxaline-2-carboxylate（**1**）

由此，如果将**3**位的甲基再进一步与NBS进行自由基溴代反应，可合成相应的3-溴甲基喹喔啉-2-甲酸乙酯。该化合物可以作为重要的活泼中间体与各种试剂进行反应，从而大大扩展喹喔啉类化合物结构的多样性。这样，在前期研究工作基础上，本章主要是以3-甲基喹喔啉-2-甲酸乙酯（**1**）为底物与NBS在四氯化碳为溶剂，200 W钨丝灯光照为引发剂的条件下进行自由基溴化反应，合成得到具有重要合成应用价值的3-溴甲基喹喔啉-

2-甲酸乙酯（**2**），如图 9-2 所示。

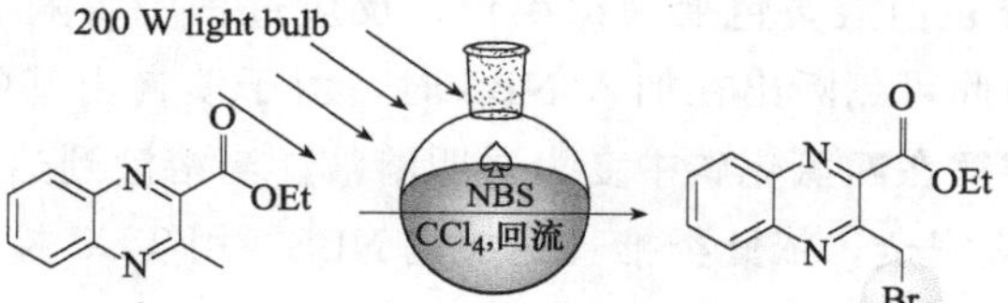

1　　**2**

图 9-2　3-溴甲基喹喔啉-2-甲酸乙酯的合成（**2**）

Figure 9-2　Synthesis of ethyl 3-bromomethylquinoxaline-2-carboxylate（**2**）

9.2　实验部分

9.2.1　试剂与仪器

试剂与仪器	规格与来源
石油醚	分析纯，天津市福晨化学试剂厂
乙酸乙酯	分析纯，天津市福晨化学试剂厂
3-甲基喹喔啉-2-甲酸乙酯	按文献合成
BPO	天津市大茂化学试剂厂
四氯化碳	分析纯，天津永晟精细化工有限公司
钨丝灯 200 W	建正照明科技有限公司
85-1A 型磁力搅拌器	上海冉富仪器有限公司
调温电热套（DRT-TW 型）	分析纯，锦州古城化学试剂厂
SHB-ⅢS 循环水式多用真空泵	郑州长城科工贸有限公司
旋转蒸发仪 RE-2000	巩义市予华仪器有限责任公司
WP-2003-1 三用紫外分析仪	郑州长城科工贸有限公司
WRS-1B 数字熔点仪	温州奥利生物医学仪器厂
核磁共振仪	美国 Anilent 公司，Scimitar 2000 Near

9.2.2　3-甲基喹喔啉-2-甲酸乙酯（1）的合成

按照文献的方法，我们采用乙酸乙酰乙酯 13.014 g（10 mmol）溶解在 200 mL 甲醇中，加入 17.926 g（10 mmol）NBS 加热回流反应，待反应溶液至澄清，加入邻苯二胺 12.976 g（12 mmol），待反应完全结束，旋蒸出甲醇，最后经柱色谱法分离出 3-甲基喹喔啉-2-甲酸乙酯纯品，熔点 69.7～71.2 ℃（Lit：71～73 ℃）。

9.2.3　3-溴甲基喹喔啉-2-甲酸乙酯的合成

将 3-甲基喹喔啉-2-甲酸乙酯（**1**）（10.812g，50 mmol）溶解在 500 mL 四氯化碳中，

称量好 NBS，分成 5 份。首先将油浴锅调整到 60 ℃，将第一份 NBS 加入其中，使用 200 W 钨丝灯光照引发，颜色由淡黄色变为深褐色，反应过程中每隔 30 min 升温 10 ℃直至达到微微回流状态。由此可判断出在加入 NBS 时，由于溴自由基的反应使溶液变为深褐色，经反应后产物又溶解在四氯化碳中变为透明溶液。当溶液到达透明状态，再加入第二份 NBS 反应，直至反应完全，依此类推直到加完 NBS。用 TLC 检测反应进程，待反应完全时，旋蒸出四氯化碳，最后经硅胶柱色谱法，使用石油醚与乙酸乙酯的体积比为 30∶1 的溶剂为洗脱剂分离出 3-溴甲基喹喔啉-2-甲酸乙酯（**2**）和少量的副产物 3-(二溴甲基)-2-喹喔啉甲酸乙酯（**3**）其理化性质和波谱数据如下所示。

3-溴甲基喹喔啉-2-甲酸乙酯（**2**）：白色固体，产率 62.0%；m. p. 96.7～98.2 ℃；^{1}H NMR（400 MHz，$CDCl_3$）δ 1.54（t，J = 7.2 Hz，3H，OCH_2CH_3），4.63（q，J = 7.2 Hz，2H，OCH_2CH_3），5.16（s，2H，CH_2Br），7.86～7.91（m，2H，Quin-H），8.12（d，J = 7.2 Hz，1H，Quin-H），8.26（d，J = 7.2 Hz，1H，Quin-H）；^{13}C NMR（100 MHz，$CDCl_3$）δ 164.84，151.23，143.61，141.87，140.58，132.40，131.26，129.87，128.99，62.98，31.54，14.20。

3-(二溴甲基)喹喔啉-2-甲酸乙酯（**3**）：白色固体，产率 21.0 %；m. p. 91.7～92.2 ℃；^{1}H NMR（400 MHz，$CDCl_3$）δ 1.46（t，J = 7.2 Hz，3H，OCH_2CH_3），4.56（q，J = 7.2 Hz，2H，OCH_2CH_3），7.81～7.91（m，2H，Quin-H），7.87（s，1H，$CHBr_2$），8.21（d，J = 8.4 Hz，2H，Quin-H）；^{13}C NMR（100 MHz，$CDCl_3$）δ 164.53，151.14，142.34，141.06，138.89，132.95，132.10，129.82，129.35，63.31，39.01，14.21。

9.3 结果与讨论

9.3.1 3-溴甲基喹喔啉-2-甲酸乙酯（2）的反应研究

前述 2-甲基喹啉-3-甲酸乙酯类化合物的 NBS 自由基溴化反应，其反应条件是使用过氧化苯甲酰（BPO）。然而，该方法具有一溴产物收率低、分离困难等缺点。在该反应条件下，3-甲基喹喔啉-2-甲酸乙酯（**1**）与 NBS 的自由基溴化反应仅以 22%的收率得到单溴产物 3-溴甲基喹喔啉-2-甲酸乙酯（**2**）（Entry 1，表 9-1）。另外，也尝试使用偶氮双异丁腈（AIBN）作为引发剂，但产品的收率并没有得到提高（Entry 2，表 9-1）。通过文献调研，发现一种以甲苯类化合物与 NBS 在可见光诱导下的自由基溴化反应方法，推测这一方法同样可以适用于 2-甲基喹喔啉-3-甲酸乙酯的甲基自由基溴化反应。因此，用 2-甲基喹喔啉-3-甲酸乙酯的 CCl_4 溶液与 1.0 倍量的 NBS 加热回流，使用一个 40 W 的白炽灯进行光照反应 36 h，虽然一溴产物的收率有所提高，但是仅提高至 31%（Entry 3，表 9-1）。有趣的是，当进一步增大白炽灯的功率时，其产物的收率可以得到明显的提高，当使用 200 W 白炽灯时，其产物的收率高达 51%（Entry 5，表 9-1），再进一步增大白炽灯的功率至 250 W 时，目标产物收率没有明显增高（Entry 6，表 9-1）。对于 NBS 的用量，当使用 1.2 倍量时，其目标产物收率最高（Entry 7，表 9-1），再进一步增大 NBS 用量，产物收率却有所下降（Entry 8，表 9-1）。另外，当溴化试剂采用分批方式加入时，产品收率还能够进一步提高，即每隔 1 h，加入 1/5 倍量 NBS。这样，想要的产品（**2**）的收率可达到 62%（Entry 9，表 9-1）。综上所述，当 2-甲基喹喔啉-3-甲酸乙酯与 NBS 进行自由基溴化反应时，采用 200 W 的白炽灯确实可以提高一溴产物 3-溴甲基喹喔啉-2-甲酸乙酯（**2**）的收率，而且有效抑制了副产物 **3** 的生成。

表 9-1　3-甲基喹喔啉-2-甲酸乙酯在不同反应条件下自由基溴化反应

Table 9-1　The radical bromination reaction of 3-methylquinoxaline-3-carboxylate in different conditions

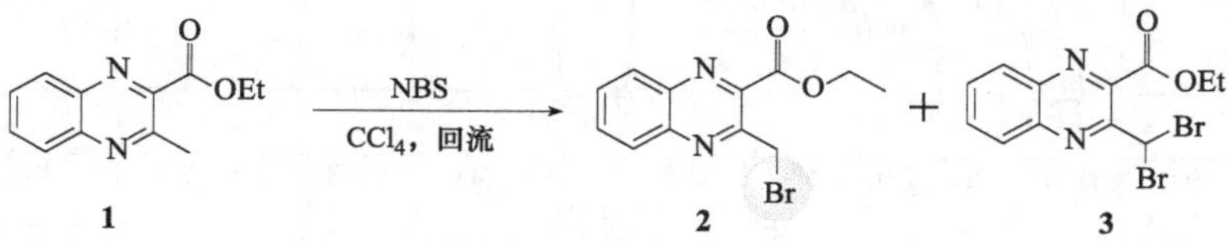

Entry	反应条件	收率/%[a]
1	NBS (1.0 倍率)，BPO[b]	22
2	NBS (1.0 倍率)，AIBN[b]	24
3	NBS (1.0 倍率)，40 W 白炽灯	31
4	NBS (1.0 倍率)，100 W 白炽灯	40
5	NBS (1.0 倍率)，200 W 白炽灯	51
6	NBS (1.0 倍率)，250 W 白炽灯	50
7	NBS (1.2 倍率)，200 W 白炽灯	54
8	NBS (1.5 倍率)，200 W 白炽灯	48
9	NBS (1.2 倍率) added in batches，200 W 白炽灯	62

[a] Isolated yield；[b] 5 mol%。

3-甲基喹喔啉-2-甲酸乙酯与 NBS 在白炽灯光照的条件下可以有效地进行自由基溴化反应，以较好的收率得到一溴代产物。究其原因，可能是由于 200 W 白炽灯照射对该自由基溴化反应的引发条件比较温和，释放的溴自由基浓度比较低，有效降低了二溴代的副反应的发生，从而提高了一溴产物的收率。此外，尝试使用其他的光源，如紫外灯的照射，但在该反应条件下并没有取得理想的结果，得到的副产物的量比较多，降低了主产物的收率。

9.3.2　结构表征

由于目标产物 3-溴甲基喹喔啉-2-甲酸乙酯（**2**）为新合成的化合物，对其进行了结构表征，其结构均已通过了^{1}H NMR 和^{13}C NMR 谱图得以证实。目标产物（**2**）的核磁共振氢谱如图 9-3 所示。

由图 9-3 中可以看出，在化学位移 δ=7.86～8.26 处出现的吸收峰归属于喹喔啉环上的 4 个氢质子的信号峰，在化学位移 δ=5.16 处出现的较尖的单峰归属于溴甲基上的 2 个氢质子的信号峰，在化学位移 δ=4.64 处出现的两质子的四重峰归属于乙基中亚甲基的吸收峰，在化学位移 δ=1.56 处出现的三重峰归属于乙基中甲基的 3 个氢质子的吸收峰。

图 9-4 为目标产物 **2** 的碳核磁谱图。在化学位移 δ=164.84 ppm 处出现的吸收峰归属于酯基中的 C═O 碳，在化学位移 δ=31.54 ppm 处出现的吸收峰归属于溴甲基上的碳。在 14.19 和 62.98 ppm 处出现的吸收峰则分别为乙基上两个碳的吸收峰，在芳环区域 128.99～

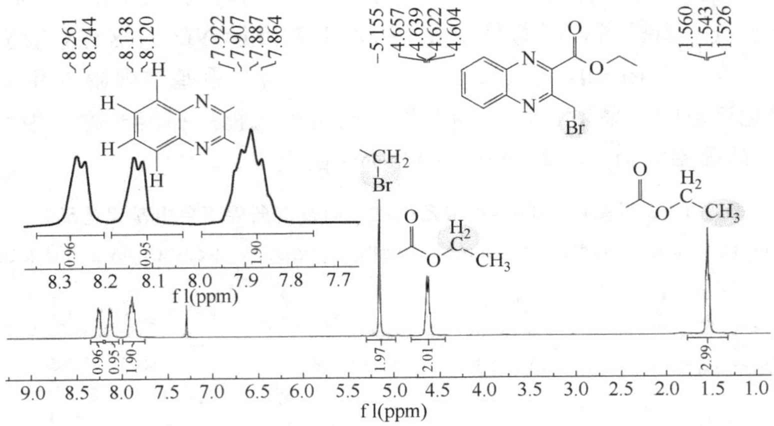

图 9-3 3-溴甲基喹喔啉-2-甲酸乙酯（**2**）的^{1}H NMR 谱图

Figure 9-3 ^{1}H NMR spectra of ethyl 3-bromomethylquinoxaline-2-carboxylate (**2**)

151.23 ppm 处出现八个碳质子的吸收峰，这正好与喹喔啉环上的碳原子个数相匹配。

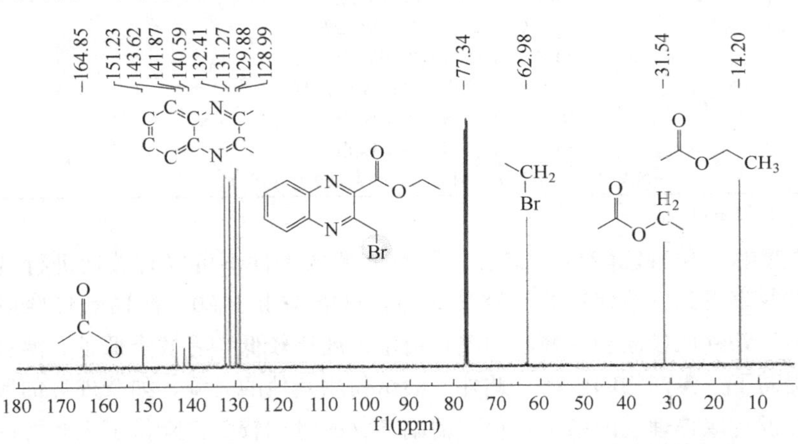

图 9-4 3-溴甲基喹喔啉-2-甲酸乙酯（**2**）的^{13}C NMR 谱图

Figure 9-4 ^{13}C NMR spectra of ethyl 3-bromomethylquinoxaline-2-carboxylate (**2**)

对于所生成的副产物 3-(二溴甲基）喹喔啉-2-甲酸乙酯（**3**），我们也进行了分离提纯，其结构均已通过了^{1}H NMR 和^{13}C NMR 谱图得以证实。图 9-5 为副产物（**3**）的氢核磁谱图，从中可以清晰地看到虽然在化学位移 $\delta=7.91$ ppm 处出现一个尖锐的单重峰与芳环上的多重逢重叠在一起，但还是很容易将其归属于二溴甲基上一个质子的吸收峰；在芳环区域 7.81～8.21 处所出现的四个质子吸收峰毫无疑问为喹喔啉环上的吸收峰；在 4.57 ppm 处出现的四重峰属于乙基中亚甲基的 2 个氢质子的吸收峰，在 1.48 ppm 处出现的吸收峰属于乙基中甲基的 3 个氢质子的吸收峰。

进一步，图 9-6 为副产物（**3**）的核磁碳谱图，在化学位移 $\delta=164.53$ ppm 处出现的吸收峰为酯基中的 C═O 碳；在化学位移 $\delta=63.31$ ppm 处出现的吸收峰则归属为二溴甲基上的碳的吸收峰；在芳环区域 129.35～151.14 ppm 处出现八个碳的吸收峰，正好与喹喔啉环 8 个碳原子骨架相符合。

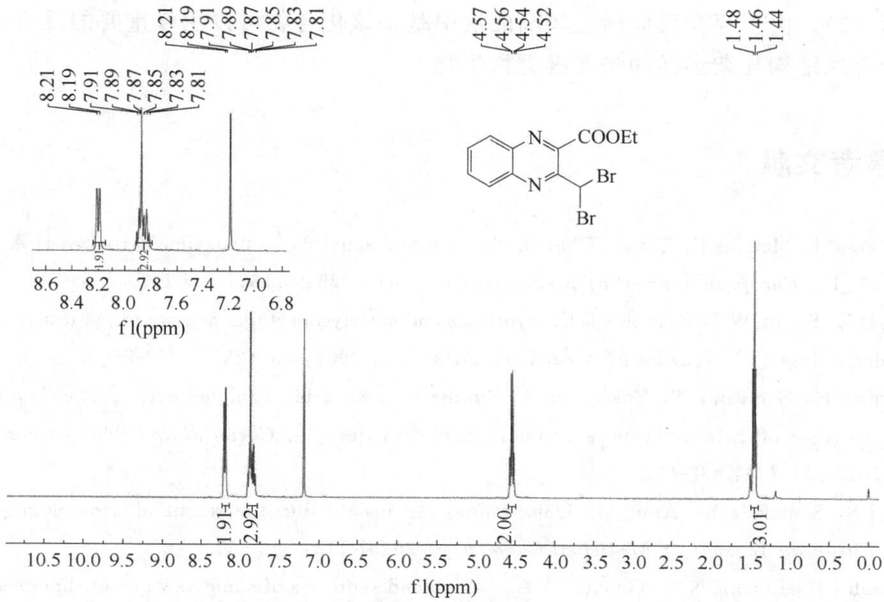

图 9-5　3-(二溴甲基）喹喔啉-2-甲酸乙酯（**3**）的^{1}H NMR 谱图

Figure 9-5　^{1}H NMR spectra of ethyl 3-（dibromomethyl）quinoxaline-2-carboxylate（**3**）

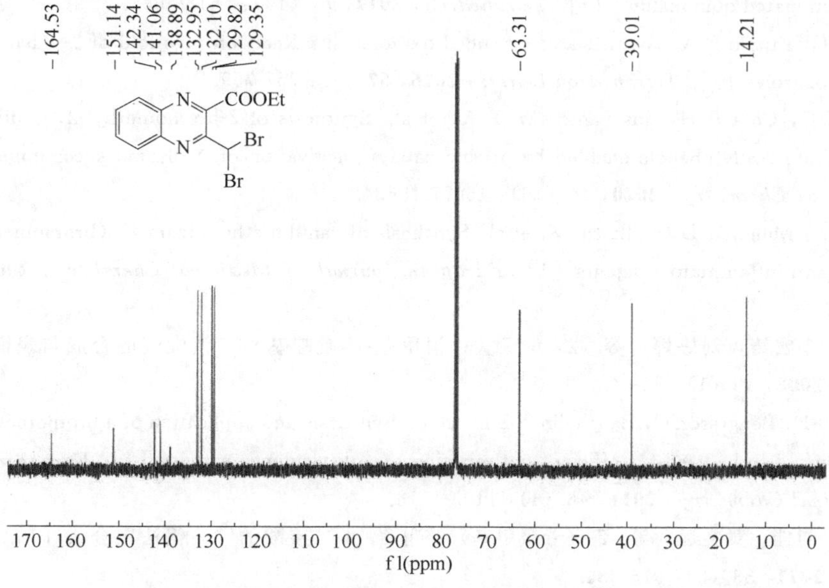

图 9-6　3-(二溴甲基）喹喔啉-2-甲酸乙酯（**3**）的^{13}C NMR 谱图

Figure 9-6　^{13}C NMR spectra of ethyl 3-（dibromomethyl）quinoxaline-2-carboxylate（**3**）

9.4　本章小结

本章以 3-甲基喹喔啉-2-甲酸乙酯为底物，在四氯化碳为溶剂、200 W 白炽灯为引发剂的条件下经 NBS 自由基溴化反应，以较好的收率合成得到了想要的 3-溴甲基喹喔啉-2-

甲酸乙酯（**2**）。由于存在反应活性较高的溴甲基，该化合物可以用作重要的反应活性中间体来设计合成结构复杂多样的喹喔啉类衍生物。

9.5 参考文献

[1] Montana M, Mathias F, Terme T, et al. Antitumoral activity of quinoxaline derivatives: A systematic review [J]. *European Journal of Medicinal Chemistry*, **2019**, 163: 136-147.

[2] Seitz L E, Suling W J, Reynolds R C. Synthesis and antimycobacterial activity of pyrazine and quinoxaline derivatives [J]. *Journal of Medicinal Chemistry*, **2002**, 45 (25): 5604-5606.

[3] Ishikawa H, Sugiyama T, Yokoyama A. Synthesis of 2, 3-bis (halomethyl) quinoxaline derivatives and evaluation of their antibacterial and antifungal activities [J]. *Chemical and Pharmaceutical Bulletin*, **2013**, 61 (4): 438-444.

[4] Tariq S, Somakala K, Amir M. Quinoxaline: An insight into the recent pharmacological advances [J]. *European Journal of Medicinal Chemistry*, **2018**, 143: 542-557.

[5] El Azab I H, Elkanzi N A, Gobouri A A. Design and synthesis of some new quinoxaline-based heterocycles [J]. *Journal of Heterocyclic Chemistry*, **2018**, 55 (1): 65-76.

[6] Ucar S, Eşsiz S, Daştan A. Bromination of quinoxaline and derivatives: Effective synthesis of some new brominated quinoxalines [J]. *Tetrahedron*, **2017**, 73 (12): 1618-1632.

[7] Patil P C, Luzzio F A. Synthesis of extended oxazoles Ⅱ: Reaction manifold of 2- (halomethyl) -4, 5-diaryloxazoles [J]. *Tetrahedron Letters*, **2016**, 57 (7): 757-759.

[8] Furst C G, Cota P H, dos Santos W T A, et al. Synthesis of 2-bromomethyl-2, 3-dihydro benzofurans from 2-allylphenols enabled by organo catalytic activation of *N*-bromo succinimide [J]. *New Journal of Chemistry*, **2020**, 44 (36): 15677-15684.

[9] Ghate M, Manohar D, Kulkarni V, et al. Synthesis of vanillin ethers from 4- (bromomethyl) coumarins as anti-inflammatory agents [J]. *European Journal of Medicinal Chemistry*, **2003**, 38 (3): 297-302.

[10] 石竹，李宏涛，刘婷婷，等. 2, 6-双（3′-溴甲基-1′-吡唑基）-4-溴吡啶的合成与表征 [J]. *化学研究*, **2008**, 19 (1): 52-54.

[11] Chorell E, Bengtsson C, Banchelin T S L, et al. Synthesis and application of a bromomethyl substituted scaffold to be used for efficient optimization of anti-virulence activity [J]. *European Journal of Medicinal Chemistry*, **2011**, 46 (4): 1103-1116.

[12] 张红，刘佳，黄文远，等. 2-（芳氧甲基）喹啉-3, 4-二羧酸的“一锅法”合成 [J]. *化学研究与应用*, **2021**, 33 (5): 975-984.

[13] Kumar B A, Madhav B, Reddy K H V, et al. Quinoxaline synthesis in novel tandem one-pot protocol [J]. *Tetrahedron Letters*, **2011**, 52 (22): 2862-2865.

[14] Jereb M, Zupan M, Stavber S. Visible-light-promoted Woh-Ziegler functionalization of organic molecules with N-Bromosuccinimide under solvent-free reaction conditions [J]. *Helvetica Chimica Acta*, **2009**, 92 (3): 555-566.

[15] Li X M, Qian Z M, He Y H, et al. Visible-light-mediated radical addition/cyclization tandem reaction for the synthesis of 3-bromomethyl-3, 4-dihydroisocoumarins [J]. *Tetrahedron Letters*, **2021**, 82: 153402.

第10章

3-芳氧甲基喹喔啉-2-甲酸类化合物的合成

10.1 引言

喹喔啉属于含氮杂环类化合物，由于其特殊的支架产生的生物活性，具有广阔的应用前景，其在抗癌、抗疟疾、抗病原微生物等方面具有很好的效果。含有喹喔啉骨架的化合物在抗虫害领域也具有优秀的生物活性，如已报道的含有 4-取代吡咯［1,2-*a*］喹喔啉类化合物对抗利什曼原虫有良好活性，因此含有喹喔啉类化合物具有广泛的研究价值。特别是 2,3-取代的喹喔啉类化合物，能有效地消灭利什曼原虫，许多科学家正在开发 2,3-取代喹喔啉类化合物利用其生物活性。因此对 2,3-取代的喹喔啉化合物的研究变得尤为重要。

在过去几年中，本课题组已设计合成多系列结构多样性的喹啉类衍生物，但对于喹喔啉类化合物的设计与合成研究得不是很多。由于喹喔啉环比喹啉环多出一个氮原子，所以研究其活性要比喹啉环更具有意义。为此，在前期研究基础上，以上一章合成的 3-溴甲基喹喔啉-2-甲酸乙酯（**2**）作为反应底物，与各种取代的苯酚（**3**）在乙腈为反应介质、无水碳酸钾为碱的条件下，进行连续的 Williamson 反应和酯的水解反应，以“两步一锅法”的合成方式合成得到一系列结构新颖的 3-芳氧甲基喹喔啉-2-甲酸类化合物（**4a-4l**），如图 10-1 所示。

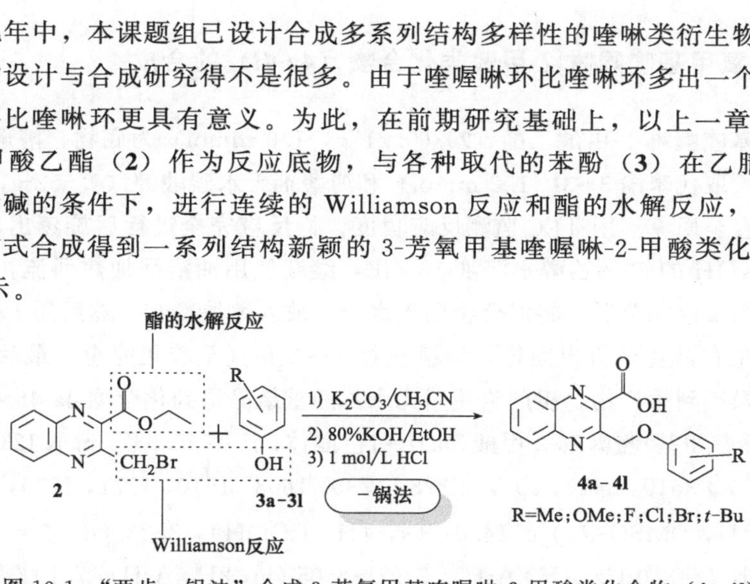

图 10-1 “两步一锅法”合成 3-芳氧甲基喹喔啉-2-甲酸类化合物（**4a-4l**）

Figure 10-1 Two-step one-pot synthesis of 3-(aroxymethyl) quinoxaline-2-carboxylic acid (**4a-4l**)

10.2 实验部分

10.2.1 试剂与仪器

石油醚	分析纯，天津永晟精细化工有限公司
乙酸乙酯	分析纯，天津市永大化学试剂有限公司
无水乙醇	分析纯，天津天力化学试剂有限公司
冰醋酸	分析纯，天津市风船化学试剂科技有限公司
乙腈	分析纯，天津市光复精细化工研究所
取代苯酚	渤海大学超精细化学品研究所
二氯甲烷	分析纯，天津市大茂化学试剂厂
无水碳酸钾	分析纯，天津永晟精细化工有限公司
氢氧化钾	分析纯，天津市天力化学试剂有限公司
盐酸	分析纯，锦州古城化学试剂厂
85-1A 型磁力搅拌器	上海冉富仪器有限公司
循环水式多用真空泵	巩义市予华仪器有限责任公司
旋转蒸发仪 RE-2000	上海亚荣生化仪器厂
WP-2003-1 三用紫外分析仪	温州奥利生物医学仪器厂
WRS-1B 数字熔点仪	上海仪器设备厂
核磁共振仪	美国 Bruker 公司，Bruker 600
高分辨质谱仪	美国 Bruker 公司，Customer micrOTOF-Q 125

10.2.2 3-芳氧甲基喹喔啉-2-甲酸类化合物（4a-4l）的合成

以 3-溴甲基喹喔啉-2-甲酸乙酯（**2**）(0.217g，1.0 mmol) 为底物，溶解在 15 mL 乙腈中，然后加入取代苯酚 **3a-3l** (1.2 mmol) 和缚酸剂无水碳酸钾（0.552 g，4.0 mmol)，在油浴锅加热直至回流，用 TLC 监测反应程度，待反应完全进行后旋蒸出乙腈，直接加入溶有 2.0 g KOH 的 60%乙醇水溶液 15 mL，继续使用油浴锅加热回流，通过 TLC 监控反应进程，当反应完全后，将混合物倒入水中，放入冰块冷却，然后用 1 mol/L 盐酸调节 pH 值为 3 左右，直至析出固体，继续搅拌 1～2 h 直至酸化完全，最后抽滤出固体、用水洗涤、干燥得到粗产物，粗产物使用无水乙醇重结晶得到化合物 **4a-4l** 纯品。

3-(4-甲基苯氧甲基)喹喔啉-2-甲酸(**4a**)：白色固体，产率 70.0%；m. p. 123.4～124.6 ℃；IR (KBr, cm^{-1}) ν 3610，3417，2914，2378，1735，1608，1510，1371，1230，806，758；^1H NMR (400 MHz，DMSO-d_6) δ 14.01 (s，1H，COOH)，8.22 (d，J=8.0 Hz，1H，ArH)，8.17 (d，J=8.0 Hz，1H，ArH)，7.97～8.05 (m，2H，ArH)，7.10 (d，J=8.0 Hz，2H，ArH)，6.92 (d，J=8.0 Hz，2H，ArH)，5.54 (s，2H，CH_2)，2.23 (s，3H，

CH_3)；^{13}C NMR (100 MHz, DMSO-d_6) δ 162.40, 151.87, 146.25, 141.68, 136.70, 135.68, 127.95, 127.16, 125.76, 125.67, 125.04, 124.61, 110.50, 65.24, 15.93。HRMS：Calcd. For $C_{17}H_{14}N_2NaO_3$[M+Na]$^+$ 317.0897；Found 317.0889。

3-(2-甲基苯氧甲基)喹喔啉-2-甲酸(**4b**)：白色固体，产率 72.1%；m.p. 125.5～126.6 ℃；^1H NMR (400 MHz, DMSO-d_6) δ 14.03 (s, 1H, COOH), 8.23～8.26 (m, 2H, ArH), 8.02～8.07 (m, 2H, ArH), 7.17 (t, *J*=8.0 Hz, 2H, ArH), 7.08 (d, *J*=8.0 Hz, 1H, ArH), 6.09 (t, *J*=8.0 Hz, 1H, ArH), 5.08 (s, 2H, CH_2), 2.16 (s, 3H, CH_3)；^{13}C NMR (100 MHz, DMSO-d_6) δ 162.48, 151.98, 146.17, 141.89, 136.67, 135.78, 127.97, 127.23, 126.36, 125.03, 124.63, 122.76, 121.86, 115.59, 107.21, 65.26, 11.72。HRMS：Calcd. For $C_{17}H_{14}N_2O_3$[M+Na]$^+$ 317.8097；Found 317.8105。

3-(2-甲氧基苯氧甲基)喹喔啉-2-甲酸(**4c**)：淡黄色固体，产率 70.7%；m.p. 91.1～92.0 ℃；^1H NMR (400 MHz, DMSO-d_6) δ 13.95 (s, 1H, COOH), 8.24～8.27 (m, 1H, ArH), 8.17～8.20 (m, 1H, ArH), 8.02～8.05 (m, 2H, ArH), 7.09 (d, *J*=8.0 Hz, 1H, ArH), 7.01 (d, *J*=8.0 Hz, 1H, ArH), 6.97 (t, *J*=8.0 Hz, 1H, ArH), 6.89 (t, *J*=8.0 Hz, 2H, ArH), 5.57 (s, 2H, CH_2), 3.74 (s, 3H, OCH_3)；^{13}C NMR (100 MHz, DMSO-d_6) δ 162.28, 146.35, 145.25, 143.52, 141.43, 136.80, 135.73, 128.04, 127.21, 125.08, 124.62, 117.75, 116.48, 110.44, 108.31, 66.17, 51.37。HRMS：Calcd. For $C_{17}H_{14}N_2O_4$[M+Na]$^+$ 333.0954；Found 333.0944。

3-(3-甲氧基苯氧甲基)喹喔啉-2-甲酸(**4d**)：淡黄色固体，产率 69.4%；m.p. 95.9～97.1 ℃；^1H NMR (400 MHz, DMSO-d_6) δ 14.02 (s, 1H, COOH), 8.24～8.27 (m, 2H, ArH), 8.03～8.06 (m, 2H, ArH), 7.24 (t, *J*=8.0 Hz, 1H, ArH), 6.65～6.70 (m, 3H, ArH), 5.59 (s, 2H, CH_2), 3.75 (s, 3H, OCH_3)；^{13}C NMR (100 MHz, DMSO-d_6) δ 162.37, 156.26, 155.19, 146.06, 141.61, 136.72, 135.71, 128.00, 127.21, 125.86, 125.05, 124.61, 102.78, 96.95, 65.24, 50.93。HRMS：Calcd. For $C_{17}H_{14}N_2O_4$ [M+Na]$^+$ 333.0954；Found 333.0948。

3-(2-氟苯氧甲基)喹喔啉-2-甲酸(**4e**)：棕黄色固体，产率 86.3%；m.p. 170.1～170.3 ℃；^1H NMR (400 MHz, DMSO-d_6) δ 14.01 (s, 1H, COOH), 8.23-8.28 (m, 1H, ArH), 8.15 (d, *J*=8.0 Hz, 1H, ArH), 7.99 (t, *J*=8.0 Hz, 2H, ArH), 7.30～7.35 (m, 2H, ArH), 7.13 (t, *J*=8.0 Hz, 1H, ArH), 7.00～7.05 (m, 1H, ArH), 5.70 (s, 2H, CH_2)；^{13}C NMR (100 MHz, DMSO-d_6) δ 162.20, 148.81, 146.38, 145.87, 142.00, 141.89, 140.98, 136.77, 135.75, 128.10, 127.23, 125.10, 124.61, 120.59, 120.55, 117.50, 117.44, 112.03, 111.85, 111.35, 65.96。HRMS：Calcd. For $C_{16}H_{11}FN_2O_3$[M+Na]$^+$ 321.0646, Found：321.0653。

3-(2-氟-4-叔丁基苯氧甲基)喹喔啉-2-甲酸(**4f**)：白色固体，产率 72.6%；m.p. 198.8～199.1 ℃；^1H NMR (400 MHz, DMSO-d_6) δ 14.05 (s, 1H, COOH), 8.25 (d, *J*=8.0 Hz, 1H, ArH), 8.20 (d, *J*=8.0 Hz, 1H, ArH), 8.02 (d, *J*=8.0 Hz, 2H, ArH), 7.28 (d, *J*=8.0 Hz, 1H, ArH), 7.24～7.27 (m, 1H, ArH), 7.12 (d, *J*=8.0 Hz, 1H, ArH), 5.66 (s, 2H, CH_2), 1.26 (s, 9H, *t*-Bu)；^{13}C NMR (100 MHz, DM-

SO-d_6) δ 162.22, 148,41, 145.96, 141.18,140.68, 139.39, 136.77, 135.77, 128.10, 127.27, 125.11, 124.64, 116.76, 110.87, 66.12, 29.87, 26.89。HRMS: Calcd. For $C_{20}H_{19}FN_2O_3$[M+Na]$^+$ 374.1380; Found 374.1372。

3-(4-氯苯氧甲基)喹喔啉-2-甲酸(**4g**): 棕色固体，产率 78.8%; m.p.155.9～156.4 ℃; ^{1}H NMR (400 MHz, DMSO-d_6) δ 14.00 (s, 1H, COOH), 8.17 (d, J=8.0 Hz, 1H, ArH), 8.10 (d, J=8.0 Hz, 1H, ArH), 7.94 (d, J=4.0 Hz, 2H, ArH), 7.31 (d, J=8.0 Hz, 2H, ArH), 7.03 (d, J=8.0 Hz, 2H, ArH), 5.56 (s, 2H, CH_2); ^{13}C NMR (100 MHz, DMSO-d_6) δ 166.91, 157.46, 150.53, 145.85, 141.29, 140.28, 132.64, 131.80, 129.70, 129.19, 125.28, 117.01, 70.01。HRMS: Calcd. For $C_{16}H_{11}ClN_2O_3$ [M + Na]$^+$ 337.0458; Found 337.0449。

3-(2-氯-4-叔丁基苯氧甲基)喹喔啉-2-甲酸(**4h**): 白色固体，产率 71.3%; m.p. 192.0～192.5 ℃; ^{1}H NMR (400 MHz, DMSO-d_6) δ 13.99 (s, 1H, COOH), 8.25 (d, J=8.0 Hz, 1H, ArH), 8.19 (d, J =8 .0 Hz, 1H, ArH), 8.02 (d, J=8.0 Hz, 2H, ArH), 7.42 (d, J=8.0 Hz, 1H, ArH), 7.31 (m, 1H, ArH), 7.21 (d, J=8.0 Hz, 1H, ArH), 5.68 (s, 2H, CH_2), 1.27 (s,9H,t-Bu);^{13}C NMR (100 MHz, DMSO-d_6) δ 162.15, 147.20, 145.92, 141.16,140.56, 136.76, 135.81, 128.13, 127.29, 125.12, 124.64, 122.72, 120.69, 116.87, 109.67, 66.08, 29.81, 26.89。HRMS: Calcd. For $C_{20}H_{19}ClN_2O_3$[M+Na]$^+$ 393.1084; Found 393.1090。

3-(2-叔丁基苯氧甲基)喹喔啉-2-甲酸(**4i**):白色固体，产率 82.9%; m.p. 180.2～183.1 ℃; ^{1}H NMR (400 MHz, DMSO-d_6) δ 14.03 (s, 1H, COOH), 8.26 (d, J = 8.0 Hz, 1H, ArH), 8.18 (d, J=8.0 Hz, 1H, ArH), 8.03～8.06 (m, 2H, ArH), 7.26 (d, J=8.0 Hz, 1H,ArH), 7.20 (d, J=8.0 Hz, 1H, ArH), 7.14 (d, J=8.0 Hz, 1H, ArH), 6.93 (t, J=8.0 Hz, 1H, ArH), 5.66 (s, 2H, CH_2), 1.30 (s,9H,t-Bu); ^{13}C NMR (100 MHz, DMSO-d_6) δ 162.08, 152.97, 146.48, 140.66, 137.04, 135.73, 133.20, 128.19, 127.22, 125.16, 124.65, 123.01, 122.18, 116.53, 108.46, 65.22, 30.25, 25.53。HRMS: Calcd. For $C_{20}H_{20}N_2O_3$[M+Na]$^+$ 359.1474; Found 359.1481。

3-(4-叔丁基苯氧甲基)喹喔啉-2-甲酸(**4j**): 白色固体，产率 79.6%; m.p. 184.5～185.6 ℃; ^{1}H NMR (400 MHz, DMSO-d_6) δ 14.04 (s, 1H, COOH), 8.24 (m, 2H, ArH), 8.04 (m, 2H, ArH), 7.34 (d, J=8.0 Hz, 2H, ArH), 6.98 (d, J=8.0 Hz, 2H, ArH), 5.56 (s, 2H, CH_2), 1.27 (s, 9H, t-Bu); ^{13}C NMR (100 MHz, DMSO-d_6) δ 162.41, 151.72, 146.24, 141.79, 139.21, 136.69, 135.71, 127.96, 127.19, 125.04, 124.63, 131.99, 110.04, 65.20, 29.66, 27.15。HRMS: Calcd. For $C_{20}H_{20}N_2O_3$[M+Na]$^+$ 359.1474; Found: 359.1466。

3-(2,4-叔丁基苯氧甲基)喹喔啉-2-甲酸(**4k**): 白色固体，产率 80.1%; m.p. 195.4～196.1 ℃; ^{1}H NMR (400 MHz, DMSO-d_6) δ 13.96 (s, 1H, COOH), 8.26 (d, J=8.0 Hz, 1H, ArH), 8.20 (d, J=8.0 Hz, 1H, ArH), 8.04～8.07 (m, 2H, ArH), 7.27 (d, J=4.0 Hz, 1H, ArH), 7.21～7.24 (m, 2H, ArH), 7.06 (d, J=8.0 Hz, 1H, ArH), 5.63 (s, 2H, CH_2), 1.32 (s, 9H, t-Bu), 1.27 (s, 9H, t-Bu);^{13}C NMR (100

MHz，DMSO-d_6）δ 165.98，154.61，150.44，144.84，142.13，140.89，139.63，136.28，131.96，131.05，129.00，128.52，123.20，122.79，111.93，69.21，34.28，33.63，31.10，29.51。HRMS：Calcd. For $C_{24}H_{28}N_2O_3$[M+Na]$^+$ 415.2100；Found 415.2093。

3-(4-溴苯氧甲基)喹喔啉-2-甲酸(**4l**)：淡黄色固体，产率 75.5%；m. p. 158.8～159.9 ℃；^{1}H NMR（400 MHz，DMSO-d_6）δ 13.96（s，1H，COOH），8.13（d，J=8.0 Hz，1H，ArH），8.06（d，J=8.0 Hz，1H，ArH），7.89（m，2H，ArH），7.39（d，J=8.0 Hz，2H，ArH），6.93（d，J=8.0 Hz，2H，ArH），5,51（s，2H，CH_2）；^{13}C NMR（100 MHz，DMSO-d_6）δ 166.90，157.92，150.52，145.80，141.30，140.28，132.65，132.59，131.80，129.68，129.19，117.54，113.04，69.93。HRMS：Calcd. For $C_{16}H_{11}BrN_2O_3$[M+Na]$^+$ 380.9953；Found 380.9949。

10.3 结果与讨论

10.3.1 3-芳氧甲基喹喔啉-2-甲酸衍生物的合成研究

最初，3-溴甲基喹喔啉-2-甲酸乙酯（**2**）与苯酚（**3a**）采用分步法进行。首先反应物（**2**）与苯酚在 K_2CO_3/CH_3CN 体系下进行 Williamson 反应，用 TLC 监测反应进行。反应结束后，加水处理，但这样的后处理并没有析出沉淀（**A**）（如图 10-2 所示），而总是生成难以处理的油状物。为了得到产物，不加水处理，而是将溶剂旋干除掉，所得残余物进行柱色谱分离，但这样的后处理比较繁琐，所得产物的收率也比较低（仅为 48%）。考虑到 Williamson 反应和酯的水解反应都是在碱性条件下进行的，而且 Williamson 反应的产物不干涉下一步酯基的水解反应，为此我们构想采用“一锅法”的方式，即不将中间体（**A**）进行分离提纯，反应结束后直接向该反应液中加入碱液继续回流进行酯水解反应，最后经酸化得到目标化合物。

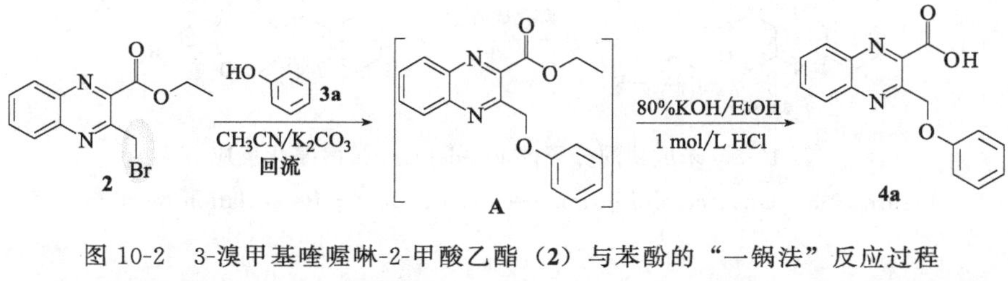

图 10-2 3-溴甲基喹喔啉-2-甲酸乙酯（**2**）与苯酚的“一锅法”反应过程

Figure 10-2 One-pot reaction procedure of ethyl 3-（bromomethyl）quinoxaline-2-carboxylate（**2**）

实验证明，使用“一锅法”来制备 3-苯氧甲基喹喔啉-2-甲酸确实简便又有效，不仅简化了后处理过程，而且收率也得到了大幅度的提高（**4a** 收率提高到 70%）。进一步地，对该合成方法进行扩展性研究，其他不同取代的苯酚也同样适用于这一合成方法，均以较好的收率得到相应的 3-芳氧甲基喹喔啉-2-羧酸类化合物（**4b-4l**），其反应结果如表 10-1 所示。从表 10-1 中可以看出，苯酚上的取代基的电子效应和空间位阻效应对产品的收率均没有明显的影响。

表 10-1 3-芳氧甲基喹喔啉-2-甲酸类化合物（4a-4l）收率和熔点

Table 10-1 Yields and melting points of 3-(aroxymethyl) quinoxaline-2-carboxylic acids (**4a-4l**)

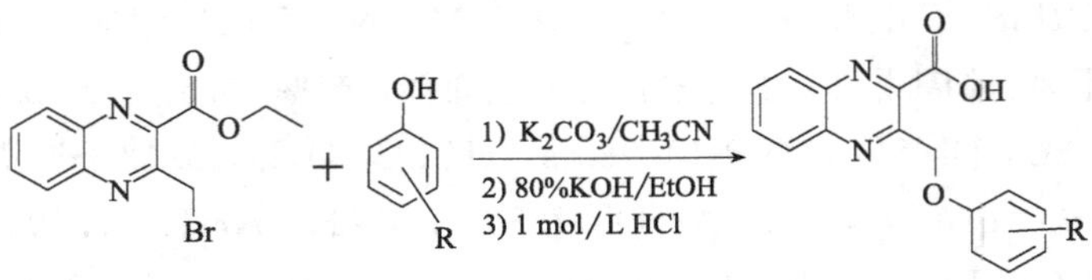

Entry	R	产物	收率/%[a]	m. p. / ℃
1	4-Me	**4a**	70.0	123.4～124.6
2	2-Me	**4b**	72.1	125.5～126.6
3	2-OMe	**4c**	70.7	91.1～92.0
4	3-OMe	**4d**	68.4	95.9～97.1
5	2-F	**4e**	86.3	170.1～170.3
6	2-F-4-*t*-Bu	**4f**	72.6	198.8～190.1
7	4-Cl	**4g**	78.8	155.9～156.4
8	2-Cl-4-*t*-Bu	**4h**	71.3	192.0～192.5
9	2-*t*-Bu	**4i**	82.9	180.2～183.1
10	4-*t*-Bu	**4j**	79.6	184.5～185.6
11	2,4-*t*-Bu	**4k**	80.1	195.4～196.1
12	4-Br	**4l**	75.5	158.8～159.5

[a] Isolated yields。

另外，对所得化合物 **4a-4l** 进行分子内 Friedel-Crafts 酰基化反应的研究，如图 10-3 所示。环化试剂如多聚磷酸（PPA）、Eaton 试剂、浓硫酸、$AlCl_3$ 和甲基磺酸等，均未获得想要的环化产物。使用这些环化试剂后，一种情况是反应物未发生反应，另一种情况是得到了难以处理的复杂的混合物，从中很难分离出目标化合物。目前，关于这方面的研究还在继续，后续拟采用微波辐射或尝试使用其他环化催化剂等。

图 10-3 未成功的分子内 Friedel-Crafts 酰基化反应

Figure 10-3 Unsuccessful intramolecular Friedel-Crafts acylation reaction

10.3.2 目标化合物的结构表征

所合成化合物 **4a-4l** 都是新化合物，它们的结构均已通过核磁共振氢谱、核磁共振碳谱和高分辨质谱表征得以证实。我们以化合物 **4a** 为例进行说明，图 10-4 为化合物 **4a** 的^{1}H NMR 谱图。从中我们可以看出，在 $\delta=5.54$ ppm 处出现的一个较为尖锐的 2 个质子的单重峰属，很容易归属为亚甲基上的氢质子的吸收峰；在 $\delta=2.23$ ppm 处出现的尖锐的 3 个质子的单重峰，很明显为甲基上氢质子的吸收峰；在 $\delta=14.01$ ppm 处出现的一个较宽的不太明显的单重峰，则归属为 2 位羧基（—COOH）的质子吸收峰；在 δ＝6.92 ppm 和 7.10 ppm 处分别出现两个互为耦合的 2 个质子的双重峰（J＝8.0 Hz），应归属为苯环上 4 个氢质子的吸收峰；芳环区域 7.97～8.22 ppm 处出现的 4 个氢质子峰正好与喹喔啉环上氢原子个数相一致。这样，我们可以认为化合物 **4a** 的^{1}H NMR 谱图与其结构完全相符。

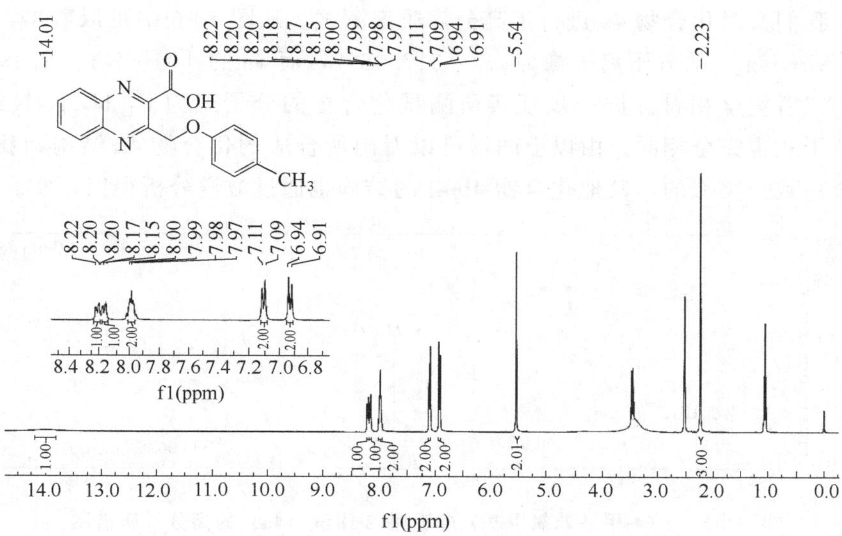

图 10-4　3-(4-甲基苯氧甲基）喹喔啉-2-甲酸（**4a**）的^{1}H NMR 谱图

Figure 10-4　^{1}H NMR spectra of 3-((*p*-tolyloxy) methyl) quinoxaline-2-carboxylic acid (**4a**)

进一步，我们又对其^{13}C NMR 谱图进行分析。从图 10-5 中可以看出，在碳谱中不存在酯基乙氧基上碳和 **3** 位溴甲基碳的吸收峰，说明反应物已发生了反应。在化学位移 δ＝15.93 ppm 处出现的吸收峰很容易归属于甲基上的碳的吸收峰；在化学位移 δ＝65.24

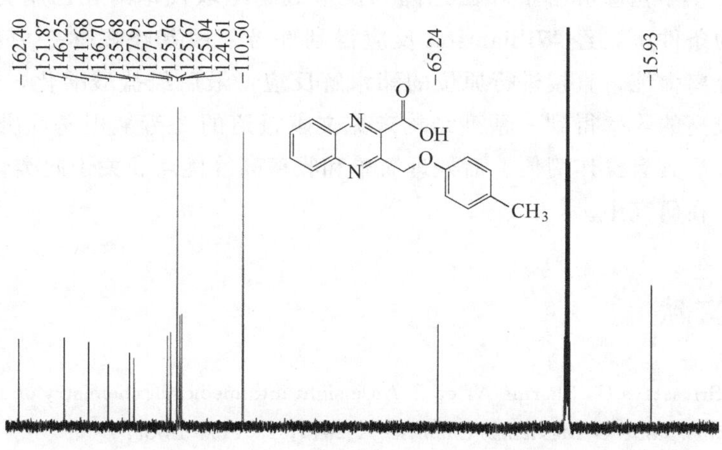

图 10-5　3-(4-甲基苯氧甲基）喹喔啉-2-甲酸（**4a**）的^{13}C NMR 谱图

Figure 10-5　^{13}C NMR spectra of 3-((*p*-tolyloxy) methyl) quinoxaline-2-carboxylic acid (**4a**) ppm 处出现的吸收峰则为生成的亚甲基上碳的吸收峰；在 $\delta=162.40$ ppm 处出现的吸收峰无疑为羧基（—COOH）上碳原子的吸收峰；而在芳环区域范围 $\delta=110.50\sim151.87$ ppm 处出现了 12 个碳原子的吸收峰，这正好与 3-苯氧甲基喹喔啉骨架碳的个数相符（由于苯环为对位取代，具有对称性，这样其碳谱峰应为 4 个）。这样，我们可以认为化合物 **4a** 的 ^{13}C NMR 谱图与其结构是完全相符。

最后，我们又对化合物 **4a** 进行了高分辨质谱测试。从图 10-6 中可以看出，所测试的化合物的 $[M+Na]^+$ 的分子离子峰为 m/z 317.0897，而 **4a** 的 $[M+Na]^+$ 计算值为 m/z 317.0897，二者完全相符。进一步证实所测试化合物的分子式为 $C_{17}H_{14}N_2NaO_3$，这与化合物的分子式也完全相同。由以上图谱可以看出所合成的化合物 **4a** 结构和我们所设计的结构完全一致。类似的，其他化合物 **4b-4l** 的结构也通过波谱分析得以证实。

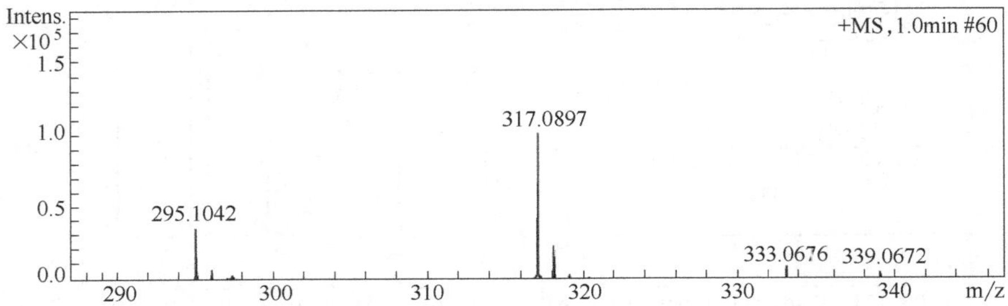

图 10-6　3-(4-甲基苯氧甲基）喹喔啉-2-甲酸（**4a**）的高分辨质谱图

Figure 10-6　HRMS spectra of 3-((*p*-tolyloxy) methyl) quinoxaline-2-carboxylic acid (**4a**)

10.4　本章小结

本章利用 3-溴甲基喹喔啉-2-甲酸乙酯为反应底物与取代苯酚在乙腈为溶剂、无水碳酸钾为缚酸剂的条件下，经 Williamson 反应得到 3-芳氧甲基喹喔啉-2-甲酸乙酯衍生物，然后产物不经分离提纯，直接进行原位的酯水解反应，最后经盐酸酸化，通过“一锅法”的合成方式以较高的收率得到一系列结构未见文献报道的 2-芳氧甲基喹喔啉-3-甲酸类化合物。该合成方法具有操作简便、后处理简单和收率高等优点。关于此类化合物的分子内环化反应目前正在研究中。

10.5　参考文献

[1] Kaushal T, Srivastava G, Sharma A, et al. An insight into medicinal chemistry of anticancer quinoxalines [J]. *Bioorganic & Medicinal Chemistry*, **2019**, 27 (1): 16-35.

[2] Jaso A, Zarranz B, Aldana I, et al. Synthesis of New Quinoxaline-2-carboxylate 1, 4-Dioxide Derivatives as Anti-Mycobacterium tuberculosis Agents [J]. *Journal of Medicinal Chemistry*, **2005**, 48 (6): 2019-2025.

[3] El-Atawy M A, Hamed E A, Alhadi M, et al. Synthesis and antimicrobial activity of some new substi-

tuted quinoxalines [J]. *Molecules*, **2019**, 24 (22): 4198-4214.

[4] El-Attar M A, Elbayaa R Y, Shaaban O G, et al. Design, synthesis, antibacterial evaluation and molecular docking studies of some new quinoxaline derivatives targeting dihyropteroate synthase enzyme [J]. *Bioorganic Chemistry*, **2018**, 76: 437-448.

[5] Ajani O O. Present status of quinoxaline motifs: Excellent pathfinders in therapeutic medicine [J]. *European Journal of Medicinal Chemistry*, **2014**, 85: 688-715.

[6] Tariq S, Somakala K, Amir M. Quinoxaline: An insight into the recent pharmacological advances [J]. *European Journal of Medicinal Chemistry*, **2018**, 143: 542-557.

[7] Chan C K, Chang M Y. N-Bromosuccinimide-mediated synthesis of substituted quinoxalines [J]. *Synthesis*, **2016**, 48 (21): 3785-3793.

[8] El Azab I H, Elkanzi N A, Gobouri A A. Design and Synthesis of Some New Quinoxaline-Based Heterocycles [J]. *Journal of Heterocyclic Chemistry*, **2018**, 55 (1): 65-76.

[9] Lima R N, Porto A L. Facile synthesis of new quinoxalines from ethyl gallate by green chemistry protocol [J]. *Tetrahedron Letters*, **2017**, 58 (9): 825-828.

[10] Kumar K S, Rambabu D, Sandra S, et al. $AlCl_3$ induced (hetero) arylation of 2, 3-dichloroquinoxaline: a one-pot synthesis of mono/disubstituted quinoxalines as potential antitubercular agents [J]. *Bioorganic & Medicinal Chemistry*, **2012**, 20 (5): 1711-1722.

[11] Cogo J, Kaplum V, Sangi D P, et al. Synthesis and biological evaluation of novel 2, 3-disubstituted quinoxaline derivatives as antileishmanial and antitrypanosomal agents [J]. *European Journal of Medicinal Chemistry*, **2015**, 90: 107-123.

[12] Xia R, Guo T, He J, et al. Antimicrobial evaluation and action mechanism of chalcone derivatives containing quinoxaline moiety [J]. *Monatshefte für Chemie-Chemical Monthly*, **2019**, 150 (7): 1325-1334.

[13] Fuhrmann E, Talbiersky J. Synthesis of alkyl aryl ethers by catalytic Williamson ether synthesis with weak alkylation agents [J]. *Organic Process Research & Development*, **2005**, 9 (2): 206-211.

[14] Tang L, Tian M, Chen H, et al. An ESIPT-based mitochondria-targeted ratiometric and NIR-emitting fluorescent probe for hydrogen peroxide and its bioimaging in living cells [J]. *Dyes Pigments*, **2018**, 158: 482- 489.

[15] Guillén-Castellanos S A, Parent J S, Whitney R A. Synthesis and characterization of ether derivatives of brominated poly (isobutylene-co-isoprene) [J]. *Journal of Polymer Science Part A: Polymer Chemistry*, **2006**, 44 (2): 983-992.

[16] Verhoest P R, Chapin D S, Corman M, et al. Discovery of a Novel Class of Phosphodiesterase 10A Inhibitors and Identification of Clinical Candidate 2-[4-(1-Methyl-4-pyridin-4-yl-1H-pyrazol- 3-yl)-phenoxy methyl] -quinoline (PF-2545920) for the Treatment of Schizophrenia [J]. *Journal of Medicinal Chemistry*, **2009**, 52 (16): 5188- 5196.

[17] Galemmo Jr R A, Johnson Jr W H, Learn K S, et al. The development of a novel series of (quinolin-2-ylmethoxy) phenyl-containing compounds as high-affinity leukotriene receptor antagonists. 3. Structural variation of the acidic side chain to give antagonists of enhanced potency [J]. *Journal of Medicinal Chemistry*, **1990**, 33 (10): 2828-2841.

[18] Shibatomi K, Kotozaki M, Sasaki N, et al. Williamson Ether Synthesis with Phenols at a Tertiary Stereogenic Carbon: Formal Enantioselective Phenoxylation of β-Keto Esters [J]. *Chemistry-A European Journal*, **2015**, 21 (40): 14095-14098.

[19] Matsuya Y, Suzuki N, Kobayashi S Y, et al. Synthesis and anti-influenza virus activity of dihydrofuran-fused perhydrophenanthrenes with a benzyloxy-type side-chain [J]. *Bioorganic & Medicinal Chemistry*, **2010**, 18 (4): 1477-1481.

[20] Li Z, Yang J, Gu W, et al. Discovery of a novel oxime ether scaffold as potent and orally bioavailable free fatty acid receptor 1 agonists [J]. *RSC Advances*, **2016**, 6 (52): 46356-46365.

[21] Maresca A, Vullo D, Scozzafava A, et al. Inhibition of the β-class carbonic anhydrases from Mycobacterium tuberculosis with carboxylic acids [J]. *Journal of Enzyme Inhibition and Medicinal Chemistry*, **2013**, 28 (2): 392-396.

[22] Gao W, Fu X, Zhang X, et al. A new entry to synthesis of neocryptolepine related skeletons. An unexpected behavior of 3-acety-2-ethoxyindole and isatins [J]. *Tetrahedron Letters*, **2016**, 57 (37): 4145-4148.

[23] Li Y, Li K, Gao W. General and efficient one-pot synthesis of *N*-substituted 7-bromo-2, 3-dihydro-1*H*-pyrrolo [3,4-*b*] quinolin-1-ones [J]. *Chemistry of Heterocyclic Compounds*, **2016**, 52 (3): 200-205.

[24] Li Y, Wang Y, Zou H. A general three-step one-pot synthesis of novel (*E*)-6-chloro-2-(aryl/hetaryl-vinyl) quinoline-3-carboxylic acids [J]. *Molecular Diversity*, **2017**, 21 (2): 463-473.

[25] Li Y, Zou H. A Simple and Facile Synthesis of 4-Phenylquinoline-fused Pyrrolidin-2-ones [J]. *Journal of Heterocyclic Chemistry*, **2018**, 55 (1): 346-350.

[26] Li Y. A facile synthesis and application of ethyl 6-(bromomethyl)-[1,3] dioxolo [4,5-*g*] quinoline-7-carboxylate [J]. *Research on Chemical Intermediates*, **2015**, 41 (7): 4977-4985.

[27] 高文涛，衍鑫博，李阳．(*E*)-6-氯-2-芳乙烯基-3-喹啉甲酸衍生物的合成 [J]. *化学通报*, **2016**, 79 (7): 630-639.

[28] 王东方，衍鑫博，赵雅楠，等. 卤素功能化的6-氢（烷基）-6H-吲哚 [2,3-*b*] 并喹喔啉的合成研究 [J]. *化学通报*, **2017**, 80 (1): 69-76.

[29] Li Y, Xu Q, Li Z, et al. Application of 2,4-bis (halomethyl) quinoline: synthesis and biological activities of 2,4-bis(benzofuran-2-yl)-and 2,4-bis (aroxymethyl) quinolines [J]. *Molecular Diversity*, **2020**, 24 (1): 167-178.

[30] Kumar B A, Madhav B, Reddy K H V, et al. Quinoxaline synthesis in novel tandem one-pot protocol [J]. *Tetrahedron Letters*, **2011**, 52 (22): 2862-2865.

[31] Ghate M, Manohar D, Kulkarni V, et al. Synthesis of vanillin ethers from 4-(bromomethyl) coumarins as anti-inflammatory agents [J]. *European Journal of Medicinal Chemistry*, **2003**, 38 (3): 297-302.

[32] Young G L, Smith S A, Taylor R J. 4-Bromomethyl-2-chlorooxazole——a versatile oxazole cross-coupling unit for the synthesis of 2, 4-disubstituted oxazoles [J]. *Tetrahedron Letters*, **2004**, 45 (19): 3797-3801.

[33] Aljaar N, Conrad J, Beifuss U. Synthesis of 2-Aryl-1, 2-dihydrophthalazines via Reaction of 2-(Bromomethyl) benzaldehydes with Arylhydrazines [J]. *Journal of Organic Chemistry*, **2013**, 78 (3): 1045-1053.

[34] Thapa R, Brown J, Balestri T, et al. Regioselectivity in free radical bromination of unsymmetrical dimethylated pyridines [J]. *Tetrahedron Letters*, **2014**, 55 (49): 6743-6746.

第11章

3-（2-苯并呋喃基）喹喔啉-2-甲酸类化合物的合成

11.1 引言

许多含有苯并［b］呋喃结构单元的杂环化合物存在于自然界中。苯并［b］呋喃衍生物在天然产物和药物创新中占据着非常重要的地位，具有高效的灭菌、抗癌、抗病毒、免疫抑制、抗氧化等多种生物活性。而且，很多具有苯并［b］呋喃结构的药物已经被用于临床，随着此类化合物的开发和运用，含有苯并［b］呋喃骨架结构的化合物越来越受到有机合成化学家和药物学家的重视。

近几年来，已见报道的苯并［b］呋喃衍生物的主要合成方法有：(1) 邻卤苯酚与苯乙炔在碱性条件下的镍催化合成；(2)(2-氰基甲氧基) 苄腈加入乙醇的 KOH 水溶液回流反应合成；(3) 通过钯催化的羰基化杂芳族杂环化合物制备；(4) 通过水杨醛、芳基卤化物和胺合成；(5) 通过对甲基蒽类化合物溴代，在微波条件下与水杨醛反应合成。这些合成方法有的过于复杂，有的需要昂贵的催化剂。虽然关于含有苯并［b］呋喃骨架结构的有机化合物已有大量的文献报道，但含有苯并［b］呋喃取代的喹喔啉类化合物的合成却未见文献报道。为此，在本章继续以 3-溴甲基喹喔啉-2-甲酸乙酯（**2**）为反应底物与各种取代的水杨醛在乙腈为溶剂、无水碳酸钾为缚酸剂条件下进行反应，然后所得产物不经分离提纯直接进行原位酯水解反应，以“一锅法”的方式合成得到含有苯并呋喃环的喹喔啉类双杂环类化合物，即 3-(2-苯并呋喃基) 喹喔啉-2-甲酸类化合物，其合成路线如图 11-1 所示。

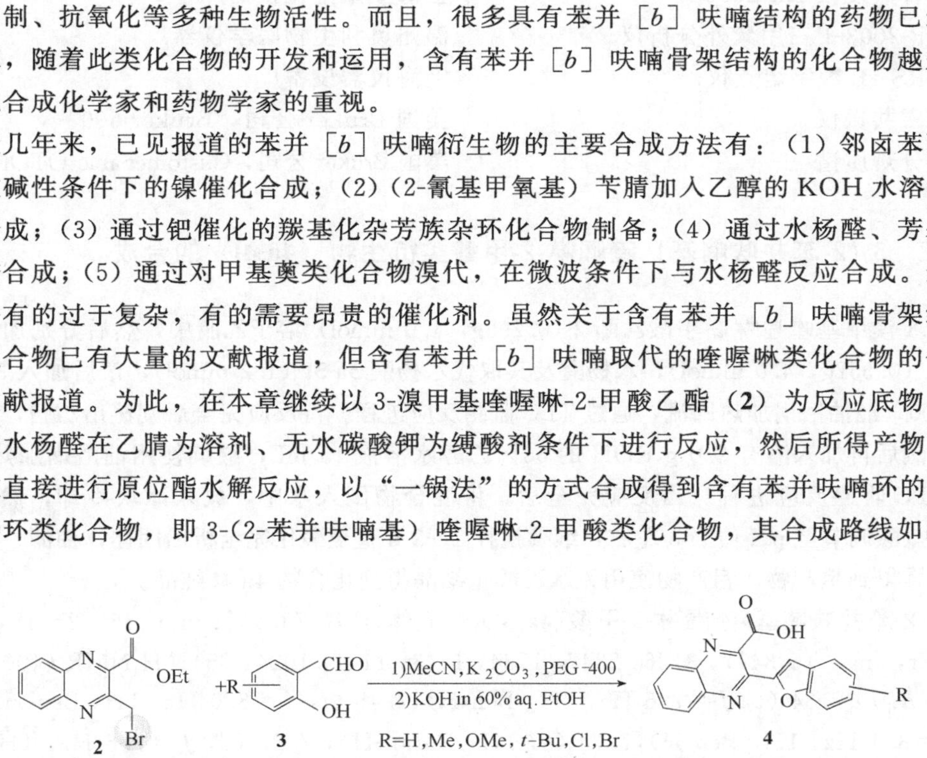

图 11-1 3-(2-苯并呋喃基) 喹喔啉-2-甲酸类化合物（**4**）的合成路线

Figure 11-1 The synthetic route for 3-(benzofuran-2-yl) quinoxaline-2-carboxylic acids (**4**)

11.2 实验部分

11.2.1 试剂与仪器

石油醚	分析纯，天津市福晨化学试剂厂
乙酸乙酯	分析纯，天津市福晨化学试剂厂
无水乙醇	分析纯，天津天力化学试剂有限公司
水杨醛及其取代水杨醛	渤海大学超精细化学品研究所
乙腈	分析纯，天津市光复精细化工研究所
PEG-400	分析纯，天津市光复精细化工研究所
盐酸	分析纯，锦州古城化学试剂厂
无水碳酸钾	天津永晟精细化工有限公司
氢氧化钾	天津市天力化学试剂有限公司
85-1A 型磁力搅拌器	上海冉富仪器有限公司
调温电热套（DRT-TW 型）	巩义市予华仪器有限责任公司
SHB-ⅢS 循环水式多用真空泵	郑州长城科工贸有限公司
旋转蒸发仪 RE-2000	上海亚荣生化仪器厂
WP-2003-1 三用紫外分析仪	温州奥利生物医学仪器厂
WRS-1B 数字熔点仪	上海仪器设备厂
核磁共振仪	美国 Bruker 公司，Bruker 600
高分辨质谱	美国 Bruker 公司，Customer micrOTOF-Q 125

11.2.2 3-(2-苯并呋喃基）喹喔啉-2-甲酸类衍生物（4a-4l）的合成

将 3-溴甲基喹喔啉-2-甲酸乙酯 **2**（0.295g，1.0 mmol）溶于乙腈中，然后分别加入无水碳酸钾（0.552g，4.0 mmol），水杨醛及其取代水杨醛 **3a-3l**（1.2 mmol），最后加入 3～5 滴 PEG-400，经油浴锅加热回流，通过 TLC 监测反应进程。待反应完全后旋蒸出乙腈，冷却至室温。然后再加入溶有 2.0 g KOH 的 60％乙醇水溶液 15 mL，继续使用油浴锅加热回流，通过 TLC 监控反应进程。当反应完全后，将混合物倒入水中，放入冰块冷却，然后用 1 mol/L 盐酸调节至 pH 值为 3 左右，继续搅拌 1～2 h 直至酸化完全析出固体，抽滤、用水洗涤、干燥得到粗产物，粗产物使用无水乙醇重结晶得到化合物 **4a-4l** 纯品。

3-(2-苯并呋喃基)喹喔啉-2-甲酸(**4a**)：黄色固体，产率 73.4％；m.p. 153.2～154.4 ℃；IR（KBr，cm^{-1}）ν 3417，3126，2347，1734，1543，1141，1024，754；^1H NMR（400 MHz，DMSO-d_6）δ7.34（t，J=7.6 Hz，1H，Ben-H），7.45（t，J=8.0 Hz，1H，Ben-H），7.66（d，J=8.4 Hz，1H，Ben-H），7.74（s，1H，Furan-H），7.82（d，J=7.6 Hz，1H，Ben-H），7.93(t，J=7.6 Hz，1H，Quin-H)，7.97（t，J=7.6 Hz，1H，Quin-H），8.15（d，J=8.0 Hz，1H，Quin-H），8.18（d，J = 8.0 Hz，1H，Quin-H），14.44（s br，1H，

COOH); ^{13}C NMR (100 MHz, DMSO-d_6) δ 167.91, 155.44, 151.82, 146.20, 143.71, 141.51, 140.46, 132.63, 132.07, 131.47, 129.38, 128.19, 127.09, 124.31, 122.97, 112.23, 109.53。Anal. Calcd for $C_{17}H_{10}N_2O_3$: C, 70.34%; H, 3.47%; N, 9.65%。Found: C, 70.21%; H, 3.38%; N, 9.36%。HRMS: Calcd. For $C_{17}H_{10}N_2NaO_3$ $[M+Na]^+$ 313.0584; Found 313.0560。

3-(5-氯-2-苯并呋喃基)喹喔啉-2-甲酸(**4b**):土黄色固体，产率 63.5%; m. p. 165.9～166.1 ℃; ^{1}H NMR (400 MHz, DMSO-d_6) δ 14.47 (s, 1H, COOH), 8.20 (t, J=8.0 Hz, 4.0 Hz, 2H, ArH), 8.14 (t, J=8.0 Hz, 12.0 Hz, 1H, ArH), 7.97 (s, 2H, ArH), 7.90 (s, 1H, ArH), 7.87 (d, J=8.0 Hz, 1H, ArH), 7.73 (d, J=8.0 Hz, 1H, ArH), 7.48 (d, J=8.0 Hz, 1H, ArH); ^{13}C NMR (100 MHz, DMSO-d_6) δ 167.77, 153.86, 153.28, 146.17, 143.56, 141.44, 140.08, 139.80, 132.65, 132.26, 129.77, 129.42, 128.60, 126.89, 122.26, 113.79, 109.01。Anal. Calcd for $C_{17}H_9ClN_2O_3$: C, 62.88%; H, 2.79%; N, 8.63%。Found: C, 62.54%; H, 2.77%, N, 8.52%。HRMS: Calcd. For $C_{17}H_9ClN_2O_3$ $[M+Na]^+$ 347.0189; Found 347.0194。

3-(3,5-二氯-2-苯并呋喃基)喹喔啉-2-甲酸(**4c**):土黄色固体，产率 66.6%; m. p. 157.5～157.8 ℃; ^{1}H NMR (400 MHz, DMSO-d_6) δ 14.50 (s, 1H, COOH), 8.19 (t, J=8.0 Hz, 8.0 Hz, 2H, ArH), 7.96 (dd, J=4.0 Hz, 8.0 Hz, 2H, ArH), 7.68 (s, 1H, ArH), 7.59 (d, J=8.0 Hz, 1H, ArH), 7.31 (d, J=4.0 Hz, 1H, ArH), 7.06 (m, 1H, ArH); ^{13}C NMR (100 MHz, DMSO-d_6) δ 167.93, 156.54, 152.46, 150.48, 146.13, 141.49, 140.39, 139.61, 129.32, 129.31, 128.86, 116.28, 112.65, 109.63, 104.30。Anal. Calcd for $C_{17}H_8Cl_2N_2O_3$: C, 56.86%; H, 2.25%; N, 7.80%。Found: C, 56.76%; H, 2.35%; N, 7.56%。

3-(3-溴-2-苯并呋喃基)喹喔啉-2-甲酸(**4d**):褐色固体，产率 64.7%; m. p. 204.7～205.6 ℃; ^{1}H NMR (400 MHz, DMSO-d_6) δ 14.50 (s, 1H, COOH), 8.25 (t, J=8.0 Hz, 8.0 Hz, 2H, ArH), 8.10 (s, 1H, ArH), 8.04 (t, J=8.0 Hz, 8.0 Hz, 2H, ArH), 7.75 (t, J=12.0 Hz, 8.0 Hz, 2H, ArH), 7.64 (d, J=8.0 Hz, 1H, ArH); ^{13}C NMR (100 MHz, DMSO-d_6) δ 167.76, 154.22, 153.09, 146.13, 141.48, 140.10, 139.83, 132.76, 132.36, 130.43, 129.60, 129.46, 129.40, 125.35, 116.55, 114.11, 108.89; Anal. Calcd for $C_{17}H_9BrN_2O_3$: C, 55.31%; H, 2.46%; N, 7.59%。Found: C, 55.10%; H, 2.34%; N, 7.48%。

3-(3,5-二溴-2-苯并呋喃基)-2-喹喔啉甲酸(**4e**):棕色固体，产率 61.1%; m. p. 209.7～210.9 ℃; ^{1}H NMR (400 MHz, DMSO-d_6) δ 14.50 (s, 1H, COOH), 8.21 (d, J=4.0 Hz, 2H, ArH), 8.06 (m, 3H, ArH), 7.89 (s, 1H, ArH), 7.84 (d, J = 12.0 Hz, 1H, ArH); ^{13}C NMR (100 MHz, DMSO-d_6) δ 167.51, 153.74, 151.70, 146.24, 141.39, 140.00, 139.80, 132.79, 132.53, 131.18, 131.07, 129.49, 129.42, 124.88, 116.79, 109.39, 105.07。Anal. Calcd for $C_{17}H_8Br_2N_2O_3$: C, 45.57%; H, 1.80%; N, 6.25%。Found: C, 45.34%; H,1.68%; N, 5.98%。

3-(5-甲基-2-苯并呋喃基)喹喔啉-2-甲酸(**4f**): 黄色固体，产率 63.4%; m. p. 182.6～

183.6 ℃；^{1}H NMR (400 MHz, DMSO-d_6) δ 14.39 (s, 1H, COOH), 8.17 (t, J=8.0 Hz, 2H, ArH), 7.96 (m, 2H, ArH), 7.66 (s, 2H, ArH), 7.46 (s, 1H, ArH), 7.16 (d, J = 8.0 Hz, 1H, ArH)；^{13}C NMR (100 MHz, DMSO-d_6) δ 167.91, 155.92, 151.24, 146.16, 141.52, 140.53, 139.56, 137.30, 132.52, 131.85, 129.32, 125.78, 122.42, 119.95, 21.86。Anal. Calcd for $C_{18}H_{12}N_2O_3$：C, 71.05%；H, 3.97%；N, 9.21%。Found：C, 71.01%；H, 3.88%；N, 9.15%。

3-(5-甲氧基-2-苯并呋喃基)喹喔啉-2-甲酸(**4g**)：棕色固体，产率 66.3%；m.p. 170.1～171.1 ℃；^{1}H NMR (400 MHz, DMSO-d_6) δ 14.39 (s, 1H, COOH), 8.17 (m, 2H, ArH), 7.97 (m, 2H, ArH), 7.65 (s, 1H, ArH), 7.56 (d, J=8.0 HZ, 2H, ArH), 7.29(d, J= 4.0 Hz, 1H, ArH), 7.04 (m, 1H, ArH)；^{13}C NMR(100MHz, DMSO-d_6) δ 167.89, 156.57, 152.47, 150.50, 146.15, 141.51, 140.42, 139.64, 132.54, 131.94, 129.34, 128.88, 116.30, 112.65, 109.65, 104.38, 56.04。Anal. Calcd for $C_{18}H_{12}N_2O_4$：C, 67.50%；H, 3.78%；N, 8.75%。Found：C, 67.38%；H, 3.69%；N, 8.66%。

3-(3-叔丁基-2-苯并呋喃基)-2-喹喔啉甲酸(**4h**)：棕褐色固体，产率 60.1%；m.p. 153.2～154.4 ℃；^{1}H NMR (400 MHz, DMSO-d_6) δ 14.29(s, 1H, COOH), 8.20 (d, J=8.0 Hz, 2H, ArH), 8.01 (m, 2H, ArH), 7.84 (s, 1H, ArH), 7.68 (d, J=4.0 Hz, 1H, ArH),7.31 (d, J=8.0 Hz, 2H, ArH), 1.52 (s, 9H, *t*-Bu)；^{13}C NMR (100MHz, DMSO-d_6) δ 167.46, 153.96, 151.71, 145.94, 141.60, 140.53, 139.76, 135.40, 132.57, 131.92, 129.33,128.76, 124.28, 123.25, 120.78, 109.44, 34.29, 30.14。Anal. Calcd for $C_{21}H_{18}N_2O_3$：C, 72.82%；H, 5.24%；N, 8.09%。Found：C, 72.56%；H, 5.01%；N, 7.94%。

3-(5-叔丁基-2-苯并呋喃基)喹喔啉-2-甲酸(**4i**)：棕褐色固体，产率 65.6%；m.p. 154.8～155.7 ℃；^{1}H NMR (400 MHz, DMSO-d_6) δ 14.44 (s, 1H, COOH), 8.17 (dd, J=8.0 Hz, 12.0 Hz, 2H, ArH), 7.94 (m, 2H, ArH), 7.74 (s, 1H, ArH), 7.68 (s, 1H, ArH), 7.57 (d, J=12.0 Hz, 1H, ArH), 7.49 (d, J=8.0 Hz, 1H, ArH), 1.29 (s, 9H, t-Bu)；^{13}C NMR (100MHz, DMSO-d_6) δ 167.94, 153.80, 151.96, 146.84, 146.21, 141.51, 140.57, 139.62, 132.50, 131.88, 129.32, 127.96, 125.06, 118.74, 111.36, 109.75,34.96,31.91。Aual, Calcd for $C_{21}H_{18}N_2O_3$：C, 72.82%；H, 5.24%；N, 8.09%。Found：C, 72.43%；H, 5.13%；N, 7.98%。HRMS：Calcd. For $C_{21}H_{18}N_2O_3[M+Na]^+$ 347.1404；Found 347.1390。

3-(3-氟-5-叔丁基-2-苯并呋喃基)喹喔啉-2-甲酸 (**4j**)：土黄色固体，产率 62.7%；m.p. 156.4～156.9 ℃；^{1}H NMR(400 MHz, DMSO-d_6) δ 14.32 (s, 1H, COOH), 8.25 (m, 2H, ArH), 8.03 (m, 2H, ArH), 7.80 (d, J=4.0 Hz, 2H, ArH), 7.61 (s, 1H, ArH), 1.36 (s, 9H, t-Bu)；^{13}C NMR (100MHz, DMSO-d_6) δ 167.69, 152.83, 149.31, 148.73, 146.29, 141.43, 140.22, 139.83, 132.64, 132.21, 129.70, 129.41, 129.38, 134.66, 117.95, 115.56, 110.09, 35.24, 31.73。Anal. Calcd for $C_{21}H_{17}FN_2O_3$：C, 69.22%；H, 4.70%；N, 7.69%。Found：C, 69.13%；H, 4.69%；N, 7.45%。

3-(3-氯-5-叔丁基-2-苯并呋喃基)喹喔啉-2-甲酸 (**4k**)：土黄色固体，产率 61.3%；

m. p. 154. 7～155. 8 ℃；^1H NMR（400 MHz，DMSO-d_6）δ 14. 38（s，1H，COOH），8. 35（dd，J=8. 0 Hz，12. 0 Hz，2H，ArH），8. 13（m，2H，ArH），7. 90（s，1H，ArH），7. 74（s，1H，ArH），7. 57（d，J=12. 0 Hz，1H，ArH），1. 46（s，9H，t-Bu）；^{13}C NMR（100 MHz，DMSO-d_6）δ 167. 73，153. 02，148. 85，148. 23，146. 10，145. 77，141. 45，140. 18，139. 81，132. 67，132. 22，131. 33，129. 38，114. 72，111. 19，111. 03，109. 96，35. 29，31. 70。Anal，Calcd for $C_{21}H_{17}ClN_2O_3$：C，66. 23%；H，4. 50%；N，7. 36%。Found：C，66. 13%；H，4. 45%，N，7. 15%。

3-(3-溴-5-叔丁基-2-苯并呋喃基）喹喔啉-2-甲酸（**41**）：褐色固体，产率 69. 4%；m. p. 150. 5～151. 1 ℃；^1H NMR（400 MHz，DMSO-d_6）δ 14. 10(s，1H，COOH)，8. 20（m，2H，ArH），7. 98（m，2H，ArH），7. 77（s，2H，ArH），7. 67（d，J=4. 0 Hz，1H，ArH）；^{13}C NMR（100MHz，DMSO-d_6）δ 167. 65，152. 69，150. 84，149. 02，146. 39，141. 42，140. 27，139. 84，137. 03，132. 63，132. 21，129. 42，129. 32，127. 45，118. 49，110. 20，103. 31，35. 21，31. 77。Anal. Calcd for $C_{21}H_{17}BrN_2O_3$：C，59. 31%；H，4. 03%；N，6. 59%。Found：C，58. 90%；H，4. 07%；N，6. 34%。

11. 3　结果与讨论

11. 3. 1　3-(2-苯并呋喃基）喹喔啉-2-甲酸的合成方法研究

笔者前期工作曾进行过 2-卤甲基喹啉-3-甲酸乙酯类化合物与水杨醛类化合物的反应研究，设计合成了含 2-苯并［b］呋喃环结构的喹啉-3-羧酸类化合物。在这些研究工作基础上，本章我们利用 3-溴甲基喹喔啉-2-甲酸乙酯（**2**）为反应底物在类似的反应条件下与各种水杨醛进行了类似的“一锅”反应。从反应结果来看，反应进展比较顺利，所合成得到的产品收率更高，这可能是由于喹喔啉环比喹啉环上多了一个 N 原子，又由于氮原子的电负性大于碳原子，所以喹喔啉环具有更强的拉电子效应，使得 3-溴甲基的反应活性要比喹啉环上的 2-溴甲基活性高，这有利于反应的进行。3-溴甲基喹喔啉-2-甲酸乙酯与水杨醛通过“一锅”连续反应在 3-位溴甲基和水杨醛的羟基和醛基之间构建了 C—O 键和 C—C 键，从而形成了呋喃环。其反应进程如图 11-2 所示，首先与水杨醛的羟基发生类似于 Williamson 反应的类型，生成 C—O 醚键。然后在碱性较强的 KOH 作用下，在喹喔啉环上的酯基团发生水解反应的同时，醚键上的亚甲基与水杨醛的醛基发生类似 Knoevenagel 反应，形成新的 C—C 键，从而构建了呋喃环。该合成方法所用的有机溶剂和碱都是廉价易得的常见试剂，具有反应条件简单、操作简便和收率高等优点。

随后，我们尝试使用不同取代的水杨醛来对这一反应进行了扩展性研究。结果表明，不同取代的水杨醛与 3-溴甲基喹喔啉-2-羧酸乙酯的反应进行得都很顺利，均以较好的收率得到了目标产品。其收率和熔点数据如表 11-1 所示。从取代基的电子效应来看，无论是吸电子基团还是供电子基团，对产品的收率均没有明显的影响。但与第三章相似，当有强的吸电子基团，如硝基（—NO_2）或氰基（—CN）存在时，反应进行得比较复杂，副产物较多，从中很难分离出目标化合物。这一问题还有待进一步的研究。

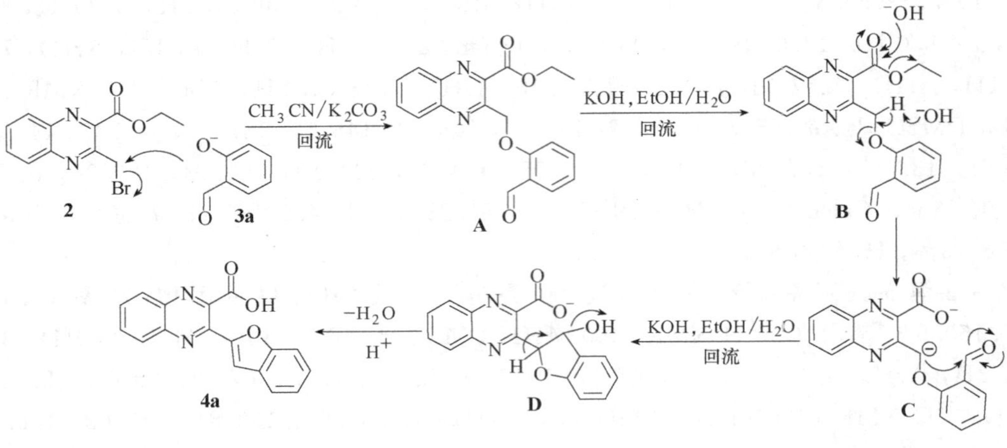

图 11-2　合成 3-(2-苯并呋喃基）喹喔啉-2-甲酸类化合物（**4a**）的反应机理

Figure 11-2　The reaction mechanism for 3-（benzofuran-2-yl）quinoxaline-2-carboxylic acids（**4a**）

表 11-1　3-(2-苯并呋喃基）喹喔啉-2-甲酸类化合物（4a-4l）的收率及熔点

Table 11-1　Yields and melting points of 3-(benzofuran-2-yl) quinoxaline-2-carboxylic acids (**4a-4l**)

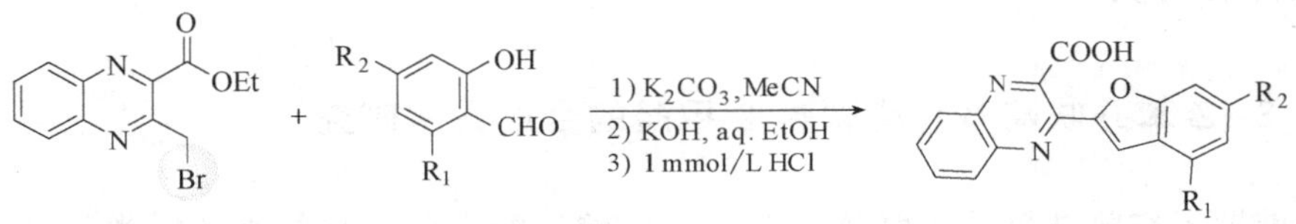

Entry	R_1	R_2	产物	收率/%[a]	熔点/℃
1	H	H	**4a**	73.4	153.2～154.4
2	H	Cl	**4b**	63.5	165.9～166.1
3	Cl	Cl	**4c**	66.6	157.5～157.8
4	Br	H	**4d**	64.7	204.7～205.6
5	Br	Br	**4e**	61.1	209.7～210.9
6	H	CH_3	**4f**	63.4	182.6～183.6
7	H	OCH_3	**4g**	66.3	170.1～171.1
8	*t*-Bu	H	**4h**	60.1	153.2～154.4
9	H	*t*-Bu	**4i**	65.6	154.8～155.7
10	F	*t*-Bu	**4j**	62.7	156.4～156.9
11	Cl	*t*-Bu	**4k**	61.3	154.7～155.8
12	Br	*t*-Bu	**4l**	69.4	150.5～151.1

[a] Isolated yields。

从表 11-1 中我们可以看出，水杨醛的取代基无论是吸电子基团（如 Entries 2-5）还是供电子基团（Entries 6-9），或者是双取代基团（Entries 10-12），对合成目标化合物的收率并无太大影响。如含有供电子甲基或甲氧基的产物 **4f** 和 **4g** 的收率分别为 63.4%和 66.3%，这与含吸电子氯和溴基团的产物 **4b**（63.5%）和 **4d**（64.7%）的收率相当。

11.3.2　3-(2-苯并呋喃基) 喹喔啉-2-甲酸的结构表征

本章所合成的目标化合物均为未见文献报道的新型喹喔啉类衍生物，其结构均已通过核磁共振氢谱（^{1}H NMR）和碳谱（^{13}C NMR）表征得以证实（表征数据见实验部分）。以产物 **4a** 为例来进行表征说明，图 11-3 为化合物 **4a** 的^{1}H NMR 谱图，在 δ＝14.44 ppm 处出现的一个较宽的吸收峰，归属为 2 位羧基（—COOH）的质子吸收峰；在 δ＝7.74 ppm 处出现一个尖锐的吸收峰，则很容易归属为新生成的呋喃环上的 H-3 质子吸收峰；而在芳环区域 δ＝7.34～8.18 ppm 范围内出现的 9 个质子吸收峰恰好与喹喔啉环和苯环上的氢质子数相一致。这样，我们可以认为化合物 **4a** 的^{1}H NMR 谱图与其结构完全相符。

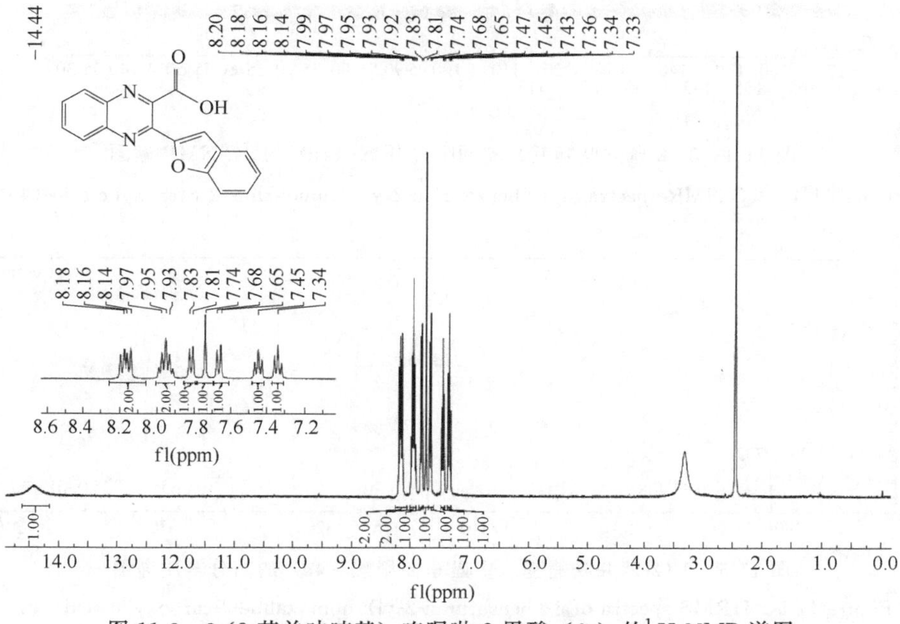

图 11-3　3-(2-苯并呋喃基）喹喔啉-2-甲酸（**4a**）的^{1}H NMR 谱图

Figure 11-3　^{1}H NMR spectra of 3-(benzofuran-2-yl) quinoxaline-2-carboxylic acid (**4a**)

进一步，我们又对其^{13}C NMR 谱图进行类分析。从图 11-4 中可以看出，在碳谱中不存在酯基乙氧基上碳和 **3** 位溴甲基碳的吸收峰，说明反应物已发生了反应；而在 δ＝167.91 ppm 处出现的吸收峰可以很容易归属为羧基（—COOH）上碳原子的吸收峰；在芳环区域范围内 δ＝109.53～155.44 ppm 处出现了 16 个碳原子的吸收峰，这正好与 3-(苯并呋喃-2-基）喹喔啉骨架碳的个数相一致。这样，我们可以认为化合物 **4a** 的^{13}C NMR 谱图与其结构是完全相符。

最后，我们又对化合物 **4a** 进行了高分辨质谱测试。从图 11-5 中可以看出，所测试的化合物的［M＋Na］$^+$ 的分子离子峰为 m/z 313.0560，而 **4a** 的［M＋Na］$^+$ 计算值为 m/z 313.0584，二者完全相符。化合物的分子式为 $C_{17}H_{10}N_2NaO_3$，这与化合物的分子式也完全相同。由以上图谱可以看出所合成的化合物 **4a** 结构和我们所设计的结构完全一致。

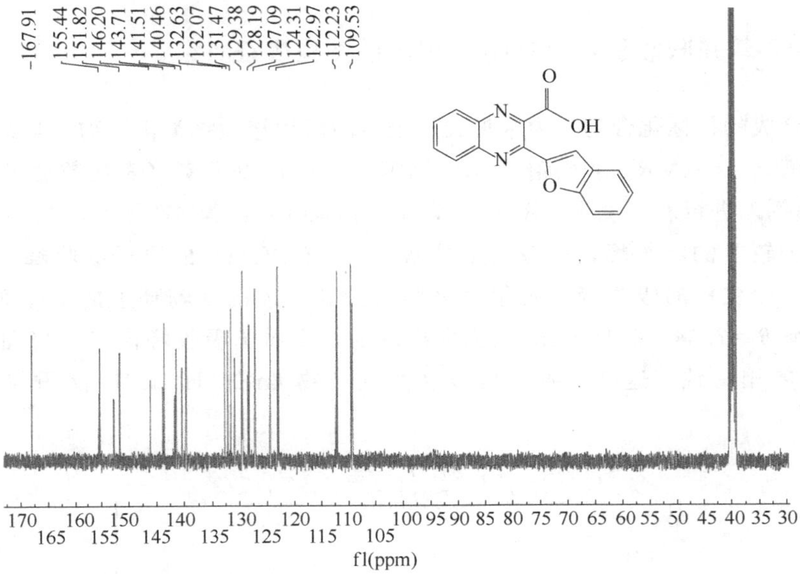

图 11-4 3-(2-苯并呋喃基) 喹喔啉-2-甲酸 (**4a**) 的 ^{13}C NMR 谱图

Figure 11-4 ^{13}C NMR spectra of 3-(benzofuran-2-yl) quinoxaline-2-carboxylic acid (**4a**)

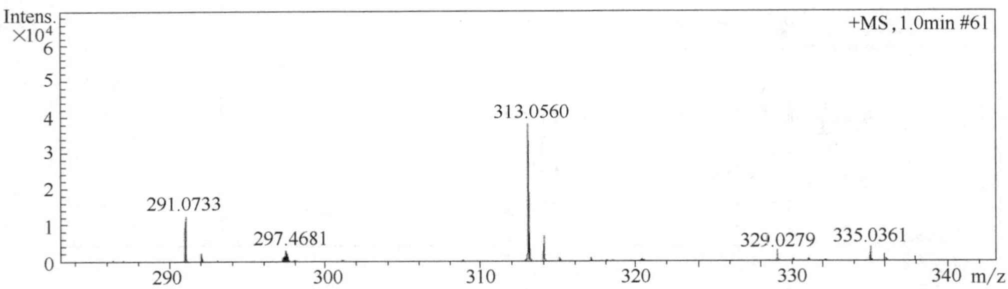

图 11-5 3-(2-苯并呋喃基) 喹喔啉-2-甲酸 (**4a**) 的高分辨质谱图

Figure 11-5 HRMS spectra of 3-(benzofuran-2-yl) quinoxaline-2-carboxylic acid (**4a**)

类似的，其他化合物 **4b-4l** 的结构也可通过波谱分析得以证实。

11.4 本章小结

在本章我们继续以 3-溴甲基喹喔啉-2-甲酸乙酯 (**2**) 为反应底物与各种取代的水杨醛，以"一锅法"的方式合成得到未见文献报道的含有苯并呋喃环的喹喔啉类双杂环类化合物，即 3-(2-苯并呋喃基) 喹喔啉-2-甲酸类化合物。该合成方法具有实验操作简单、反应条件温和、环境友好、产率高和产物纯度好等优点，具有非常好的实用价值。鉴于喹喔啉环体和苯并呋喃环结构在同一分子框架中的协同作用，这些新合成的化合物可能具有潜在的生物活性，其生物活性及其在构建更为复杂的喹喔啉-苯并呋喃双杂环类化合物中的合成应用正在研究中。

11.5　参考文献

[1] Montana M, Mathias F, Terme T, et al. Antitumoral activity of quinoxaline derivatives: A systematic review [J]. *European Journal of Medicinal Chemistry*, **2019**, 163: 136-147.

[2] Seitz L E, Suling W J, Reynolds R C. Synthesis and antimycobacterial activity of pyrazine and quinoxaline derivatives [J]. *Journal of Medicinal Chemistry*, **2002**, 45 (25): 5604-5606.

[3] Ishikawa H, Sugiyama T, Yokoyama A. Synthesis of 2, 3-bis (halomethyl) quinoxaline derivatives and evaluation of their antibacterial and antifungal activities [J]. *Chemical and Pharmaceutical Bulletin*, **2013**, 61 (4): 438-444.

[4] Tariq S, Somakala K, Amir M. Quinoxaline: An insight into the recent pharmacological advances [J]. *European Journal of Medicinal Chemistry*, **2018**, 143: 542-557.

[5] El Azab I H, Elkanzi N A A, Gobouri A A. Design and Synthesis of Some New Quinoxaline-Based Heterocycles [J]. *Journal of Heterocyclic Chemistry*, **2018**, 55 (1): 65-76.

[6] Wu F W, Hou R S, Wang H M. $CeCl_3 \cdot 7H_2O$-catalyzed synthesis of quinoxaline derivatives in liquid PEG-400 [J]. *Heterocycles*, **2011**, 83 (10): 2313-2320.

[7] Ucar S, Eşsiz S, Daştan A. Bromination of quinoxaline and derivatives: Effective synthesis of some new brominated quinoxalines [J]. *Tetrahedron*, **2017**, 73 (12): 1618-1632.

[8] Kamila S, Ankati H, Biehl E R. Facile synthesis of biologically important indole based quinoxalines [J]. *Arkivoc*, **2011**, 9: 94-104.

[9] El-Attar M A Z, Elbayaa R Y, Shaaban O G, et al. Design, synthesis, antibacterial evaluation and molecular docking studies of some new quinoxaline derivatives targeting dihyropteroate synthase enzyme [J]. *Bioorganic Chemistry*, **2018**, 76: 437-448.

[10] Patel N B, Patel J N, Purohit A C, et al. In vitro and in vivo assessment of newer quinoxaline-oxadiazole hybrids as antimicrobial and antiprotozoal agents [J]. *International Journal of Antimicrobial Agents*, **2017**, 50 (3): 413-418.

[11] Miao Y H, Hu Y H, Yang J, et al. Natural source, bioactivity and synthesis of benzofuran derivatives [J]. *RSC Advances*, **2019**, 9 (47): 27510-27540.

[12] Hiremathad A, Patil M R, Chethana K R, et al. Benzofuran: an emerging scaffold for antimicrobial agents [J]. *RSC Advances*, **2015**, 5 (117): 96809-96828.

[13] Mostofi M, Ziarani G M, Lashgari N. Design, synthesis and biological evaluation of benzofuran appended benzothiazepine derivatives as inhibitors of butyrylcholinesterase and antimicrobial agents [J]. *Bioorganic & Medicinal Chemistry*, **2018**, 26 (12): 3076-3095.

[14] Gao F, Wang T, Gao M, et al. Benzofuran-isatin-imine hybrids tethered via different length alkyl linkers: design, synthesis and in vitro evaluation of anti-tubercular and anti-bacterial activities as well as cytotoxicity [J]. *European Journal of Medicinal Chemistry*, **2019**, 165: 323-331.

[15] Gomha S M, Badrey M G, Arafa W A A. DABCO-catalyzed green synthesis of thiazole and 1, 3-thiazine derivatives linked to benzofuran [J]. *Heterocycles*, **2016**, 92 (8): 1450-1461.

[16] Maresca A, Vullo D, Scozzafava A, et al. Inhibition of the β-class carbonic anhydrases from Mycobacterium tuberculosis with carboxylic acids [J]. *Journal of Enzyme Inhibition and Medicinal Chemistry*, **2013**, 28 (2): 392-396.

[17] Viegas-Junior C, Danuello A, da Silva Bolzani V, et al. Molecular hybridization: a useful tool in the design of new drug prototypes [J]. *Current Medicinal Chemistry*, **2007**, 14 (17): 1829-1852.

[18] Kumar B S P A, Madhav B, Reddy K H V, et al. Quinoxaline synthesis in novel tandem one-pot protocol [J]. *Tetrahedron Letters*, **2011**, 52 (22): 2862-2865.

[19] Patil P C, Luzzio F A. Synthesis of extended oxazoles Ⅱ: Reaction manifold of 2-(halomethyl)-4, 5-diaryloxazoles [J]. *Tetrahedron Letters*, **2016**, 57 (7): 757-759.

[20] Chorell E, Bengtsson C, Banchelin T S L, et al. Synthesis and application of a bromomethyl substituted scaffold to be used for efficient optimization of anti-virulence activity [J]. *European Journal of Medicinal Chemistry*, **2011**, 46 (4): 1103-1116.

[21] Tang Y X, Wang D L, Qian J H. Synthesis of novel tetracyclic thieno [3′,2′: 2,3] pyrido [4,5-*d*] pyrido [1, 2-*a*] pyrimidinones via Pictet-Spengler cyclization [J]. *Heterocycles*, **2017**, 94 (7): 1351-1358.

[22] Wang D L, Wang D, Qian J H. Synthesis of novel benzofuro-fused thiazolo [3,2-*a*] pyrimidinones via Pictet-Spengler reaction [J]. *Heterocycles*, **2016**, 92 (3): 552-559.

[23] Wang D L, Wang D, Li Q M, et al. Methodology to access thiazo [3′,2′: 2,3] pyrido [4,5-*d*] thiazolo [3,2-*a*] pyrimidinones [J]. *Heterocycles*, **2016**, 92 (12): 2244-2251.

[24] Gao W, Liu J, Jiang Y, et al. First synthesis of 2-(benzofuran-2-yl)-6,7-methylene dioxyquinoline-3-carboxylic acid derivatives [J]. *Beilstein Journal of Organic Chemistry*, **2011**, 7 (1): 210-217.

[25] Zhang H, Li Y. A general synthesis of novel quinoline-based isoindolin-1-one derivatives [J]. *Heterocycles*, **2015**, 91 (11): 2180-2189.

[26] Li Y, Wang Y, Zou H. A general three-step one-pot synthesis of novel (*E*) -6-chloro-2-(aryl/hetarylvinyl) quinoline-3-carboxylic acids [J]. *Molecular Diversity*, **2017**, 21 (2): 463-473.

[27] Gao W, Li Z, Xu Q, et al. First synthesis of novel 2, 4-bis ((*E*)-styryl) quinoline-3-carboxylate derivatives and their antitumor activity [J]. *RSC Advances*, **2018**, 8 (68): 38844-38849.

[28] Thapa R, Brown J, Balestri T, et al. Regioselectivity in free radical bromination of unsymmetrical dimethylated pyridines [J]. *Tetrahedron Letters*, **2014**, 55 (49): 6743-6746.

第12章

3-芳基（杂芳基）乙烯基喹喔啉-2-羧酸类化合物的合成

12.1 引言

在各种氮杂环化合物中，喹喔啉及其衍生物因其广泛的生物活性和治疗应用已经受到了人们的广泛关注。喹喔啉环虽然在自然界十分罕见，但很多合成的药物分子中都含有喹喔啉结构。将喹喔啉结构作为药效基团可以组成大量的新化合物（图 12-1），具有很好的抗癌、抗疟疾、抗炎、抗菌和抗病毒等多种药理学活性。例如，Seitz 等曾报道 4′-乙酰氧基苄基-喹喔啉-2-羧酸酯（**A**）的合成，抗菌活性研究表明该化合物具有很好的抗结核活性，有望成为新一代抗结核药物。Magnet 等人为了寻找新的抗耐药性的抗结核药物，对 12000 多种杂环化合物药物扫描筛选，发现喹喔啉化合物 VI-9376（**B**）具有高效的抗结核杆菌 M. tuberculosis 活性，有望成为开发新型抗结核药物的先导化合物。因此合成结构多样性的喹喔啉衍生物并对其生物活性进行评估可以为当前药物的研发工作提供更多的有价值的可选底物。

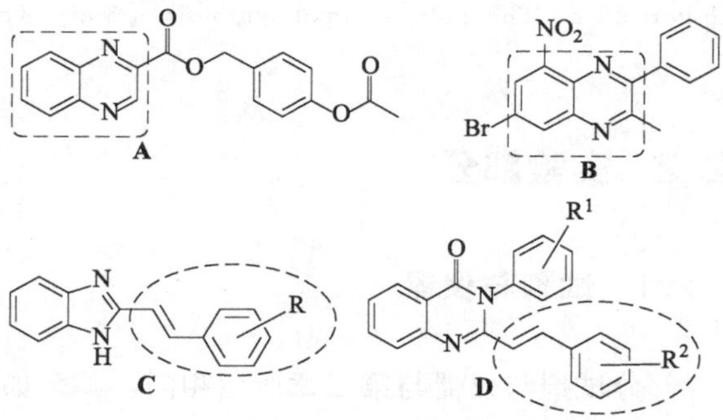

图 12-1 含有喹喔啉环和芳基乙烯基结构的生物活性化合物 **A-D**

Figure 12-1 Bioactive compounds **A-D** containing quinoxaline and arylvinyl moiety

另一方面，芳基（杂芳基）乙烯基结构片段存在于许多天然生物碱和药物分子中，可以抑制生物体内一氧化氮的产生，抑制 HIV-1 整合酶、环氧合酶和脂氧合酶活性，并且对结核分枝杆菌、灰葡萄孢菌和曲霉毒素 A 等也具有较好的抑制活性。为此，将芳（杂芳）基乙烯基和生物活性的芳杂环构筑于同一分子结构中激发了人们极大的合成兴趣，以期开发出更具生物活性的新型化合物。在这方面，Shingalapur 等曾报道合成了结构新颖的具有抗菌活性的（*E*)-2-芳基乙烯基-1*H*-苯并［*d*］咪唑类化合物（**C**)。类似地，Jadhavar 等合成了各种具有抗结核活性的 2-芳基乙烯基喹唑啉类化合物（**D**)。

鉴于此，如果将喹喔啉环与杂芳基乙烯基构筑于同一分子中，得到一类结构新颖的与乙烯基相连接的双杂环类化合物将是一项十分有意义的研究工作，不仅可以扩展双杂环类化合物的结构多样性，而且可以作为很好的可选底物用于当前药物的研发。为此，本章继续以 3-溴甲基喹喔啉-2-甲酸乙酯（**2**）为反应底物，设计将 Arbuzov 反应、Horner- Wadsworth-Emmons（HWE）反应和酯基水解反应在“一锅”内进行，中间产物不经分离提纯，从而简便有效地合成一系列结构新型的 3-芳基（杂芳基）乙烯基喹喔啉-2-羧酸类化合物（**5**)，如图 12-2 所示。

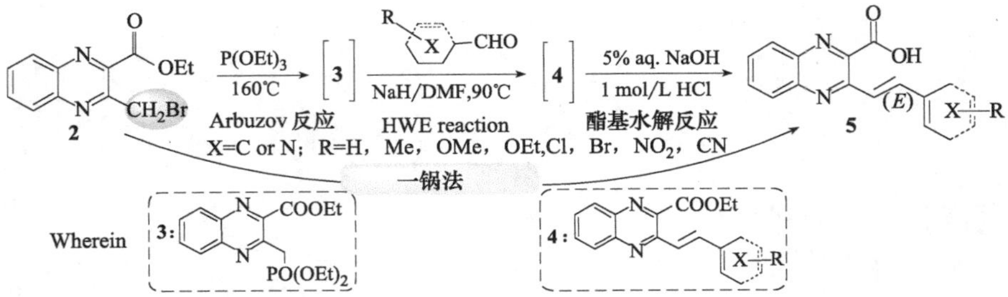

图 12-2 “三步一锅法”合成 3-芳基（杂芳基）乙烯基喹喔啉-2-羧酸类化合物（**5**）

Figure 12-2 Three-step one-pot synthesis of 3-aryl (hetaryl) vinylquinoxaline-2-carboxylic acids (**5**)

12.2 实验部分

12.2.1 试剂与仪器

部分试剂与仪器与第二章所示相同，其余如下所示：

亚磷酸三乙酯	分析纯，上海阿拉丁生化科技股份有限公司
N,*N*-二甲基甲酰胺	分析纯，天津光复科技发展有限公司
氢化钠	分析纯，天津市光复精细化工研究所
各种取代的吲哚醛	渤海大学超精细化学品研究所
各种取代的喹啉醛	渤海大学超精细化学品研究所
氢氧化钠	分析纯，天津永晟精细化工有限公司

12.2.2 3-芳基乙烯基喹喔啉-2-羧酸（5a-5i）的合成

将 3-溴甲基喹喔啉-2-甲酸乙酯（**2**）(0.295 g，1.0 mmol）溶解在亚磷酸三乙酯（5 mL，29.25 mmol）中，在 160 ℃油浴锅中反应 5～6 h，当反应完全结束后，旋蒸出亚磷酸三乙酯，得到粗产物中间体 **3**，用石油醚冲洗去除杂质。将得到的中间体溶解在 15 mL DMF 中，再加入氢化钠（0.036g，1.5 mmol）和苯甲醛或取代苯甲醛（1.2 mmol），将油浴锅加热到 90 ℃，用 TLC 检测反应进程。待反应完全后，放置冷却至室温，然后加入 5%的氢氧化钠水溶液继续回流 2 h。反应完毕，冷却至室温，用 1mol/L 盐酸酸化，析出固体，继续搅拌 1 h 至固体完全析出，抽滤出固体，水洗，干燥得到粗产物，最后使用无水乙醇重结晶得到目标产物 **5a-5i** 纯品。

(*E*)-3-(2-苯乙烯基)喹喔啉-2-甲酸（**5a**）：黄色固体，产率 88.1%；m. p. 145.2～146.4 ℃；IR（KBr，cm^{-1}）ν 3520，3472，2914，2367，1689，1619，1300，1121，742；^1H NMR（400 MHz，DMSO-d_6）δ 14.19（s，1H，COOH），8.12～8.15（m，2H，ArH），8.00（d，J=16.0 Hz，1H，CH=CH），7.95（m，1H，ArH），7.87（m，1H，ArH），7.77（d，J=16.0 Hz，1H，CH=CH），7.70（d，J=4.0 Hz，2H，ArH），7.45（t，J=8.0 Hz，2H，ArH），7.37（m，1H，ArH）；^{13}C NMR（100 MHz，DMSO-d_6）δ 166.64，147.38，144.96，141.56，139.07，136.38，135.46，131.92，130.28，129.10，128.83，128.75，128.38，127.29，122.55。HRMS：Calcd. For $C_{17}H_{13}N_2O_2$[M+H]$^+$ 277.0972；Found 277.0941。

(*E*)-3-(4-甲基苯乙烯基)喹喔啉-2-甲酸（**5b**）：黄色固体，产率 52.1%；m. p. 151.6～151.7 ℃；^1H NMR（400 MHz，DMSO-d_6）δ 14.20（s，1H，COOH），8.17（d，J=8.0 Hz，2H，ArH），8.05（d，J=16.0 Hz，1H，CH=CH），7.98（d，J=8.0 Hz，1H，ArH），7.92（t，J=8.0 Hz，1H，ArH），7.78（d，J=16.0 Hz，1H，CH=CH），7.65（d，J=8.0 Hz，1H，ArH），2.28（s，3H，Me）；^{13}C NMR（100 MHz，DMSO-d_6）δ 166.67，147.47，144.99，141.58，138.98，138.92，136.44，132.73，131.86，130.14，129.35，128.81，128.34，127.28，121.39，20.71。HRMS：Calcd. For $C_{18}H_{14}N_2O_2$[M+H]$^+$ 291.3160；Found 291.3188。

(*E*)-3-(4-甲氧基苯乙烯基)喹喔啉-2-甲酸(**5c**)：黄色固体，产率 70.4%；m. p. 175.1～175.8 ℃；^1H NMR（400 MHz，DMSO-d_6）δ 14.19（s，1H，COOH），8.15（d，J=8.0 Hz，1H，ArH），8.05（d，J=16.0 Hz，1H，CH=CH），7.99（t，J=8.0 Hz，1H，ArH），7.90（t，J=8.0 Hz，1H，ArH），7.72（d，J=8.0 Hz，2H，ArH），7.67（d，J=16.0 Hz，1H，CH=CH），7.07（d，J=8.0 Hz，2H，ArH），3.84（s，3H，Me）；^{13}C NMR（100 MHz，DMSO-d_6）δ 166.73，160.05，147.60，145.03，141.60，138.86，136.28，131.80，129.95，128.94，128.79，128.25，128.10，119.88，114.21，55.71。HRMS：Calcd. For $C_{18}H_{14}N_2O_3$[M+H]$^+$ 307.3154；Found 307.3167。

(*E*)-3-(4-乙氧基苯乙烯基)喹喔啉-2-甲酸(**5d**)：黄色固体，产率 76.6%；m. p. 165.8～166.4 ℃；^1H NMR（400 MHz，DMSO-d_6）δ 14.20（s，1H，COOH），8.15（d，J=12.0 Hz，2H，ArH），8.04（d，J=16.0 Hz，1H，CH=CH），7.98（t，J=8.0，1H，ArH），7.90（t，J=8.0 Hz，1H，ArH），7.70（d，J=8.0 Hz，1H，ArH），7.66（d，J=16.0 Hz，1H，CH=CH），4.13（q，J=8.0 Hz，2H，OCH_2CH_3），1.39（t，J=8.0 Hz，3H，OCH_2CH_3）；^{13}C NMR（100 MHz，DMSO-d_6）δ 166.74，159.34，147.61，145.01，141.60，138.85，136.31，131.79，129.92，128.94，128.78，128.24，127.95，119.78，114.59，62.92，14.30。HRMS：Calcd. For $C_{19}H_{16}N_2O_3$[M+H]$^+$ 321.3419；Found 321.3467。

(*E*)-3-(2，4-二甲氧基苯乙烯基)喹喔啉-2-甲酸（**5e**）：黄色固体，产率 60.9%；

m. p. 164. 2～164. 3 ℃；^{1}H NMR（400 MHz，DMSO-d_6）δ 14. 15（s，1H，COOH），8. 26（d，J = 16. 0 Hz，1H，CH ═CH），8. 14（t，J = 8. 0 Hz，2H，ArH），7. 96（t，J = 8. 0 Hz，1H，ArH），7. 87（t，J = 8. 0 Hz，1H，ArH），7. 73（d，J = 16. 0 Hz，1H，CH ═CH），7. 66（d，J = 8. 0 Hz，1H，ArH），6. 69（m，2H，ArH），3. 94（s，3H，OCH_3），3. 86（s，3H，OCH_3）；^{13}C NMR（100 MHz，DMSO-d_6）δ 166. 84，161. 56，158. 80，147. 93，145. 41，141. 66，138. 76，131. 76，131. 60，129. 67，128. 98，128. 70，128. 26，119. 97，116. 96，105. 87，98. 22，55. 42，55. 14。HRMS：Calcd. For $C_{19}H_{16}N_2O_4$［M+H］$^+$ 337. 1110；Found 337. 1117。

(*E*)-3-(2-氯苯乙烯基)喹喔啉-2-甲酸(**5f**)：棕色固体，产率 54. 9%；m. p. 161. 4～161. 5 ℃；^{1}H NMR（400 MHz，DMSO-d_6）δ 14. 23（s，1H，COOH），8. 35（d，J = 16. 0 Hz，1H，CH ═CH），8. 22（t，J = 8. 0 Hz，2H，ArH），8. 02（t，J = 8. 0 Hz，1H，ArH），7. 98（d，J = 8. 0 Hz，1H，ArH），7. 93（d，J = 16. 0 Hz，1H，CH ═CH），7. 61（d，J = 8. 0 Hz，1H，ArH），7. 49（m，2H，ArH）；^{13}C NMR（100 MHz，DMSO-d_6）δ 166. 50，147. 12，144. 81，141. 50，139. 27，133. 31，132. 99，132. 05，131. 25，130. 62，130. 45，129. 72，128. 86，128. 59，127. 58，127. 26，126. 88。HRMS：Calcd. For $C_{17}H_{11}ClN_2O_2$［M+H］$^+$ 311. 0509；Found 311. 0535。

(*E*)-3-(2,6-二氯苯乙烯基)喹喔啉-2-甲酸(**5g**)：棕色固体，产率 36. 4%；m. p. 189. 9～190. 1 ℃；^{1}H NMR（400 MHz，DMSO-d_6）δ 14. 81（s，1H，COOH），8. 15（d，J = 8. 0 Hz，1H，ArH），8. 10（d，J = 8. 0 Hz，1H，ArH），8. 05（d，J = 16. 0 Hz，1H，CH ═CH），7. 92（m，3H，ArH），7. 62（d，J = 16. 0 Hz，1H，CH ═CH），7. 44（t，J = 8. 0 Hz，1H，ArH）；^{13}C NMR（100 MHz，DMSO-d_6）δ 167. 82，150. 22，146. 00，140. 77，139. 91，133. 59，132. 65，131. 68，130. 60，130. 16，129. 86，128. 87，128. 69，128. 56，128. 50。HRMS：Calcd. For $C_{17}H_{10}Cl_2N_2O_2$［M+H］$^+$ 345. 1119；Found 345. 1111。

(*E*)-3-(3-溴苯乙烯基)喹喔啉-2-甲酸(**5h**)：黄色固体，产率 56. 3%；m. p. 155. 2～155. 8 ℃；^{1}H NMR（400 MHz，DMSO-d_6）δ 14. 22（s，1H，COOH），8. 18（d，J = 8. 0 Hz，1H，ArH），8. 02（m，4H，ArH），7. 91（d，J = 16. 0 Hz，1H，CH ═CH），7. 78（d，J = 8. 0 Hz，1H，ArH），7. 63（d，J = 8. 0 Hz，1H，ArH），7. 47（t，J = 8. 0 Hz，1H，ArH）；^{13}C NMR（100 MHz，DMSO-d_6）δ 166. 50，147. 21，144. 93，141. 50，139. 19，138. 07，134. 54，132. 02，131. 52，130. 79，130. 50，129. 69，128. 88，128. 41，126. 25，124. 45，122. 08。HRMS：Calcd. For $C_{17}H_{11}BrN_2O_2$［M+H］$^+$ 355. 0004；Found 355. 0011。

(*E*)-3-(2-氰基苯乙烯基)喹喔啉-2-甲酸(**5i**)：棕色固体，产率 51. 2%；m. p. 162. 8～164. 0 ℃；^{1}H NMR（400 MHz，DMSO-d_6）δ 14. 27（s，1H，COOH），8. 27（m，3H，ArH），8. 15（d，J = 16. 0 Hz，1H，CH ═CH），8. 03（m，3H，ArH），7. 86（t，J = 8. 0 Hz，1H，ArH），7. 64（t，J = 8. 0 Hz，1H，ArH）；^{13}C NMR（100 MHz，DMSO-d_6）δ 166. 37，146. 75，144. 93，141. 45，139. 49，138. 17，133. 48，133. 30，132. 14，130. 87，130. 81，129. 39，128. 91，127. 72，126. 33，117. 33，110. 80. HRMS：Calcd. For $C_{18}H_{11}N_3O_2$［M+H］$^+$ 302. 0854；Found 302. 0869。

12.2.3 3-喹啉/吲哚基乙烯基喹喔啉-2-羧酸类化合物（5j-5z）的合成

使用吲哚醛和喹啉醛替代芳醛，合成步骤和反应的后处理同 12.2.2。

(*E*)-3-(2-(2-氯-1-甲基-1*H* 吲哚-3-基)乙烯基)喹喔啉-2-甲酸（**5j**）：黄色固体，产率 71.6%；m.p. 183.9～184.7 ℃；IR (KBr, cm^{-1}) ν 3457，3272，1746，1610，1382，752，556；^1H NMR (400 MHz, DMSO-d_6) δ 14.13 (s，1H，COOH)，8.21(d, *J*=16.0 Hz，1H，CH=CH)，8.09(t，*J*=9.6 Hz，2H，ArH)，7.90(d，*J*=15.2 Hz，1H，CH=CH)，7.81(t，*J*=7.6 Hz，1H，ArH)，7.73(d，*J*=8.0 Hz，2H，ArH)，7.61(d，*J*=7.6 Hz，1H，ArH)，7.28～7.35(m，2H，ArH)，3.82(s，3H，CH_3)；^{13}C NMR (100 MHz, DMSO-d_6) δ 167.69，148.86，145.39，142.48，139.43，136.71，132.48，130.27，129.72，129.53，128.94，128.18，124.16，123.49，122.23，119.42，119.37，111.40，109.43，30.87。Anal. Calcd for $C_{20}H_{14}ClN_3O_2$：C，66.03%；H，3.88%；N，11.55%。Found：C，65.82%；H，3.47%；N，11.79%。

(*E*)-3-(2-(2-氯-1-乙基-1*H* 吲哚-3-基)乙烯基)喹喔啉-2-甲酸（**5k**）：黄色固体，产率 69.4%；m.p. 162.7～163.5 ℃；IR (KBr, cm^{-1}) ν 3480，3049，1692，1615，1382，975，741；^1H NMR (400 MHz, DMSO-d_6) δ 14.17 (s，1H，COOH)，8.21(d，*J*=16.0 Hz，1H，CH=CH)，8.07～8.12(m，2H，ArH)，8.00(t，*J*=7.2 Hz，2H，ArH)，7.91(d，*J*=15.6 Hz，1H，CH=CH)，7.81(t，*J*=7.6 Hz，1H，ArH)，7.66(d，*J*=8.0 Hz，1H，ArH)，7.28～7.35(m，2H，ArH)，4.32～4.38(m，2H，CH_2)，1.30(t，*J*=6.8 Hz，3H，CH_3)；^{13}C NMR (100 MHz, DMSO-d_6) δ 167.69，148.86，145.55，142.48，139.46，135.63，132.50，130.31，129.54，128.96，128.70，128.09，124.40，123.58，122.23，119.57，111.27，109.64，15.08。Anal. Calcd for $C_{21}H_{16}ClN_3O_2$：C，66.76%；H，4.27%；N，11.12%。Found：C，66.58%；H，4.08%；N，11.24%。

(*E*)-3-(2-(2-氯-1-苄基-1*H* 吲哚-3-基)乙烯基)喹喔啉-2-甲酸（**5l**）：黄色固体，产率 66.2%；m.p. 187.6～189.7 ℃；IR (KBr, cm^{-1}) ν 3316，3061，1735，1512，1078，823，741；^1H NMR (400 MHz, DMSO-d_6) δ 14.21 (s，1H，COOH)，8.23(d，*J*=15.6 Hz，1H，CH=CH)，8.10(t，*J*=9.2 Hz，2H，ArH)，7.98(t，*J*=3.6 Hz，2H，ArH)，7.91 (d，*J*=15.2 Hz，1H，CH=CH)，7.82(t，*J*=7.6 Hz，1H，ArH)，7.64～7.66(m，1H，ArH)，7.23～7.33(m，5H，ArH)，7.14(d，*J*=7.6 Hz，2H，ArH)，5.59(s，2H，CH_2)；^{13}C NMR (100 MHz, DMSO-d_6) δ 167.67，148.83，145.43，142.47，139.52，137.08，136.39，132.53，130.40，129.55，129.22，129.00，128.02，127.96，126.94，124.43，123.82，122.47，120.21，119.65，111.75，110.11，47.08。Anal. Calcd for $C_{26}H_{18}ClN_3O_2$：C，70.99%；H，4.12%；N，9.55%。Found：C，71.27%；H，4.39%；N，9.14%。

(*E*)-3-(2-(2-氯-2-(4-氯苄基)-1*H* 吲哚-3-基)乙烯基)喹喔啉-2-甲酸（**5m**）：黄色固体，产率 65.7%；m.p. 277.9～278.8 ℃；^1H NMR (400 MHz, DMSO-d_6) δ 8.16 (d，*J*=15.6 Hz，1H，CH=CH)，7.97～8.05(m，4H，ArH)，7.93(d，*J*=16.0 Hz，1H，CH=

CH)，7.79(t，J=7.2 Hz，1H，ArH)，7.73(t，J=7.2 Hz，1H，ArH)，7.61(t，J=3.2 Hz，1H，ArH)，7.38 (d，J=8.4 Hz,2H，ArH)，7.27(m，2H，ArH)，7.14 (d，J=8.4 Hz,2H，ArH)，5.58(s，2H，CH_2)；^{13}C NMR (100 MHz，DMSO-d_6) δ 168.73，148.48，141.75，140.02，136.26，136.22，132.57，130.96，129.67，129.21，128.82，128.64，126.88，124.46，123.78，122.42，121.52，119.95，111.48，110.39，46.37。Anal. Calcd for $C_{26}H_{17}C_{12}N_3O_2$：C，65.83%；H，3.61%；N，8.86%。Found：C，65.49%；H，3.52%；N，8.91%。

(*E*)-3-(2-(2-氯-5-乙基-1-甲基-1*H* 吲哚-3-基)乙烯基)喹喔啉-2-甲酸 (**5n**)：黄色固体，产率 69.8%；m.p. 175.7～176.4 ℃；IR (KBr，cm^{-1}) ν 3359，2979，1735，1621，1524，969，768；^1H NMR (400 MHz，DMSO-d_6) δ 14.17 (s，1H，COOH)，8.20(d，J=16.0 Hz,1H，CH=CH)，8.09(t，J=9.2 Hz，2H，ArH)，7.93(d，J=16.0 Hz,1H，CH=CH)，7.90(t，J=7.2 Hz，1H，ArH)，7.81(d，J=7.6 Hz，1H，ArH)，7.78(s，1H，ArH)，7.50 (d，J=8.4 Hz,1H，ArH)，7.19 (d，J=8.4 Hz,1H，ArH)，3.79 (s，3H，CH_3)，2.76(q，J=7.6 Hz，2H,CH_2)，1.29(t，J=7.6 Hz，3H，CH_3)；^{13}C NMR (100 MHz，DMSO-d_6) δ 167.71，149.00，145.18，142.51，139.42，137.78，135.26，132.49，130.19，129.55，129.50，128.90，128.36，124.34，123.85，119.06，118.13，111.13，109.21，30.87，29.02，16.78。Anal. Calcd for $C_{22}H_{18}ClN_3O_2$：C，67.43%；H，4.63%；N，10.72%。Found：C，67.74%；H，4.82%；N，10.39%。

(*E*)-3-(2-(2-氯-1,5-二乙基-1*H* 吲哚-3-基)乙烯基)喹喔啉-2-甲酸 (**5o**)：黄色固体，产率 67.3%；m.p. 157.6～158.4 ℃；IR (KBr，cm^{-1}) ν 3272，2973，1724，1518，1230，969，774；^1H NMR (400 MHz，DMSO-d_6) δ 14.20 (s，1H，COOH)，8.21 (d，J=16.0 Hz,1H，CH=CH)，8.07～8.12(m，2H，ArH)，7.97(d，J=16.0 Hz,1H，CH=CH)，7.91(t，J=7.2 Hz，1H，ArH)，7.81(t，J=7.6 Hz，2H，ArH)，7.55 (d，J=8.4 Hz,1H，ArH)，7.19 (d，J=8.4 Hz,1H，ArH)，4.29～4.34(m，2H,CH_2)，2.73～2.78 (m，2H,CH_2)，1.28(t，J=7.2 Hz，6H，CH_3)；^{13}C NMR (100 MHz，DMSO-d_6) δ 167.71，149.00，145.21，142.51，139.44，137.80，134.15，132.51，130.23，129.60，128.93，128.48，128.28，124.59，123.95，119.25，118.29，111.02，109.42，29.03，16.79，15.51。Anal. Calcd for $C_{23}H_{20}ClN_3O_2$：C，68.06%；H，4.97%；N，10.35%。Found：C，67.82%；H，4.81%；N，10.66%。

(*E*)-3-(2-(1-苄基-2-氯-5-乙基-1*H* 吲哚-3-基)乙烯基)喹喔啉-2-甲酸 (**5p**)：黄色固体，产率 65.9%；m.p. 165.8～167.3 ℃；IR (KBr，cm^{-1}) ν 3332，2968，1730，1524，1398，964，768；^1H NMR (400 MHz，DMSO-d_6) δ14.22 (s，1H，COOH)，8.22(d，J=15.6 Hz,1H，CH=CH)，8.10(t，J=9.2 Hz，2H，ArH)，8.02(d，J=16.0 Hz,1H，CH=CH)，7.90(t，J=7.2 Hz，1H，ArH)，7.82(t，J=5.2 Hz，2H，ArH)，7.53 (d，J=8.4 Hz,1H，ArH)，7.31(t，J=7.2 Hz，2H，ArH)，7.24(t，J=6.8 Hz，1H，ArH)，7.12～7.17(m，3H，ArH)，5.55(s，2H，CH_2)，2.72～2.77(m，2H，CH_2)，1.27(t，J=7.6 Hz，3H，CH_3)；^{13}C NMR (100 MHz，DMSO-d_6) δ 167.76，148.49，141.78，140.00，136.26，136.21，132.58，131.02，129.70，129.21，129.06，128.82，128.72，

128.65，126.91，124.46，123.79，122.42，121.48，119.94，111.49，110.39，46.37，26.84，16.15。Anal. Calcd for $C_{28}H_{22}ClN_3O_2$：C，71.87%；H，4.74%；N，8.98%。Found：C，71.96%；H，4.86%；N，8.74%。

(*E*)-3-(2-(2-氯喹啉-3-基)乙烯基)喹喔啉-2-甲酸(**5q**)：棕色固体，产率 67.3%；m.p. 185.2～186.2 ℃；IR (KBr，cm^{-1}) ν 3424，3055，1708，1638，1393，1084，763；^1H NMR (400 MHz，DMSO-d_6) δ 8.68(s，1H，ArH)，8.24(s，1H，ArH)，8.12(d，J=9.2 Hz,2H，ArH)，8.04(d，J=15.2 Hz,1H，CH=CH)，7.98(t，J=8.8 Hz,2H，ArH)，7.89(t，J=7.6 Hz,1H，ArH)，7.83(d，J=15.6 Hz,1H，CH=CH)，7.76(t，J=7.2 Hz,1H，ArH)，7.50(t，J=8.8 Hz,1H，ArH)；^{13}C NMR (100 MHz，DMSO-d_6) δ 167.20，147.69，145.44，142.27，140.10，133.23，132.85，132.72，131.47，130.33，129.62，129.29，129.01，125.83，124.60，122.61。Anal. Calcd for $C_{20}H_{12}ClN_3O_2$：C，66.40%；H，3.34%；N，11.61%。Found：C，66.37%；H，3.29%；N，11.70%。

(*E*)-3-(2-(2-氯-6-氯喹啉-3-基)乙烯基)喹喔啉-2-甲酸(**5r**)：棕色固体，产率 67.3%；m.p. 188.4～dec ℃；IR (KBr，cm^{-1}) ν 3436，3061，1730，1198，1084，834，763；^1H NMR (400 MHz，DMSO-d_6) δ 8.68(s，1H，ArH)，8.28(d，J=6.4 Hz,2H，ArH)，8.21(d，J=15.2 Hz,1H，CH=CH)，8.13(d，J=7.6 Hz,2H，ArH)，8.10(d，J=6.4 Hz,1H，ArH)，8.03(d，J=15.6 Hz,1H，CH=CH)，7.98(d，J=8.8 Hz,1H，ArH)，7.84(s，1H，ArH)；^{13}C NMR (100 MHz，DMSO-d_6) δ 167.24，147.71，145.45，142.28，140.14，133.62，132.81，131.76，131.42，129.59，129.30，129.00，127.36，125.53，125.23，124.39。Anal. Calcd for $C_{20}H_{11}Cl_2N_3O_2$：C，60.63%；H，2.80%；N，10.61%。Found：C，60.54%；H，2.69%；N，10.77%。

(*E*)-3-(2-(2-氯-6-溴喹啉-3-基)乙烯基)喹喔啉-2-甲酸(**5s**)：红色固体，产率 67.3%；m.p. 189.1～191.4 ℃；IR (KBr，cm^{-1}) ν 3392，3044，1724，1594，1095，752，617；^1H NMR (400 MHz，DMSO-d_6) δ 8.52(s，1H，ArH)，8.20(s，1H，ArH)，8.14 (d，J=8.4 Hz,2H，ArH)，8.08(d，J=15.6 Hz,1H，CH=CH)，7.97(t，J=7.2 Hz,1H，ArH)，7.90(t，J=8.0 Hz,2H，ArH)，7.85(d，J=15.6 Hz,1H，CH=CH)，7.79(d，J=7.2 Hz,1H，ArH)；^{13}C NMR (100 MHz，DMSO-d_6) δ 167.27，147.76，145.47，142.29，140.03，134.17，133.77，132.80，131.39，130.46，129.59，124.99，117.29，117.02。Anal. Calcd for $C_{20}H_{11}BrClN_3O_2$：C，54.51%；H，2.52%；N，9.54%。Found：C，54.66%；H，2.78%；N，9.31%。

(*E*)-3-(2-(2-氯-6-碘喹啉-3-基)乙烯基)喹喔啉-3-甲酸(**5t**)：红色固体，产率 67.3%；m.p. 185.6～dec ℃；IR (KBr，cm^{-1}) ν 3392，3061，1686，1404，1187，817，763；^1H NMR (400 MHz，DMSO-d_6) δ 8.50(s，1H，ArH)，8.38(s，1H，ArH)，8.23 (d，J=9.6 Hz,2H，ArH)，8.18(d，J=15.6 Hz,1H，CH=CH)，8.00 (d，J=7.6 Hz,2H，ArH)，7.95(d，J=15.6 Hz,1H，CH=CH)，7.90(d，J=3.6 Hz，1H，ArH)，7.58(d，J=8.8 Hz,1H，ArH)。Anal. Calcd for $C_{20}H_{11}ClIN_3O_2$：C，49.26%；H，2.27%；N，8.62%。Found：C，49.19%；H，2.08%；N，8.75%。

(*E*)-3-(2-(2-氯-6-甲基喹啉-3-基)乙烯基)喹喔啉-2-甲酸(**5u**)：红色固体，产率67.3%；m.p. 185.9～186.5 ℃；IR (KBr，cm^{-1}) ν 3451，2892，1735，1501，969，828，774；^1H NMR (400 MHz，DMSO-d_6) δ 14.21(s，1H，COOH)，8.82(s，1H，ArH)，8.30(d，*J*=15.6 Hz,1H，CH=CH)，8.14～8.19(m，2H，ArH)，7.99(d，*J*=15.6 Hz,1H，CH=CH)，7.84～7.95(m，3H，ArH)，7.66 (d，*J*=8.8 Hz,1H，ArH)，2.50 (s，3H，CH_3)；^{13}C NMR (100 MHz，DMSO-d_6) δ 167.18，148.87，147.54，145.75，145.56，142.23，140.11，137.88，135.89，134.03，132.85，131.52，131.30，129.60，129.38，128.76，128.04，127.78，127.57，127.56，21.59。Anal. Calcd for $C_{21}H_{14}ClN_3O_2$：C，67.12%；H，3.75%；N，11.18%。Found：C，66.88%；H，3.46%；N，11.29%。

(*E*)-3-(2-(2-氯-6-乙基喹啉-3-基)乙烯基)喹喔啉-2-甲酸(**5v**)：红色固体，产率67.3%；m.p. 176.4～177.0 ℃；IR (KBr，cm^{-1}) ν 3392，3049，1708，1535，1192，844，747；^1H NMR (400 MHz，DMSO-d_6) δ 8.86(s，1H，ArH)，8.30(d，*J*=15.6 Hz，1H，CH=CH)，8.14～8.19(m，2H，ArH)，8.00(d，*J*=15.6 Hz,1H，CH=CH)，7.86～7.97(m，4H，ArH)，7.70(d，*J*=8.8 Hz,1H，ArH)，2.79(dd，*J*=7.6 Hz，7.6 Hz，2H，CH_2)，1.27(t，*J*=7.6 Hz，3H，CH_3)；^{13}C NMR (100 MHz，DMSO-d_6) δ 167.25，148.92，147.51，145.94，145.76，143.90，142.21，140.12，136.06，133.05，132.81，131.50，131.29，129.59，129.37，128.71，128.00，127.88，127.61，126.28，28.51，15.53。Anal. Calcd for $C_{22}H_{16}ClN_3O_2$：C，67.78%；H，4.14%；N，10.78%。Found：C，67.62%；H，4.01%；N，11.00%。

(*E*)-3-(2-(2-氯-6-叔丁基喹啉-3-基)乙烯基)喹喔啉-2-甲酸(**5w**)：黄色固体，产率67.3%；m.p. 175.3～176.4 ℃；^1H NMR (400 MHz，DMSO-d_6) δ 8.96(s，1H，ArH)，8.47(s，1H，ArH)，8.31(d，*J*=15.6 Hz,1H，CH=CH)，8.14(t，*J*=9.6 Hz,2H，ArH)，7.95(d，*J*=8.8 Hz,2H，ArH)，7.88(t，*J*=8.8 Hz,2H，ArH)，7.70(d，*J*=15.6 Hz,1H，CH=CH)，1.33(s，9H，*t*-Bu)；^{13}C NMR (100 MHz，DMSO-d_6) δ 160.60，141.77，138.35，135.39，132.36，128.54，125.41，123.22，122.44，121.87，121.61，121.00，117.31，116.49，115.14，112.48，104.18，102.55，35.28，31.47，31.19，30.85。Anal. Calcd for $C_{24}H_{20}ClN_3O_2$：C，68.98%；H，4.82%；N，10.06%. Found：C，70.27%；H，4.96%；N，9.98%。

(*E*)-3-(2-(2-氯-7-甲基喹啉-3-基)乙烯基)喹喔啉-2-甲酸(**5x**)：棕色固体，产率67.3%；m.p. 168.1～169.2 ℃；^1H NMR (400 MHz，DMSO-d_6) δ 8.61(s，1H，ArH)，8.12(d，*J*=9.2 Hz,2H，ArH)，8.03 (d，*J*=15.6 Hz,1H，CH=CH)，7.95(t，*J*=6.8 Hz,2H，ArH)，7.88(t，*J*=8.0 Hz,2H，ArH)，7.80 (d，*J*=15.6 Hz,1H，CH=CH)，7.33 (d，*J*=8.4 Hz,1H，ArH)，2.48(s，3H,CH_3)；^{13}C NMR (100 MHz，DMSO-d_6) δ 167.19，148.5，148.18，147.53，142.24，141.60，140.11，137.00，132.83，131.28，130.30，128.55，128.11，128.00，126.90，126.26，124.66，124.15，123.86，122.92，15.42。Anal. Calcd for $C_{21}H_{14}ClN_3O_2$：C，67.12%；H，3.75%；N，11.18%。Found：C，67.10%；H，3.61%；N，11.24%。

(*E*)-3-(2-(2-氯-8-甲基喹啉-3-基)乙烯基)喹喔啉-2-甲酸(**5y**)：红色固体，产率 67.3%；m.p. 168.1～169.2 ℃；IR (KBr, cm^{-1}) ν 3386, 3066, 1708, 1638, 1485, 1398, 975, 752；^{1}H NMR (400 MHz, DMSO-d_6) δ 8.42(s, 1H, ArH), 8.11～8.17(m, 3H, ArH), 7.95 (d, *J*=15.6 Hz, 1H, CH=CH), 7.87(d, *J*=15.6 Hz, 1H, CH=CH), 7.79(d, *J*=7.2 Hz, 1H, ArH), 7.71(d, *J*=8.0 Hz, 1H, ArH), 7.48(d, *J*=6.8 Hz, 1H, ArH), 7.25(t, *J*=7.6 Hz, 1H, ArH), 2.61(s, 3H, CH_3)；^{13}C NMR (100 MHz, DMSO-d_6) δ 167.45, 159.08, 148.18, 145.78, 145.44, 142.34, 139.86, 137.15, 134.70, 134.50, 132.62, 131.06, 130.47, 129.52, 129.24, 126.20, 124.53, 123.95, 123.82, 122.92, 17.80。Anal. Calcd for $C_{21}H_{14}ClN_3O_2$：C, 67.12%；H, 3.75%；N, 11.18%。Found：C, 66.89%；H, 3.38%；N, 11.43%。

(*E*)-3-(2-(2-氯-8-乙基喹啉-3-基)乙烯基)喹喔啉-2-甲酸(**5z**)：红色固体，产率 67.3%；m.p. 162.3～163.6 ℃；^{1}H NMR (400 MHz, DMSO-d_6) δ 8.90(s, 1H, ArH), 8.31 (d, *J*=16 Hz, 1H, CH=CH), 8.11～8.17 (m, 3H, ArH), 8.00(d, *J*=15.6 Hz, 1H, CH=CH), 7.87(t, *J*=6.0 Hz, 2H, ArH), 7.69(t, *J*=8.0 Hz, 1H, ArH), 7.58(t, *J*=7.6 Hz, 1H, ArH), 3.09(dd, *J*=8.4 Hz, 8.4Hz, 2H), 1.27(t, *J*=7.2 Hz, 3H, CH_3)；^{13}C NMR (100 MHz, DMSO-d_6) δ 167.46, 149.11, 147.61, 145.94, 145.76, 143.90, 142.21, 140.12, 136.01, 132.96, 132.75, 131.59, 131.35, 129.59, 129.37, 128.71, 128.00, 127.88, 127.61, 126.22, 28.70, 15.57。Anal. Calcd for $C_{22}H_{16}ClN_3O_2$：C, 67.78%；H, 4.14%；N, 10.78%。Found：C, 67.49%；H, 4.28%；N, 10.62%。

12.3　结果与讨论

12.3.1　3-苯乙烯基-喹喔啉-2-羧酸甲酸衍生物的合成研究

我们以 3-溴甲基喹喔啉-2-甲酸乙酯（**2**）与苯甲醛的反应为例，首先进行了 Arbuzov 反应，该反应在亚磷酸三乙酯中进行。在反应温度为 160 ℃的条件下反应 5 h（用 TLC 检测反应进程），反应物 **2** 全部转变为磷叶立德中间体 **3**。由于该反应不使用其他有机溶剂和试剂，而且反应物已全部转变为中间体，因此我们不将中间体进行分离提纯，而是在减压条件下将亚磷酸三乙酯蒸除，然后直接向残余物中依次加入反应物苯甲醛、氢化钠和反应介质 DMF。将反应混合物继续加热至 90 ℃，使之发生 Horner- Wadsworth-Emmons 反应，得到 3-苯乙烯基喹喔啉-2-羧酸乙酯（**4**），最后向反应中直接加入 5%氢氧化钠溶液，使之发生酯基水解生成相应的羧酸 **5a**，其反应过程如图 12-3 所示。

这种合成方式具有操作简便、后处理简单和产品收率高等优点，可以为今后此类化合物的合成提供了一条很好的合成途径。类似地，使用该合成方法时采用其他不同取代的芳醛类、2-氯吲哚-3-甲醛和 2-氯喹啉-3-甲醛化合物也同样可以与 3-溴甲基喹喔啉-2-甲酸乙酯（**2**）顺利地发生反应，以较好的收率得到相应的 3-芳基（杂芳基）乙烯基喹喔啉-3-羧酸类化合物，其反应结果如表 12-1～表 12-3 所列。

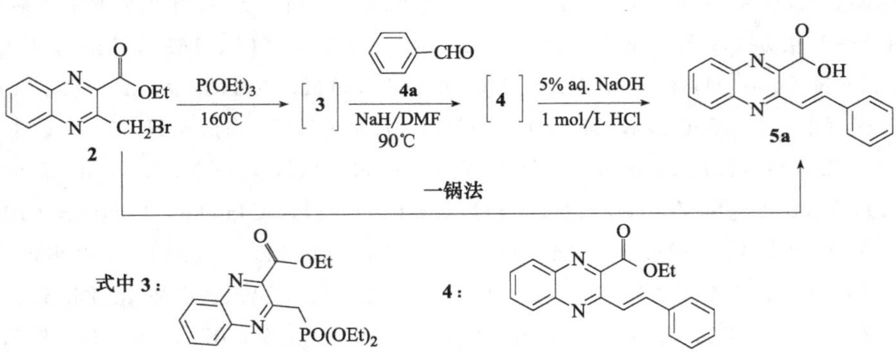

图 12-3 3-溴甲基喹喔啉-2-甲酸乙酯（2）与苯甲醛的反应过程

Figure 12-3 Reaction procedure of ethyl 3-(bromomethyl) quinoxaline-2-carboxylate (2) with benzaldehyde

表 12-1 (*E*)-3-芳乙烯基喹喔啉-2-羧酸类化合物（5a-5i）的收率和熔点

Table 12-1 Yields and melting points of (*E*)-3-arylvinylquinoxaline-2-carboxylic acids (**5a-5i**)

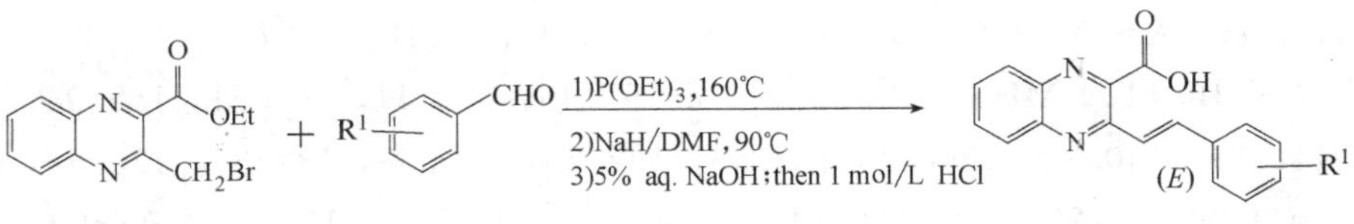

Entry	R	产物	收率/%[a]	熔点/ ℃
1	H	**5a**	88.1	145.2～146.4
2	4-Me	**5b**	72.4	151.6～151.7
3	4-OMe	**5c**	70.4	175.1～175.8
4	4-OEt	**5d**	76.6	165.8～166.4
5	2,4-OEt	**5e**	60.9	164.2～164.3
6	2-Cl	**5f**	54.9	161.4～161.5
7	2,6-Cl	**5g**	36.4	189.9～190.1
8	3-Br	**5h**	56.3	155.2～155.8
9	2-CN	**5i**	51.2	162.8～164.0

[a] Isolated yields。

从表 12-1 可以看到，取代基的位阻效应对产品的收率有一定的影响，当苯环的邻位含有取代基时，其产品的收率要比无取代的或只有对位取代化合物的产率要低一些，其中 2,6-位双取代的化合物 **5g** 的产率最低（Entry 7），可能的原因是其受到的位阻影响最大。

表 12-2 (*E*)-3-((2-氯吲哚-3-基)乙烯基)喹喔啉-2-甲酸衍生物 5j-5p 的收率及熔点

Table 12-2 Yields and melting points of (*E*)-3-((2-chloroindol-3-yl)vinyl)quinoxaline-2-carboxylic acids **5j-5p**

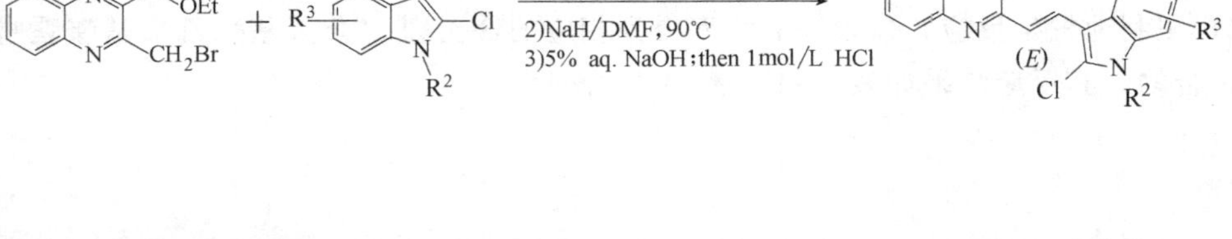

续表

Entry	R^2	R^3	产物	收率/%[a]	熔点/℃
1	Me	H	**5j**	71.6	183.9～184.7
2	Et	H	**5k**	69.4	162.7～163.5
3	Bn	H	**5l**	66.2	187.6～189.7
4	4-Cl-Bn	H	**5m**	65.7	277.9～278.8
5	Me	5-Et	**5n**	69.8	175.7～176.4
6	Et	5-Et	**5o**	67.3	157.6～158.4
7	Bn	5-Et	**5p**	65.9	165.8～167.3

[a]Isolated yield。

表 12-3 (*E*)-3-((2-氯喹啉-3-基)乙烯基)喹喔啉-2-甲酸衍生物 5q-5z 的收率及熔点

Table 12-3 Yields and melting points of (*E*)-3-(quinolin-3-yl)vinyl)quinoxaline-2-carboxylic acids **5q-5z**

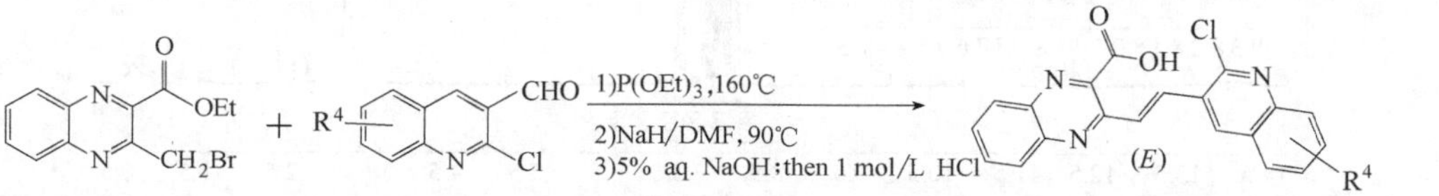

Entry	R^4	产品	收率/%[a]	熔点/℃
1	H	**5q**	66.7	185.2～186.2
2	6-Cl	**5r**	60.1	188.4～dec
3	6-Br	**5s**	62.3	189.1～191.4
4	6-I	**5t**	62.4	185.6～dec
5	6-CH_3	**5u**	69.3	185.9～186.5
6	6-Et	**5v**	67.7	176.4～177.0
7	6-*t*-Bu	**5w**	67.5	175.3～176.4
8	7-CH_3	**5x**	68.1	192.0～dec
9	8-CH_3	**5y**	67.3	168.1～169.2
10	8-Et	**5z**	65.4	162.3～163.6

[a]Isolated yield。

12.3.2 目标化合物的结构表征

本章合成的 26 种 3-芳基（杂芳基）乙烯基喹喔啉-2-羧酸类化合物都是未见文献报道过的新颖的喹喔啉类衍生物，其结构均已通过核磁共振氢谱、核磁共振碳谱和高分辨质谱表征得以证实。首先我们以化合物（*E*）-3-苯乙烯基喹喔啉-2-羧酸（**5a**）为例进行表征说明。图 12-4 为化合物 **5a** 的^{1}H NMR 谱图，从中我们可以看出在 δ=14.19 ppm 处出现的一个较宽的吸收峰，归属为 2 位羧基（—COOH）的质子吸收峰；在 δ=8.00 ppm 和δ=7.77 ppm 处出现两个互为耦合的双重峰，其耦合常数为 J=16.0 Hz，这很容易判断为环外乙烯键上的碳碳双键（CH ═CH）上的两个氢质子吸收峰，且空间结构为 *E* 式构型；在芳环区域 δ=7.37～8.15 ppm 范围内出现的 11 个质子吸收峰，这恰好与 2 个乙烯基上的 2 个氢和 9 个芳环上的 9 个氢的氢质子数相一致，说明喹啉环和苯乙烯基结合在了同一分子结构中。这样，我们可以认为化合物 **5a** 的^{1}H NMR 谱图与其结构完全相符。

对其^{13}C NMR 谱图进行分析，从图 12-5 中可以看出，在碳谱中不存在酯基乙氧基上

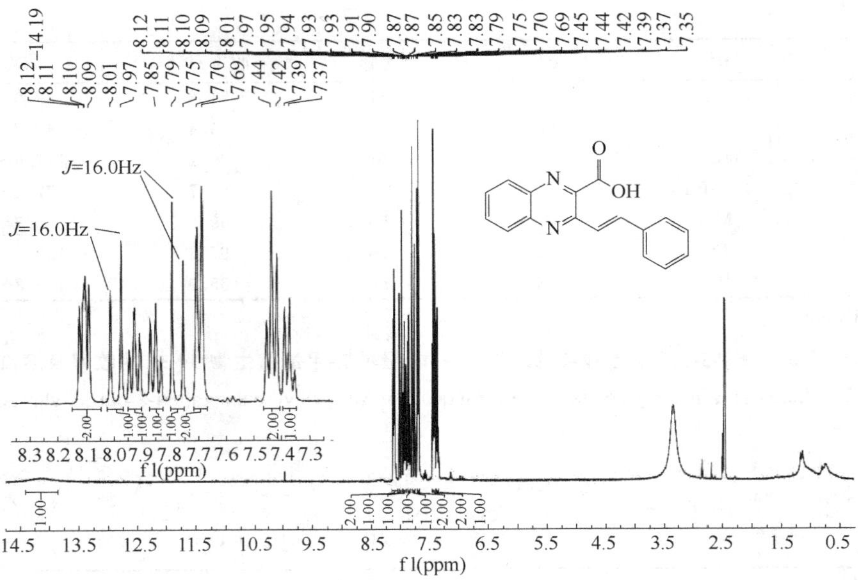

图 12-4　(E)-3-苯乙烯基喹喔啉-2-羧酸（**5a**）的^{1}H NMR 谱图

Figure 12-4　^{1}H NMR spectra of (E)-3-styrylquinoxaline-2-carboxylic acid (**5a**)

碳和 2 位溴甲基碳的吸收峰，说明反应物已发生了反应；而在 $\delta=166.64$ ppm 处出现的吸收峰可以很容易归属为羧基（—COOH）上碳原子的吸收峰；在芳环区域范围内 $\delta=122.55\sim147.38$ ppm 处出现了 14 个碳原子的吸收峰，这正好与 2-苯乙烯基喹喔啉骨架结构相一致。这样，我们可以认为化合物 **5a** 的^{13}C NMR 谱图与其结构是完全相符。

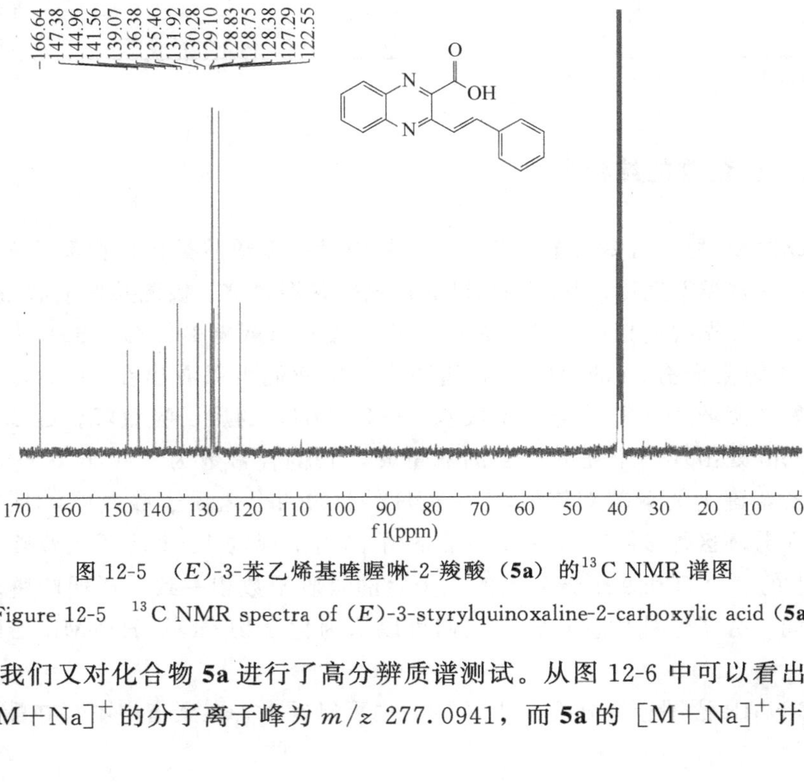

图 12-5　(E)-3-苯乙烯基喹喔啉-2-羧酸（**5a**）的^{13}C NMR 谱图

Figure 12-5　^{13}C NMR spectra of (E)-3-styrylquinoxaline-2-carboxylic acid (**5a**)

最后，我们又对化合物 **5a** 进行了高分辨质谱测试。从图 12-6 中可以看出，所测试的化合物的 [M+Na]$^{+}$ 的分子离子峰为 m/z 277.0941，而 **5a** 的 [M+Na]$^{+}$ 计算值为 m/z

277.0972，二者完全相符。进一步证实所测试化合物的分子式为 $C_{17}H_{12}N_2NaO_2$，这与化合物的分子式也完全相同。由以上图谱可以看出所合成的化合物 **5a** 结构和我们所设计的结构完全一致。

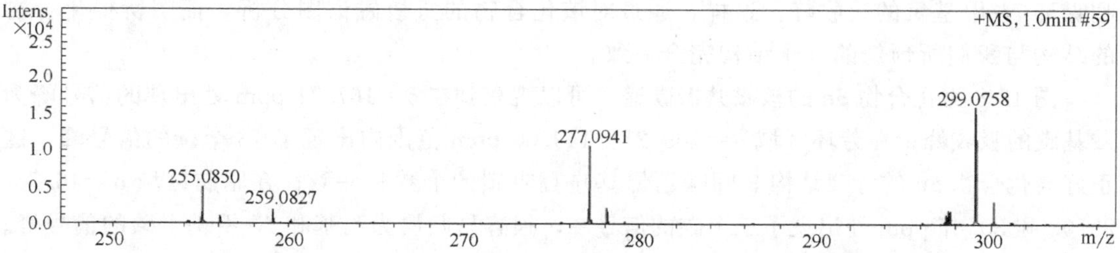

图 12-6　(*E*)-3-苯乙烯基喹喔啉-2-羧酸（**5a**）的高分辨质谱图

Figure 12-6　HRMS spectra of (*E*)-3-styrylquinoxaline-2-carboxylic acid (**5a**)

对于 3-杂芳基乙烯基喹喔啉-2-羧酸类化合物的结构同样也很容易通过核磁共振氢谱和核磁共振碳谱表征得以证实。例如，在化合物 **5n** 的核磁共振氢谱中（如图 12-7 所示），在化学位移 $\delta=14.17$ ppm 处出现一个非常宽的单峰，为羧基上的氢质子吸收峰；特别是，我们观察到在 $\delta=8.20$ 和 7.93 ppm 处出现两个互为耦合的双重峰，且耦合常数 $J=16.0$ Hz，应归属为环外碳碳双键（CH ═CH）上氢质子吸收峰，且碳碳双键的空间结构为 *E*-式构象；在 $\delta=7.78$ ppm 处出现一个较尖锐的单峰，则很容易将其归属为吲哚环上的 H-4′吸收峰；在 $\delta=7.50$ ppm 和 7.19 ppm 处出现两个互为邻位耦合的双重峰（$J=8.4$ Hz），显然是吲哚环上的 H-6′和 H-7′的吸收峰；而在 $\delta=7.81$ ppm，7.90 ppm 和 8.09 ppm 处分别

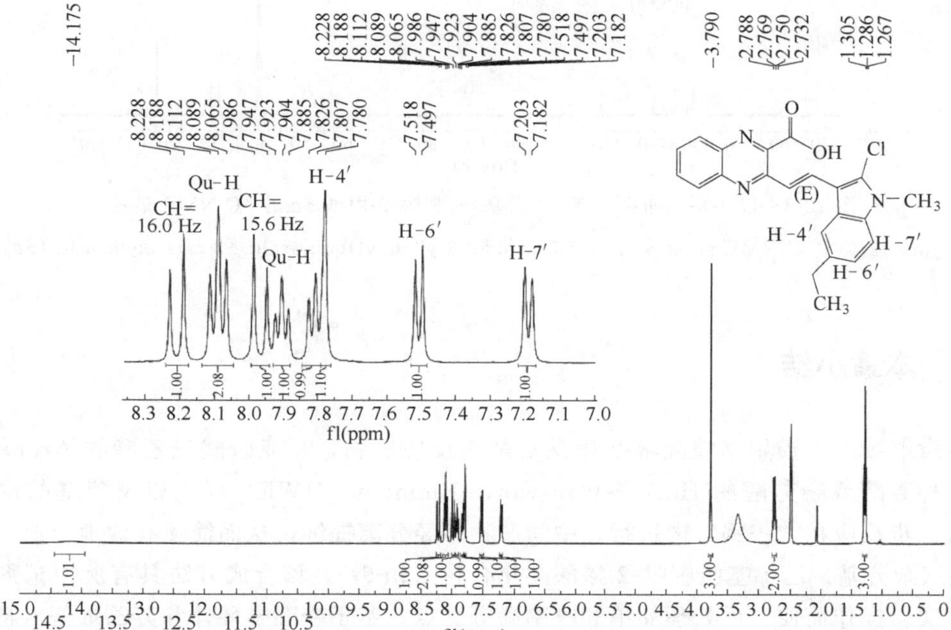

图 12-7　(*E*)-3-((吲哚-3-基)乙烯基)喹喔啉-2-甲酸 **5n** 的^{1}H NMR 谱图

Figure 12-7　^{1}H NMR spectra of (*E*)-3-((indol-3-yl)vinyl)quinoxaline-2-carboxylic acid (**5n**)

出现的双重峰、三重峰应该是喹喔啉环上的四个氢质子吸收峰；在 $\delta=2.76$ ppm 和 1.29 ppm 处分别出现互为耦合的四重峰和三重峰，明显是乙基中亚甲基（$—CH_2$）和甲基（$—CH_3$）上氢的吸收峰；在 $\delta=3.79$ ppm 处出现一个尖锐的 3 个氢的单峰，无疑是吲哚环 *N*-甲基氢的吸收峰。这样，通过对该化合物的氢核磁谱图分析，证明所得化合物的结构与我们所预想的分子结构完全一致。

图 12-8 为化合物 **5n** 的核磁共振碳谱，可以观察到在 $\delta=167.71$ ppm 处出现的信号峰为羧基碳的吸收峰；在芳环区域 $\delta=109.21\sim149.00$ ppm 范围内出现了 18 个碳的信号峰，这正好与化合物 **5n** 的骨架结构 3-吲哚乙烯基喹喔啉碳的个数相一致；在脂肪区域 $\delta=16.78$、29.02 和 30.87 ppm 处出现了三个碳的信号峰，很容易归属为乙基和 *N*-甲基上碳的信号峰。通过核磁碳谱的分析，进一步证实了所合成的化合物与设想的分子结构相一致。

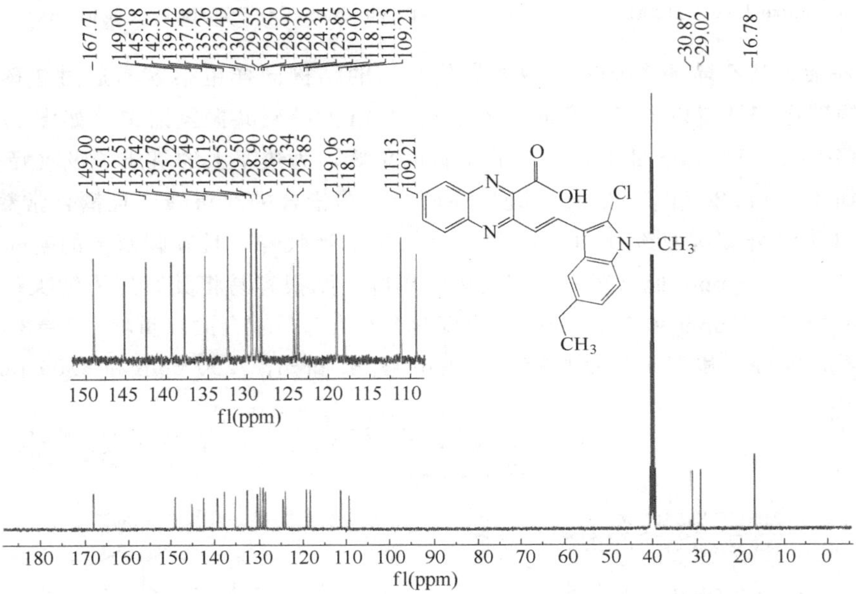

图 12-8 (*E*)-3-((吲哚-3-基)乙烯基)喹喔啉-2-甲酸 **5n** 的 ^{13}C NMR 谱图

Figure 12-8 ^{13}C NMR spectra of (*E*)-3-((indol-3-yl)vinyl)quinoxaline-2-carboxylic acid (**5n**)

12.4 本章小结

本章继续以 3-溴甲基喹喔啉-2-甲酸乙酯为反应底物，与亚磷酸三乙酯的 Arbuzov 反应和各种芳醛或杂芳醛的 Horner-Wadsworth-Emmons（HWE）反应以及酯基的水解反应，这三步反应在“一锅”内进行，中间产物不经分离提纯，从而简便有效地合成一系列 3-芳基（杂芳基）乙烯基喹喔啉-2-羧酸类化合物（**5a-5z**）。该合成方法具有所用试剂廉价易得、实验操作简便、后处理简单和收率高等优点。鉴于喹喔啉环体和芳乙烯基（特别是杂芳基乙烯基）结构在同一分子框架中的协同作用，这些新合成的化合物具有潜在的生物活性和药理活性，关于此方面的研究正在开展中。

12.5 参考文献

[1] Zhang F, Du J, Wang Q, et al. Discovery of *N*-(4-sulfamoylphenyl) thioureas as Trypanosoma brucei leucyl-tRNA synthetase inhibitors [J]. *Organic & Biomolecular Chemistry*, **2013**, 11 (32): 5310-5324.

[2] Bernier S, Akochy P M, Lapointe J, et al. Synthesis and aminoacyl-tRNA synthetase inhibitory activity of aspartyl adenylate analogs [J]. *Bioorganic & Medicinal Chemistry*, **2005**, 13 (1): 69-75.

[3] Li X, Hernandez V, Rock F L, et al. Discovery of a potent and specific M. tuberculosis Leucyl-tRNA synthetase inhibitor: (*S*)-3-(Aminomethyl) -4-chloro-7-(2-hydroxyethoxy) benzo [*c*] [1,2] oxaborol-1(3*H*)-ol (GSK656) [J]. *Journal of Medicinal Chemistry*, **2017**, 60 (19): 8011-8026.

[4] Gudzera O I, Golub A G, Bdzhola V G, et al. Discovery of potent anti-tuberculosis agents targeting leucyl-tRNA synthetase [J]. *Bioorganic & Medicinal Chemistry*, **2016**, 24 (5): 1023-1031.

[5] Zhang P, Ma S. Recent development of leucyl-tRNA synthetase inhibitors as antimicrobial agents [J]. *MedChemComm*, **2019**, 10 (8): 1329-1341.

[6] Montana M, Mathias F, Terme T, et al. Antitumoral activity of quinoxaline derivatives: A systematic review [J]. *European Journal of Medicinal Chemistry*, **2019**, 163: 136-147.

[7] 丛文霞，王莉，于福强，等. 吡咯并 [1,2-a] 喹喔啉类化合物合成研究进展 [J]. *有机化学*, **2018**, 38 (11): 2866-2878.

[8] Ajani O O. Present status of quinoxaline motifs: Excellent pathfinders in therapeutic medicine [J]. *European Journal of Medicinal Chemistry*, **2014**, 85: 688-715.

[9] Tariq S, Somakala K, Amir M. Quinoxaline: An insight into the recent pharmacological advances [J]. *European Journal of Medicinal Chemistry*, **2018**, 143: 542-557.

[10] Santivañez-Veliz M, Pérez-Silanes S, Torres E, et al. Design and synthesis of novel quinoxaline derivatives as potential candidates for treatment of multidrug-resistant and latent tuberculosis [J]. *Bioorganic & Medicinal Chemistry Letters*, **2016**, 26 (9): 2188-2193.

[11] Ancizu S, Moreno E, Solano B, et al. New 3-methylquinoxaline-2-carboxamide 1,4-di-*N*-oxide derivatives as anti-Mycobacterium tuberculosis agents [J]. *Bioorganic & Medicinal Chemistry*, **2010**, 18 (7): 2713-2719.

[12] Puratchikody A, Natarajan R, Jayapal M, et al. Synthesis, In vitro antitubercular activity and 3D-QSAR of novel quinoxaline derivatives [J]. *Chemical Biology & Drug Design*, **2011**, 78 (6): 988-998.

[13] Kumar K S, Rambabu D, Sandra S, et al. $AlCl_3$ induced (hetero) arylation of 2,3-dichloroquinoxaline: a one-pot synthesis of mono/disubstituted quinoxalines as potential antitubercular agents [J]. *Bioorganic & Medicinal Chemistry*, **2012**, 20 (5): 1711-1722.

[14] Seitz L E, Suling W J, Reynolds R C. Synthesis and antimycobacterial activity of pyrazine and quinoxaline derivatives [J]. *Journal of Medicinal Chemistry*, **2002**, 45 (25): 5604-5606.

[15] Magnet S, Hartkoorn R C, Székely R, et al. Leads for antitubercular compounds from kinase inhibitor library screens [J]. *Tuberculosis*, **2010**, 90 (6): 354-360.

[16] Mekouar K, Mouscadet J F, Desmaële D, et al. Styrylquinoline derivatives: a new class of potent HIV-1 integrase inhibitors that block HIV-1 replication in CEM cells [J]. *Journal of Medicinal

Chemistry, **1998**, 41 (15): 2846-2857.

[17] 戴红，丁颖，杜显超，等. 新型含取代噁二唑结构的吡唑肟类化合物的合成与生物活性研究 [J]. *有机化学*, **2018**, 38 (7): 1755-1762.

[18] Wei Q, Li J, Tang F, et al. Synthesis and biological evaluation of novel 2-arylvinyl-substituted naphtho [2,3-*d*] imidazolium halide derivatives as potent antitumor agents [J]. *European Journal of Medicinal Chemistry*, **2018**, 144: 504-516.

[19] He H, Ge Y, Dai H, et al. Design, synthesis and biological evaluation of stilbene derivatives as novel inhibitors of protein tyrosine phosphatase 1B [J]. *Molecules*, **2016**, 21 (12): 1722-1725.

[20] Shingalapur R V, Hosamani K M, Keri R S. Synthesis and evaluation of in vitro anti-microbial and anti-tubercular activity of 2-styryl benzimidazoles [J]. *European Journal of Medicinal Chemistry*, **2009**, 44 (10): 4244-4248.

[21] Jadhavar P S, Dhameliya T M, Vaja M D, et al. Synthesis, biological evaluation and structure-activity relationship of 2-styrylquinazolones as anti-tubercular agents [J]. *Bioorganic & Medicinal Chemistry Letters*, **2016**, 26 (11): 2663-2669.

[22] Fan Y L, Wu J B, Cheng X W, et al. Fluoroquinolone derivatives and their anti-tubercular activities [J]. *European Journal of Medicinal Chemistry*, **2018**, 146: 554-563.

[23] Lu X, Wan B, Franzblau S G, et al. Design, synthesis and anti-tubercular evaluation of new 2-acylated and 2-alkylated amino-5-(4-(benzyloxy) phenyl) thiophene-3-carboxylic acid derivatives. Part 1 [J]. *European Journal of Medicinal Chemistry*, **2011**, 46 (9): 3551-3563.

[24] Maresca A, Vullo D, Scozzafava A, et al. Inhibition of the β-class carbonic anhydrases from Mycobacterium tuberculosis with carboxylic acids [J]. *Journal of Enzyme Inhibition and Medicinal Chemistry*, **2013**, 28 (2): 392-396.

[25] Chang F S, Chen W, Wang C, et al. Synthesis and antiproliferative evaluations of certain 2-phenylvinylquinoline (2-styrylquinoline) and 2-furanylvinylquinoline derivatives [J]. *Bioorganic & Medicinal Chemistry*, **2010**, 18 (1): 124-133.

[26] Kumar B S P A, Madhav B, Reddy K H V, et al. Quinoxaline synthesis in novel tandem one-pot protocol [J]. *Tetrahedron Letters*, **2011**, 52 (22): 2862-2865.

[27] Gong L, Xing L J, Xu T, et al. Metal-free oxidative olefination of primary amines with benzylic C—H bonds through direct deamination and C—H bond activation [J]. *Organic & Biomolecular Chemistry*, **2014**, 12 (34): 6557-6560.

[28] Kamal A, Rahim A, Riyaz S, et al. Regioselective synthesis, antimicrobial evaluation and theoretical studies of 2-styryl quinolines [J]. *Organic & Biomolecular Chemistry*, **2015**, 13 (5): 1347-1357.

[29] Sharma R, Abdullaha M, Bharate S B. Oxidant-controlled C-sp^2/sp^3-H cross-dehydrogenative coupling of N-heterocycles with benzylamines [J]. *Journal of Organic Chemistry*, **2017**, 82 (18): 9786-9793.

[30] Achelle S, Barsella A, Baudequin C, et al. Synthesis and photophysical investigation of a series of push-pull arylvinyldiazine chromophores [J]. *Journal of Organic Chemistry*, **2012**, 77 (8): 4087-4096.

[31] Carbon J A. Synthesis and reactions of 5-bromomethyl-and 5-chloromethyluracil [J]. *Journal of Organic Chemistry*, **1960**, 25 (10): 1731-1734.

[32] 徐姣，张丽宏 ，张美琦，等. 碘-二甲基亚砜促进新型四环噻唑并 [3′,2′: 2,3] 吡啶并 [4,5-*d*] 吡啶并 [1,2-*a*] 嘧啶酮类衍生物的合成 [J]. *有机化学*, **2019**, 39 (10): 2808-2812.

［33］ Li Y，Tang B，Dong S，et al. Solvent-free synthesis and in vitro antitumor activity of a new class of (*Z*)-3-arylidene-1H-pyrano［3，4-*b*］quinolin-4（3*H*）-ones［J］. *ChemistrySelect*，**2020**，5（9）：2746-2752.

［34］ Li Y，Xu Q，Li Z，et al. Application of 2，4-bis（halomethyl）quinoline：synthesis and biological activities of 2，4-bis（benzofuran-2-yl）-and 2，4-bis（aroxymethyl）quinolines［J］. *Molecular Diversity*，**2020**，24（1）：167-178.

［35］ Thapa R，Brown J，Balestri T，et al. Regioselectivity in free radical bromination of unsymmetrical dimethylated pyridines［J］. *Tetrahedron Letters*，**2014**，55（49）：6743-6746.

［36］ 钟克利，赵杰，李秋莹，等. 腓二脎类多功能长波发射荧光探针的合成及其铜配合物对 H_2S 的识别［J］. *有机化学*，**2018**，38（7）：1786-1791.

第 13 章

吡咯并［3,4-*b*］喹喔啉-1-酮类化合物的合成

13.1 引言

喹喔啉及其衍生物代表了最具活性的一类化合物，具有广泛多样的药理特性，如抗癌、抗病毒、抗生素和抗炎活性，如含喹喔啉药物化合物 **A** 和 **B**（图 13-1）。喹喔啉类化合物也在有机半导体上有着重要作用，由于喹喔啉类化合物表现出来的重要活性，人们越来越重视对喹喔啉类化合物的开发利用。另一方面，*N*-取代的吡咯酮类衍生物在自然界中也是一种具有较高活性的含氮有机化合物，如含 *N*-取代的吡咯酮结构的天然产物或药物分子 **C-F**（图 13-1），常被人们应用于合成具有抗癌、抗病毒效果的化合物，也能用于治疗 HIV。

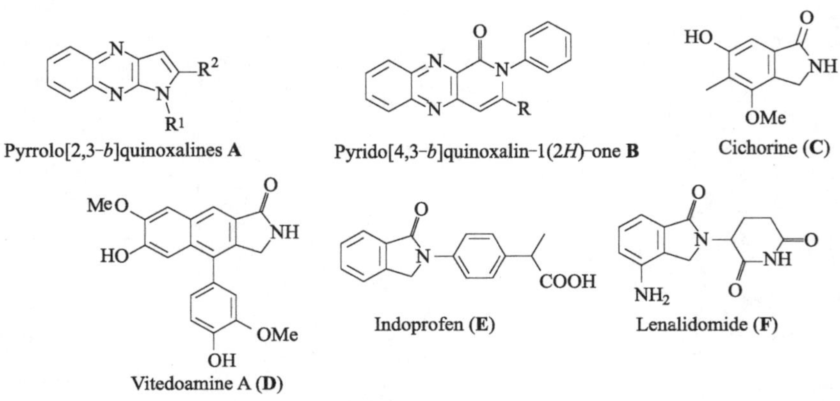

图 13-1　含有喹喔啉环或 *N*-取代的吡咯酮结构的生物活性分子 **A-F**

Figure 13-1　Bioactive molecules **A-F** containing quinoxaline or *N*-substituted pyrrolidone moiety

因此，将 *N*-取代的吡咯酮活性基团与喹喔啉环通过化学反应构筑于同一分子结构中将是一项非常有意义的工作，然而此项研究还未见文献报道。因此在本章，以 3-溴甲基喹喔啉-2-甲酸乙酯（**2**）为反应底物与甲胺或者取代苯胺（**3**）在乙醇为溶剂的条件下，经简单

的一步反应就有效合成了一系列结构未见文献报道的 *N*-取代吡咯酮并喹喔啉类化合物，即 2-甲基/芳基-2,3-二氢-1*H*-吡咯并［3,4-*b*］喹喔啉-1-酮（**4**），如图 13-2 所示。

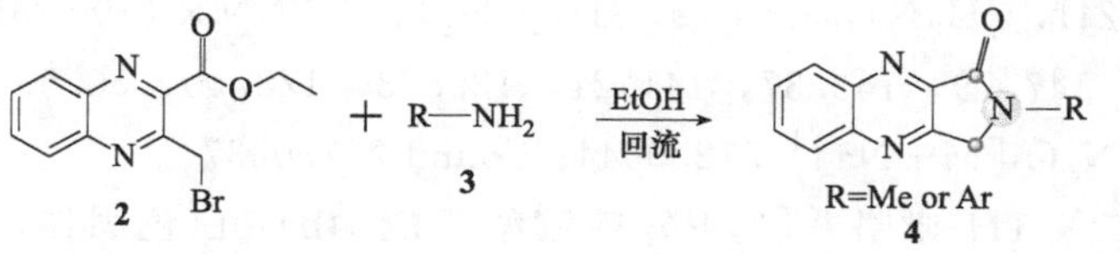

图 13-2 2-甲基/芳基-2,3-二氢-1*H*-吡咯并［3,4-*b*］喹喔啉-1-酮（**4**）的合成

Figure 13-2 Synthesis of 2-methyl/aryl-2,3-dihydro-1*H*-pyrrolo［3,4-*b*］quinoxalin-1-ones（**4**）

13.2 实验部分

13.2.1 试剂与仪器

氨水	天津永晟精细化工有限公司
盐酸	锦州古城化学试剂厂
取代苯胺	上海阿拉丁生化科技股份有限公司
石油醚	分析纯，天津市福晨化学试剂厂
乙酸乙酯	分析纯，天津市福晨化学试剂厂
无水乙醇	分析纯，天津永晟精细化工有限公司
85-1A 型磁力搅拌器	上海冉富仪器有限公司
调温电热套（DRT-TW 型）	巩义市予华仪器有限责任公司
SHB-ⅢS 循环水式多用真空泵	郑州长城科工贸有限公司
旋转蒸发仪 RE-2000	上海亚荣生化仪器厂
WP-2003-1 三用紫外分析仪	温州奥利生物医学仪器厂
WRS-1B 数字熔点仪	上海仪器设备厂
红外光谱仪	美国 Varian 公司，Varian 640
核磁共振仪	美国 Bruker 公司，Bruker 600
高分辨质谱	美国 Bruker 公司，Customer micrOTOF

13.2.2 2-甲基/芳基-2,3-二氢-1*H*-吡咯并［3,4-*b*］喹喔啉-1-酮（4）的合成

将 3-溴甲基喹喔啉-2-甲酸乙酯（**2**）（0.295 g，1.0 mmol）溶于 15 mL 无水乙醇中，然后向该溶液中加入甲胺或芳胺（**3a-3j**）（1.2 mmol）。所得反应混合物在回流的条件下进行反应，使用 TLC 监测反应的进程。待反应完全后（8 h），旋蒸出无水乙醇，出现大量固体析出，冷却至室温，经抽滤、干燥得到粗产物，最后使用 1,4-二氧六环重结晶，得到化合物 **4a-4j** 纯品。

2-甲基-2,3-二氢-1*H*-吡咯并［3,4-*b*］喹喔啉-1-酮（**4a**）：白色固体，产率 58.9%；m.

p. >300 ℃；IR (KBr, cm^{-1}) ν 3055, 2380, 1689, 1508, 1462, 808；^1H NMR (400 MHz, CF_3COOD) δ 8.25 (dd, J =8.0 Hz, 8.0 Hz, 2H, ArH), 8.31～8.35 (m, 2H, ArH), 5.18 (s, 2H, CH_2N), 3.54 (s, 3H, CH_3)；^{13}C NMR (100 MHz, CF_3COOD) δ 162.73, 156.75, 147.79, 143.37, 141.21, 129.73, 128.40, 50.56, 29.75。HRMS: Calcd. For $C_{11}H_9N_3O$ $[M+Na]^+$ 222.0644；Found 222.0637。

2-苯基-2,3-二氢-1*H*-吡咯并[3,4-*b*]喹喔啉-1-酮(**4b**)：白色固体，产率 55.6%；m. p. >300 ℃；^1H NMR (400 MHz, CF_3COOD) δ 8.61 (t, J = 8.0 Hz, 2H, ArH), 8.37～8.41 (m, 2H, ArH), 7.78 (d, J =8.0 Hz, 2H, ArH), 7.62 (d, J =8.0 Hz, 2H, ArH), 7.62 (t, J =8.0 Hz, 2H, ArH), 7.54 (t, J =8.0 Hz, 2H, ArH), 4.07 (s, 2H, CH_2N)；^{13}C NMR (100 MHz, CF_3COOD) δ 162.92, 150.96, 142.89, 141.20, 139.15, 136.22, 135.19, 134.47, 129.51, 128.96, 128.21, 125.52, 122.45, 118.32, 115.50, 112.69, 109.87, 66.12。HRMS: Calcd. For $C_{16}H_{11}N_3O$ $[M+Na]^+$ 284.0902；Found 284.0897。

2-(3-甲基苯基)-2,3-二氢-1*H*-吡咯并[3,4-*b*]喹喔啉-1-酮(**4c**)：黄色固体，产率 54.3%；m. p. >300 ℃；^1H NMR (400 MHz, CF_3COOD) δ 8.62 (t, J =8.0 Hz, 2H, ArH), 8.38～8.42 (m, 2H, ArH), 7.59 (s, 1H, ArH), 7.54～7.59 (m, 2H, ArH), 7.37 (d, J =8.0 Hz, 1H, ArH), 4.08 (s, 2H, CH_2N), 2.48 (s, 3H, CH_3)；^{13}C NMR (100 MHz, CF_3COOD) δ 162.97, 150.94, 142.95, 140.72, 136.23, 135.01, 134.46, 129.86, 129.34, 128.23, 125.44, 123.06, 119.56, 118.32, 115.50, 112.68, 109.87, 66.12, 19.28。HRMS: Calcd. For $C_{17}H_{13}N_3O$ $[M+Na]^+$ 298.1059；Found 298.1051。

2-(4-甲基苯基)-2,3-二氢-1*H*-吡咯并[3,4-*b*]喹喔啉-1-酮(**4d**)：黄色固体，产率 56.4%；m. p. >300 ℃；^1H NMR (400 MHz, CF_3COOD) δ 8.63 (t, J =8.0 Hz, 2H, ArH), 8.40 (m, 2H, ArH), 7.66 (d, J =8.0 Hz, 2H, ArH), 7.44 (d, J =8.0 Hz, 2H, ArH), 5.63 (s, 2H, CH_2N), 2.47 (s, 3H, CH_3)；^{13}C NMR (100 MHz, CF_3COOD) δ 162.70, 150.93, 142.72, 140.87, 140.35, 138.95, 136.22, 134.53, 132.46, 130.02, 128.01, 125.44, 122.32, 118.28, 115.46, 112.65, 109.83, 51.39, 19.02。HRMS: Calcd. For $C_{17}H_{13}N_3O$ $[M+Na]^+$ 298.1059；Found 298.1067。

2-(4-乙基苯基)-2,3-二氢-1*H*-吡咯并[3,4-*b*]喹喔啉-1-酮(**4e**)：黄色固体，产率 57.4%；m. p. >300 ℃；^1H NMR (400 MHz, CF_3COOD) δ 8.58 (dd, J =8.0 Hz, 8.0 Hz, 2H, ArH), 8.34～8.38 (m, 2H, ArH), 7.63 (d, J =8.0 Hz, 2H, ArH), 7.44 (d, J =8.0 Hz, 2H, ArH), 5.58 (s, 2H, CH_2N), 2.78 (dd, J =8.0 Hz, 8.0 Hz, 2H, CH_2), 1.31 (t, J =8.0 Hz, 2H, CH_3)；^{13}C NMR (100 MHz, CF_3COOD) δ 163.33, 156.37, 144.95, 142.92, 141.29, 139.28, 138.29, 129.73, 129.70, 129.19, 128.40, 119.44, 46.60, 27.97, 15.48。HRMS: Calcd. For $C_{18}H_{15}N_3O$ $[M+Na]^+$ 312.1215；Found 312.1225。

2-(4-叔丁基苯基)-2,3-二氢-1*H*-吡咯并[3,4-*b*]喹喔啉-1-酮(**4f**)：黄色固体，产率 53.2%；m. p. >300 ℃；^1H NMR (400 MHz, CF_3COOD) δ 8.59 (dd, J =8.0 Hz, 8.0 Hz, 2H, ArH), 8.35 (m, 2H, ArH), 7.65 (s, 4H, ArH), 4.04 (s, 2H, CH_2N), 1.38

(s，9H，*t*-Bu)；^{13}C NMR (100 MHz，CF_3COOD) δ 163.33，156.37，145.23，144.95，142.92，141.29，138.43，129.73，129.70，128.40，126.61，118.93，46.60，34.67，31.09。HRMS：Calcd. For $C_{20}H_{19}N_3O$ [M+Na]$^+$ 340.1528；Found 340.1534。

2-(4-氟苯基)-2,3-二氢-1*H*-吡咯并[3,4-*b*]喹喔啉-1-酮(**4g**)：淡黄色固体，产率 41.4%；m.p. >300 ℃；^{1}H NMR (400 MHz，CF_3COOD) δ 8.67 (dd，*J*=8.0 Hz，8.0 Hz，2H，ArH)，8.43～8.47 (m，2H，ArH)，7.88 (d，*J*=8.0 Hz，2H，ArH)，7.38 (t，*J*=8.0 Hz，2H，ArH)，4.14 (s，2H，CH_2N)；^{13}C NMR (100 MHz，CF_3COOD) δ 163.28，163.19，150.96，142.94，141.48，139.38，136.16，134.39，128.39，125.61，124.83，124.74，118.37，116.61，116.37，115.55，112.74，109.92，66.18。HRMS：Calcd. For $C_{16}H_{10}FN_3O$ [M+Na]$^+$ 302.0808；Found 302.0817。

2-(4-氯苯基)-2,3-二氢-1*H*-吡咯并[3,4-*b*]喹喔啉-1-酮(**4h**)：淡黄色固体，产率 45.7%；m.p. >300 ℃；^{1}H NMR (400 MHz，CF_3COOD) δ 5.61 (s，2H，CH_2)，7.57 (d，*J*=8.4 Hz，2H，Ben-H)，7.78 (d，*J*=8.4 Hz，2H，Ben-H)，8.30 (t，*J*=8.0 Hz，1H，ArH)，8.35 (t，*J*=8.0 Hz，1H，ArH)，8.56 (d，*J*=8.4 Hz，1H，ArH)，8.59 (d，*J*=8.4 Hz，1H，ArH)；^{13}C NMR (100 MHz，CF_3COOD) δ 66.13，109.88，112.62，115.44，118.25，123.21，125.51，128.29，129.57，134.28，136.07，141.41，150.80，165.03。HRMS：Calcd. For $C_{16}H_{10}ClN_3O$ [M+Na]$^+$ 318.0512；Found 318.0520。

2-(4-溴苯基)-2,3-二氢-1*H*-吡咯并[3,4-*b*]喹喔啉-1-酮(**4i**)：淡黄色固体，产率 43.2%；m.p. >300 ℃；^{1}H NMR (400 MHz，CF_3COOD) δ 8.55 (dd，*J*=8.0 Hz，8.0 Hz，2H，ArH)，8.32 (m，2H，ArH)，7.68 (s，4H，ArH)，5.56 (s，2H，CH_2N)；^{13}C NMR (100 MHz，CF_3COOD) δ 163.33，156.37，144.95，142.92，141.29，138.06，132.42，129.73，129.70，128.40，125.37，115.30，46.60。HRMS：Calcd. For $C_{16}H_{10}BrN_3O$ [M+Na]$^+$ 362.0007；Found 362.0015。

2-(4-碘苯基)-2,3-二氢-1*H*-吡咯并[3,4-*b*]喹喔啉-1-酮(**4j**)：棕色固体，产率 38.3%；m.p. >300 ℃；^{1}H NMR (400 MHz，CF_3COOD) δ 8.61(t，*J*=8.0 Hz，8.0 Hz，2H，ArH)，8.39 (m，2H，ArH)，7.94 (d，*J*=8.0 Hz，2H，ArH)，7.61 (d，*J*=8.0 Hz，2H，ArH)，4.09 (s，2H，CH_2N)；^{13}C NMR (100 MHz，CF_3COOD) δ 162.75，150.80，138.84，136.13，135.28，134.36，128.33，125.67，123.14，118.33，115.51，112.70，92.69，66.13。HRMS：Calcd. For $C_{16}H_{10}IN_3O$ [M+Na]$^+$ 409.9869；Found 409.9862。

13.3 结果与讨论

13.3.1 3-溴甲基喹喔啉-3-甲酸乙酯与胺的反应研究

为了探究此类反应的最佳反应条件，选用 3-溴甲基喹喔啉-3-甲酸乙酯（**2**）与苯胺（**3a**）为研究对象，进行了简单的条件优化实验，考察在不同的反应溶剂对产品收率的影响，其反应结果如表 13-1 所示。实验结果表明，不同的溶剂介质对反应的结果有较大的影响：当使用甲醇作为反应溶剂回流 24 h，所得的目标化合物的收率偏低，仅为 34%（Entry 1）。当改用乙醇作为反应溶剂回流时，产品的收率提高到 57%，而反应时间仅为 8 h（Entry 2）。另外，我们还尝试使用了其他溶剂，如乙腈、四氢呋喃、*N*,*N*-二甲基甲酰胺（DMF）、二氧六环和乙酸等（Entries 6～10），然而这些尝试并没有取得理想的结果，所得产物的收率并没有进一步提高。尝试采用无溶剂研磨或在水相中进行这一反应（Entries 11 and 12），但该反应并没有发生。综上所述，该反应的最佳反应条件是采用乙醇为溶剂，在回流温度下反应 8 h。

表 13-1 在不同溶剂下 3-溴甲基喹喔啉-2-甲酸乙酯（2）与苯胺的反应[a]

Table 13-1 Reaction of ethyl 3-(bromomethyl) quinoxaline-2-carboxylate with aniline using different solvents

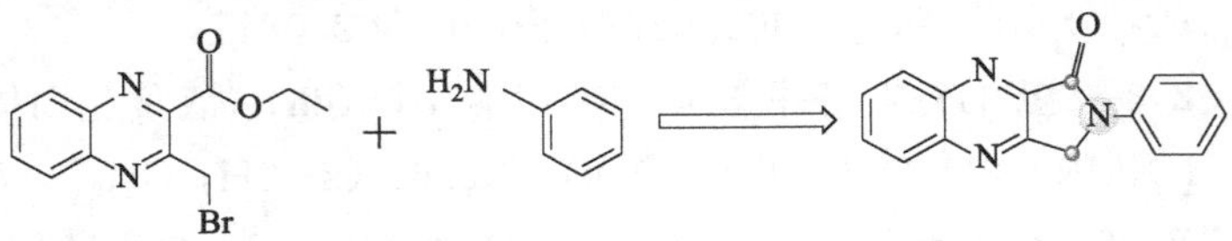

Entry	溶剂	温度/℃	时间/h	收率/%
1	MeOH	回流	24	34
2	EtOH	回流	24	57
3	EtOH	回流	12	57
4	EtOH	回流	8	56
5	EtOH	回流	6	51
6	MeCN	回流	24	11
7	THF	回流	24	15
8	DMF	100	24	30
9	Dioxane	回流	24	22
10	AcOH	回流	24	41
11	Solvent-free	室温	5	NR[c]
12	H_2O	100	24	NR[c]

[a] 反应条件：化合物 **1**（0.5 mmol），苯胺（**7a**）（0.6 mmol），溶剂（8 mL）。

[b] Isolated yields。

[c] NR：不反应。

在该反应条件下进一步使用各种取代苯胺以及甲胺来进行扩展性研究，均以可以接受的收率得到一系列未见文献报道的 *N*-取代-2,3-二氢-1*H*-吡咯并［3,4-*b*］喹喔啉-1-酮类化合物（**4a-4j**），其反应结果如表 13-2 所示。从表 13-2 中我们可以看出，3-溴甲基喹喔啉-2-甲酸乙酯与取代基是供电子基团的芳胺类产率较高，吸电子基团的产率较低。

表 13-2 *N*-取代-2,3-二氢-1*H*-吡咯并［3,4-*b*］喹喔啉-1-酮的收率和熔点

Table 13-2 Yields and melting points of *N*-substituted-2,3-dihydro-1*H*-pyrrolo［3,4-*b*］quinoxalin-1-ones

Entry	4a-4j	产物	收率/%[a]	熔点/℃
1	**4a**	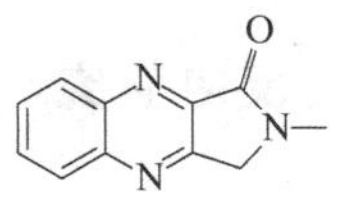	58.9	>300
2	**4b**	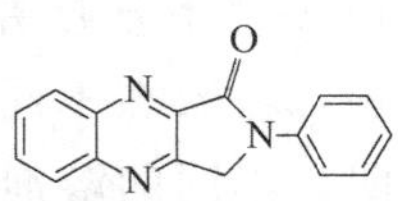	55.6	>300

续表

Entry	4a-4j	产物	收率/%[a]	熔点/℃
3	**4c**	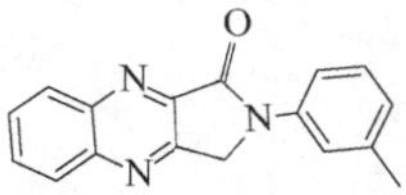	54.3	>300
4	**4d**	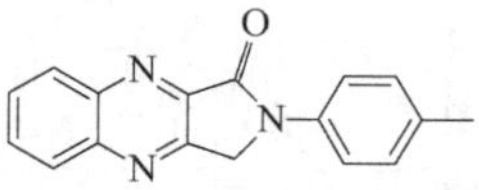	56.4	>300
5	**4e**	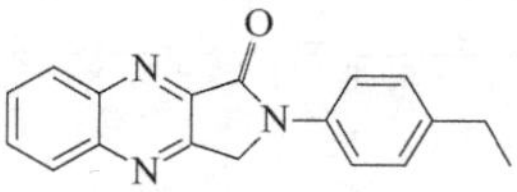	57.4	>300
6	**4f**	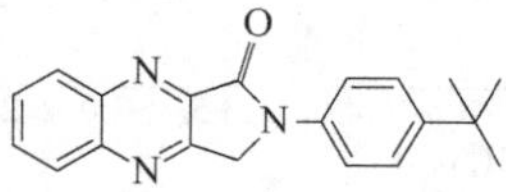	53.2	>300
7	**4g**	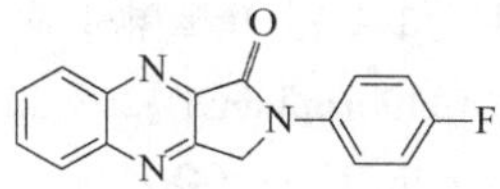	41.4	>300
8	**4h**	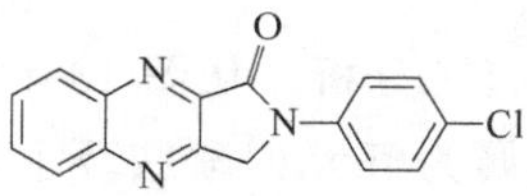	45.7	>300
9	**4i**	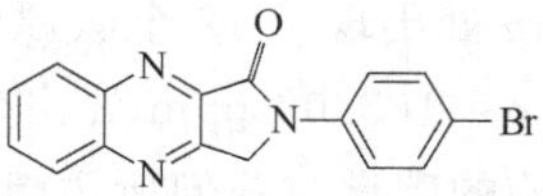	43.2	>300
10	**4j**	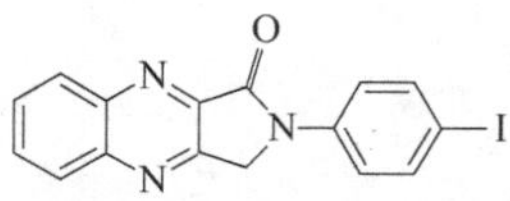	38.3	>300

[a] Isolated yields。

13.3.2 2-甲基-2,3-二氢-1*H*-吡咯并［3,4-*b*］喹喔啉-1-酮的结构表征

所合成化合物 **4a-4j** 都是未见文献报道的新化合物，它们的结构都通过核磁共振氢谱、核磁共振碳谱和高分辨质谱得以确定。以化合物 **4h** 为例进行光谱表征说明。图 13-3 显示的为化合物 **4h** 的 ^{1}H NMR 谱图。从中可以看出，在化学位移 δ=5.61 ppm 处出现了一个较尖锐的两质子的单峰，很容易归属为五元内酰胺环上亚甲基上氢的吸收峰；在化学位移 δ=7.57 ppm 和 7.78 ppm 处分别出现两个两质子氢的双重峰，其耦合常数为 J=8.4 Hz，这无疑是 4-氯苯环上四个氢的吸收峰；在化学位移 δ=8.30 ppm 和 8.35 ppm 处出现两个连在一起的单质子三重峰，其耦合常数为 J=8.0 Hz，这应是喹喔啉环上 5-位和 8-位上氢的吸收峰；类似地，在化学位移 δ=8.56 ppm 和 8.59 ppm 处出现两个连在一起的单质子双重峰，其耦合常数为 J=8.4 Hz，则是喹喔啉环上 6-位和 7-位上氢的吸收峰。这样，所合成目标化合物的氢核磁谱图与我们所预想的结构是完全一致的。

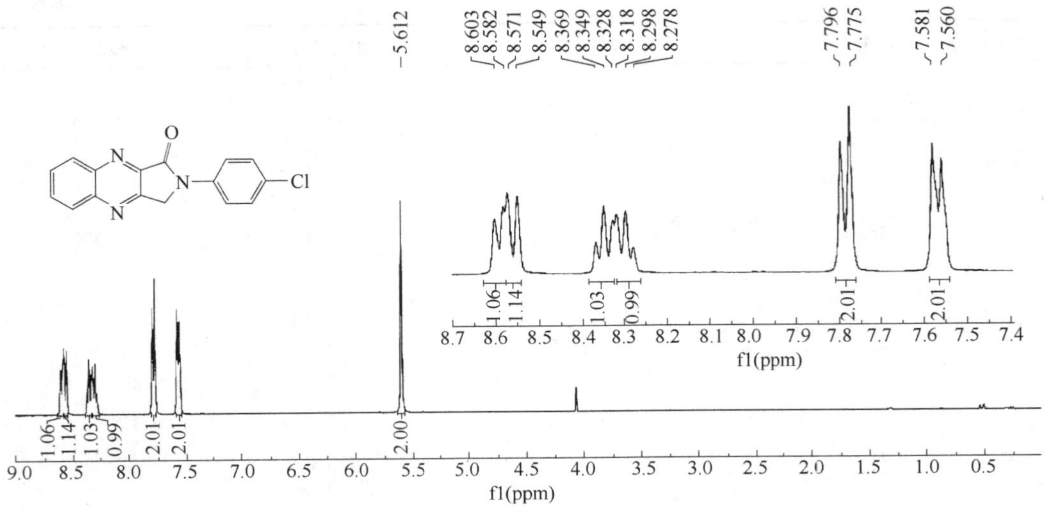

图 13-3　2-(4-氯苯基)-2,3-二氢-1H-吡咯并［3,4-b］喹喔啉-1-酮（**4h**）的^{1}H NMR 谱图

Figure 13-3　^{1}H NMR spectra of 2-(4-chlorophenyl)-2,3-dihydro-1H-pyrrolo［3,4-b］quinoxalin-1-one（**4h**）

进一步，我们又对其^{13}C NMR 谱图进行了分析。从图 13-4 中可以看出，在化学位移 δ=66.13 ppm 处出现的信号峰，很容易归属为五元内酰胺环上亚甲基上碳的吸收峰；在化学位移芳环区域 δ=109.88～150.80 ppm 处出现了 12 个碳原子的信号峰，这正好与喹喔啉环和 4-氯苯环上碳原子数相一致；在 δ=165.03 ppm 处出现的碳信号峰，无疑是内酰胺上羰基碳的吸收峰，这证实了该化合物的碳谱与我们所预想化合物的结构也是完全一致的。

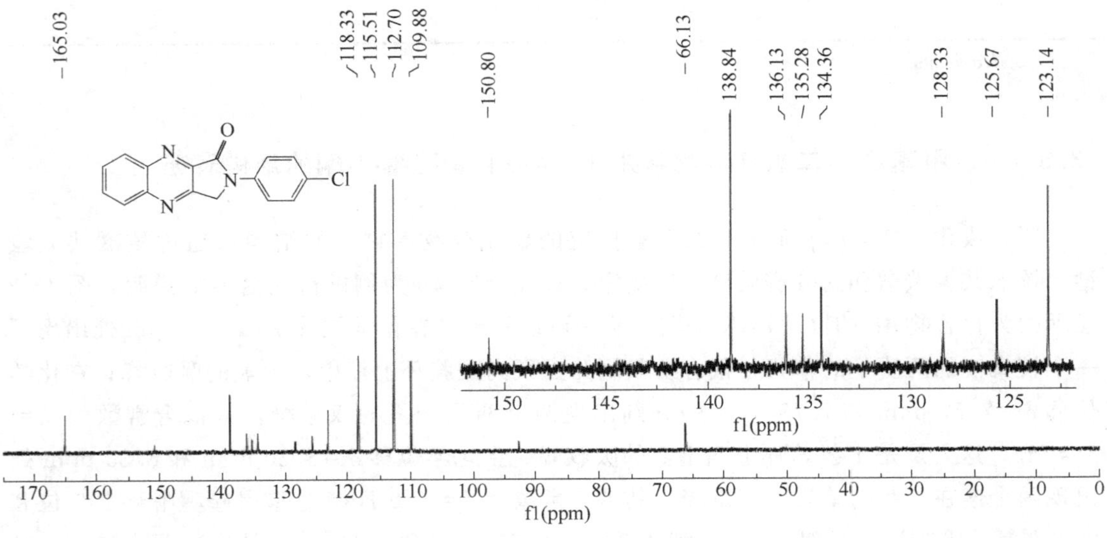

图 13-4　2-(4-氯苯基)-2,3-二氢-1H-吡咯并［3,4-b］喹喔啉-1-酮（**4h**）的^{13}C NMR 谱图

Figure 13-4　^{13}C NMR spectra of 2-(4-chlorophenyl)-2,3-dihydro-1H-pyrrolo［3,4-b］quinoxalin-1-one（**4h**）

13.3.3　2-甲基-2,3-二氢-1*H*-吡咯并［3,4-*b*］喹喔啉-1-酮的反应机理

根据所获得的反应结果，对该反应进行反应机理的探讨。以 3-(溴甲基）喹喔啉-2-羧酸乙酯与苯胺的反应为列，如图 13-5 所示。首先反应活性较高的溴甲基官能团与苯胺的氨基发生 SN2 的亲核取代反应，形成新的 C—N 键，得到仲胺中间体 **A**。然后，仲胺氮上的孤对电子与酯羰基碳发生分子内的亲核取代反应（如式 **B** 所示），脱去一分子乙醇，形成新的酰胺键，即得到目标产物 **4a**。

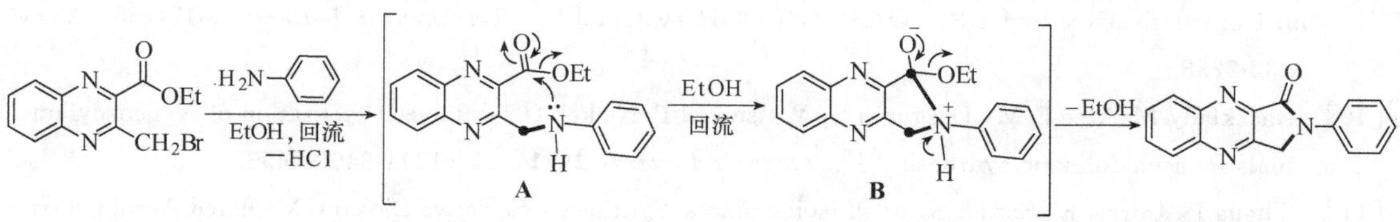

图 13-5　合成 2-苯基-2,3-二氢-1*H*-吡咯并［3,4-*b*］喹喔啉-1-酮（**4a**）的反应机理

Figure 13-5　The reaction mechanism of 2-phenyl-2,3-dihydro-1*H*-pyrrolo［3,4-*b*］quinoxalin-1-one（**4a**）

13.4　本章小结

本章以 3-溴甲基喹喔啉-2-甲酸乙酯为反应底物与胺类化合物发生连续的亲核取代和分子内环化反应，一步合成了结构新颖的 *N*-甲基/芳基-2,3-二氢-1*H*-吡咯并［3,4-*b*］喹喔啉-1-酮类化合物。该合成方法简便有效，具有很好的实用价值。鉴于喹喔啉环和吡咯酮环在同一分子结构中的协同作用，这些新合成的化合物可能具有潜在的生物活性，对其生物活性及其在构建更为复杂的喹啉类衍生物中的应用的研究正在进展中。

13.5　参考文献

［1］　Stierle A，Hershenhorn J，Strobel G. Zinniol-related phytotoxins from Alternaria cichorii［J］. *Phytochemistry*，**1993**，32（5）：1145-1149.

［2］　Ono M，Nishida Y，Masuoka C，et al. Lignan derivatives and a norditerpene from the seeds of Vitex negundo［J］. *Journal of Natural Products*，**2004**，67（12）：2073-2075.

［3］　Ventafridda V，Martino G，Mandelli V，et al. Indoprofen，a new analgesic and anti-inflammatory drug in cancer pain［J］. *Clinical Pharmacology & Therapeutics*，**1975**，17（3）：284-289.

［4］　Bartlett J B，Dredge K，Dalgleish A G. The evolution of thalidomide and its IMiD derivatives as anti-cancer agents［J］. *Nature Reviews Cancer*，**2004**，4（4）：314-322.

［5］　Breytenbach J C，Van Dyk S，Van Den Heever I，et al. Synthesis and antimicrobial activity of some isoindolin-1-ones derivatives［J］. *Bioorganic & Medicinal Chemistry Letters*，**2000**，10（15）：1629-1631.

［6］　Khang P，Hu L，Ma L. One-pot synthesis of isoindolin-1-ones with thiamine hydrochloride（VB1）as a catalyst and their inhibitory activity against cancer cell lines [J]. *Polycyclic Aromatic Compounds*, **2020**, 40 (1): 33-39.

[7] Nishiyama T, Chiba S, Yamada Y. Antinociceptive property of intrathecal and intraperitoneal administration of a novel water-soluble isoindolin-1-one derivative, JM 1232 (-) in rats [J]. *European Journal of Pharmacology*, **2008**, 596 (1-3): 56-61.

[8] Zhuang Z P, Kung M P, Mu M, et al. Isoindol-1-one Analogues of 4-(2′-methoxyphenyl)-1-[2′-[N-(2″-pyridyl)-p-iodobenzamido] ethyl] piperazine (p-MPPI) as 5-HT1A Receptor Ligands [J]. *Journal of Medicinal Chemistry*, **1998**, 41 (2): 157-166.

[9] Zhou Y, Chen P, Lv X, et al. A facile and efficient method for the synthesis of *N*-substituted isoindolin-1-one derivatives under Pd $(OAc)_2$/HCOOH system [J]. *Tetrahedron Letters*, **2017**, 58 (23): 2232-2235.

[10] Shacklady-McAtee D M, Dasgupta S, Watson M P. Nickel (0)-catalyzed cyclization of *N*-benzoylaminals for isoindolinone synthesis [J]. *Organic Letters*, **2011**, 13 (13): 3490-3493.

[11] Thapa P, Corral E, Sardar S, et al. Isoindolinone Synthesis: Selective Dioxane-Mediated Aerobic Oxidation of Isoindolines [J]. *Journal of Organic Chemistry*, **2018**, 84 (2): 1025-1034.

[12] 李泳坤，李玖零，王恒山，等. 喹喔啉-三唑衍生物的设计与合成及其抗肿瘤活性 [J]. *化学通报*，**2018**，81 (9)：847-852.

[13] Bonilla-Ramirez L, Rios A, Quiliano M, et al. Novel antimalarial chloroquine-and primaquine-quinoxaline 1,4-di-*N*-oxide hybrids: design, synthesis, Plasmodium life cycle stage profile, and preliminary toxicity studies [J]. *European Journal of Medicinal Chemistry*, **2018**, 158: 68-81.

[14] Ammar Y A, Farag A A, Ali A M, et al. Antimicrobial evaluation of thiadiazino and thiazolo quinoxaline hybrids as potential DNA gyrase inhibitors; design, synthesis, characterization and morphological studies [J]. *Bioorganic Chemistry*, **2020**, 99: 103841.

[15] Issa D A E, Habib N S, Wahab A E A. Design, synthesis and biological evaluation of novel 1,2,4-triazolo and 1,2,4-triazino [4,3-*a*] quinoxalines as potential anticancer and antimicrobial agents [J]. *MedChemComm*, **2015**, 6 (1): 202-211.

[16] Besharati-Seidani T, Keivanloo A, Kaboudin B, et al. Regioselective synthesis of 2,3-disubstituted 1-alkylpyrrolo [2,3-*b*] quinoxalines through palladium-catalyzed Heck reaction of chalcones and evaluation of their anti-bacterial activities [J]. *Tetrahedron*, **2018**, 74 (19): 2350-2358.

[17] Liu Q Q, Lu K, Zhu H M, et al. Identification of 3-(benzazol-2-yl) quinoxaline derivatives as potent anticancer compounds: privileged structure-based design, synthesis, and bioactive evaluation in vitro and in vivo [J]. *European Journal of Medicinal Chemistry*, **2019**, 165: 293-308.

[18] Gu Z, Li Y, Ma S, Li, et al. Synthesis, cytotoxic evaluation and DNA binding study of 9-fluoro-6*H*-indolo [2,3-*b*] quinoxaline derivatives [J]. *RSC Advances*, **2017**, 7 (66): 41869-41879.

[19] Keivanloo A, Bakherad M, Rahimi A, et al. One-pot synthesis of 1,2-disubstituted pyrrolo [2,3-*b*] quinoxalines via palladium-catalyzed heteroannulation in water [J]. *Tetrahedron Letters*, **2010**, 51 (18): 2409-2412.

[20] Hajri M, Esteve M A, Khoumeri O, et al. Synthesis and evaluation of in vitro antiproliferative activity of new ethyl 3- (arylethynyl) quinoxaline-2-carboxylate and pyrido [4,3-*b*] quinoxalin-1(2*H*)-one derivatives [J]. *European Journal of Medicinal Chemistry*, **2016**, 124: 959-966.

[21] Kaushal T, Srivastava G, Sharma A, et al. An insight into medicinal chemistry of anticancer quinoxalines [J]. *Bioorganic & Medicinal Chemistry*, **2019**, 27 (1): 16-35.

［22］ Montana M，Mathias F，Terme T，et al. Antitumoral activity of quinoxaline derivatives：A systematic review［J］. *European Journal of Medicinal Chemistry*，**2019**，163：136-147.

［23］ Viegas-Junior C，Danuello A，da Silva Bolzani V，et al. Molecular hybridization：a useful tool in the design of new drug prototypes［J］. *Current Medicinal Chemistry*，**2007**，14（17）：1829-1852.

［24］ Li Y，Tang B，Dong S，et al. Solvent-Free Synthesis and In Vitro Antitumor Activity of a New Class of（*Z*）-3-Arylidene-1*H*-pyrano［3,4-*b*］quinolin-4(3*H*)-ones［J］. *Chemistry Select*，**2020**，5（9）：2746-2752.

［25］ Li Y，Xu Q，Li Z，et al. Application of 2,4-bis（halomethyl）quinoline：synthesis and biological activities of 2,4-bis（benzofuran-2-yl）-and 2,4-bis（aroxymethyl）quinolines［J］. *Molecular Diversity*，**2020**，24（1）：167-178.

［26］ 高文涛，符鑫博，李阳.（*E*）-6-氯-2-芳乙烯基-3-喹啉甲酸衍生物的合成［J］. *化学通报*，**2016**，79（7）：630-639.

［27］ 张红，赫云鹤，李阳，等. 新型 3-芳氧甲基喹喔啉-2-羧酸的简便有效合成及其抗菌活性研究［J］. *化学通报*，**2020**，83（9）：828-836.

［28］ Ordonez M，Tibhe G D，Zamudio-Medina A，et al. An easy approach for the synthesis of *N*-substituted isoindolin-1-ones［J］. *Synthesis*，**2012**，44（4）：569-574.

［29］ Marosv? lgyi-Haskó D，Takács A，Riedl Z，et al. High-yielding synthesis of 1-isoindolinone derivatives via palladium-catalysed cycloaminocarbonylation［J］. *Tetrahedron*，**2011**，67（5）：1036-1040.

［30］ López-Valdez G，Olguín-Uribe S，Millan-Ortíz A，et al. Convenient access to isoindolinones via carbamoyl radical cyclization. Synthesis of cichorine and 4-hydroxyisoindolin-1-one natural products［J］. *Tetrahedron*，**2011**，67（14）：2693-2701.

［31］ Lamblin M，Couture A，Deniau E，et al. A concise and efficient synthesis of isoindolin-1-ones. New synthetic approach to the polycyclic framework of vitedoamine A［J］. *Tetrahedron*，**2007**，63（12）：2664-2669.

［32］ Wan J，Wu B，Pan Y. Novel one-step synthesis of 2-carbonyl/thiocarbonyl isoindolinones and mechanistic disclosure on the rearrangement reaction of o-phthalaldehyde with amide/thioamide analogs［J］. *Tetrahedron*，**2007**，63（38）：9338-9344.

［33］ Huntley R J，Gurram M，Walker J R，et al. Synthesis of isoindolinones via inverse-electron demand Diels-Alder cycloadditions［J］. *Tetrahedron Letters*，**2014**，55（14）：2286-2289.

［34］ Kiriazis A，Aumüller I B，Yli-Kauhaluoma J. Synthesis of 4-aminoguaiazulene and its δ-lactam derivatives［J］. *Tetrahedron Letters*，**2011**，52（11）：1151-1153.